“十三五”高等院校
数字艺术精品课程规划教材

# H5页面设计与制作

全彩慕课版

周建国 主编

人 民 邮 电 出 版 社
北 京

**图书在版编目（CIP）数据**

H5页面设计与制作 ：全彩慕课版 / 周建国主编. --
北京 ：人民邮电出版社，2020.8（2024.1重印）
"十三五"高等院校数字艺术精品课程规划教材
ISBN 978-7-115-53762-1

Ⅰ. ①H… Ⅱ. ①周… Ⅲ. ①超文本标记语言一程序设计一高等学校一教材 Ⅳ. ①TP312.8

中国版本图书馆CIP数据核字(2020)第054919号

## 内 容 提 要

本书全面系统地介绍了 H5 技术的相关知识点和基本制作方法，包括 H5 初识、H5 的设计与制作、互动游戏 H5 制作、活动抽奖 H5 制作、测试问答 H5 制作、滑动翻页 H5 制作、长页滑动 H5 制作、画中画 H5 制作、3D/全景 H5 制作以及视频动画 H5 制作等内容。案例涉及易企秀、凡科、iH5 等主流平台与 Photoshop 软件的综合应用。

全书内容介绍均以课堂案例为主线，每个案例都有详细的操作步骤及实际应用环境展示，学生通过实际操作可以快速熟悉 H5 技术并领会设计思路。每章的软件功能解析部分使学生能够深入学习 H5 相关的软件功能和特色。主要章节的最后还安排了课堂练习和课后习题，可以拓展学生对 H5 设计的实际应用能力。

本书可作为高等院校、高职高专院校 H5 页面设计与制作相关课程的教材，也可供初学者自学参考。

◆ 主　　编　周建国
责任编辑　桑　珊
责任印制　王　郁　马振武

◆ 人民邮电出版社出版发行　　北京市丰台区成寿寺路 11 号
邮编　100164　　电子邮件　315@ptpress.com.cn
网址　https://www.ptpress.com.cn
优奇仕印刷河北有限公司印刷

◆ 开本：787×1092　1/16
印张：11.25　　2020 年 8 月第 1 版
字数：352 千字　　2024 年 1 月河北第 9 次印刷

定价：69.80 元

**读者服务热线：(010)81055256　印装质量热线：(010)81055316**
**反盗版热线：(010)81055315**
**广告经营许可证：京东市监广登字 20170147 号**

H5 Design

# FOREWORD 前言

## 编写目的

随着移动互联网的发展与普及，H5 已经成为了互联网传播领域不可或缺的重要传播形式之一。目前，我国很多院校的艺术设计类专业，都将 H5 设计与制作列为一门重要的专业课程。本书邀请行业、企业专家和几位长期从事 H5 教学的教师一起，从人才培养目标方面做好整体设计，明确专业课程标准，强化专业技能培养，安排教学内容；根据岗位技能要求，引入了企业真实案例，通过“慕课”等立体化的教学手段来支撑课堂教学。同时在内容编写方面，本书全面贯彻党的二十大精神，以社会主义核心价值观为引领，传承中华优秀传统文化，坚定文化自信，使内容更好体现时代性、把握规律性、富于创造性。

## H5 页面设计与制作简介

H5 指的是移动端上基于 HTML5 技术制作的交互动态网页。H5 的类型主要可分为营销宣传、知识新闻、游戏互动以及网站应用这四类。H5 展示形式丰富，互动体验良好，深受设计爱好者以及专业设计师的喜爱，成为了互联网传播领域的重要传播形式之一。

## 作者团队简介

新架构互联网设计教育研究院由经验丰富的商业设计师和院校教授创立。研究院立足数字艺术教育 16 年，出版图书 270 余种，畅销 370 万册，其中《中文版 Photoshop 基础培训教程》销量超 30 万册。每本书都具有大量的专业案例、丰富的配套资源、成熟的行业操作技巧、精准的核心内容、细腻的学习安排，不仅为学习者提供了足量的知识、实用的方法、有价值的经验，还为教师提供了包括课程标准、授课计划、教案、PPT、案例、视频、题库、实训项目等一站式的教学解决方案。

## 如何使用本书

1. 精选基础知识，快速了解 H5 设计

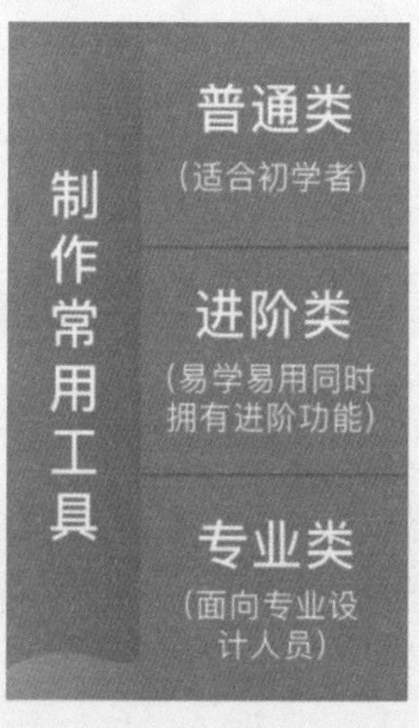

易企秀
如同Office的H5工具

MAKA
轻量级的H5工具

兔展
适配友好的H5工具

凡科
综合性较高的H5工具

搜狐快站
快速搭建手机功能网站的H5工具

人人秀
提供丰富功能模版的H5工具

iH5
功能最全的元老级H5工具

木疙瘩
如同Flash的H5工具

意派360
稳定性较好的H5工具

2. 知识点解析 + 课堂案例，熟悉设计思路，掌握制作方法

## 6.1 课堂案例——文化传媒行业企业招聘 H5 制作

进行案例制作

了解目标和要点

【案例学习目标】了解文化传媒行业企业招聘 H5 的项目策划及交互设计，学习使用 Photoshop 软件制作 H5 页面视觉效果的方法，以及使用凡科互动制作 H5 效果和发布的方法。

【案例知识要点】使用谷歌浏览器登录凡科官网，使用凡科互动微传单制作文化传媒行业企业招聘 H5，使用 Photoshop 软件制作首页、关于我们、工作环境、福利待遇、招聘岗位、招聘流程和岗位申请等页面的视觉效果，使用凡科微传单动画功能制作 H5 页面动画，效果如图 6-1 所示。

【效果所在位置】云盘 /Ch06/ 文化传媒行业企业招聘 H5 制作。

扫码观看 本案例视频　扫码观看 本案例视频　扫码观看 本案例视频　扫码观看 本案例视频　扫码观看 本案例视频

精选典型商业案例

扫码观看 本案例

扫码观看案例效果

图 6-1

项目策划

### 6.1.1 项目策划

Art Design 是一家成立了近 20 年的专业型广告设计公司，此次想通过 H5 进行企业人才招聘。在内容上，我们将页面内容分为了首页、关于我们、工作环境、福利待遇、招聘岗位、招聘流程以及岗位需求 6 个部分。在视觉上，运用图文结合以及高级灰体现公司的沉稳大气。在制作上，摒弃复杂的表现效果，采用简单翻页让用户的注意力集中在招聘内容上。

知识点解析

### 6.1.2 交互设计

通过前期基本的项目策划，对 H5 的原型进行了梳理，并运用 Axure 进行了绘制，如图 6-2 所示。

原型图展示

图 6-2

3. 课堂练习 + 课后习题，拓展应用能力

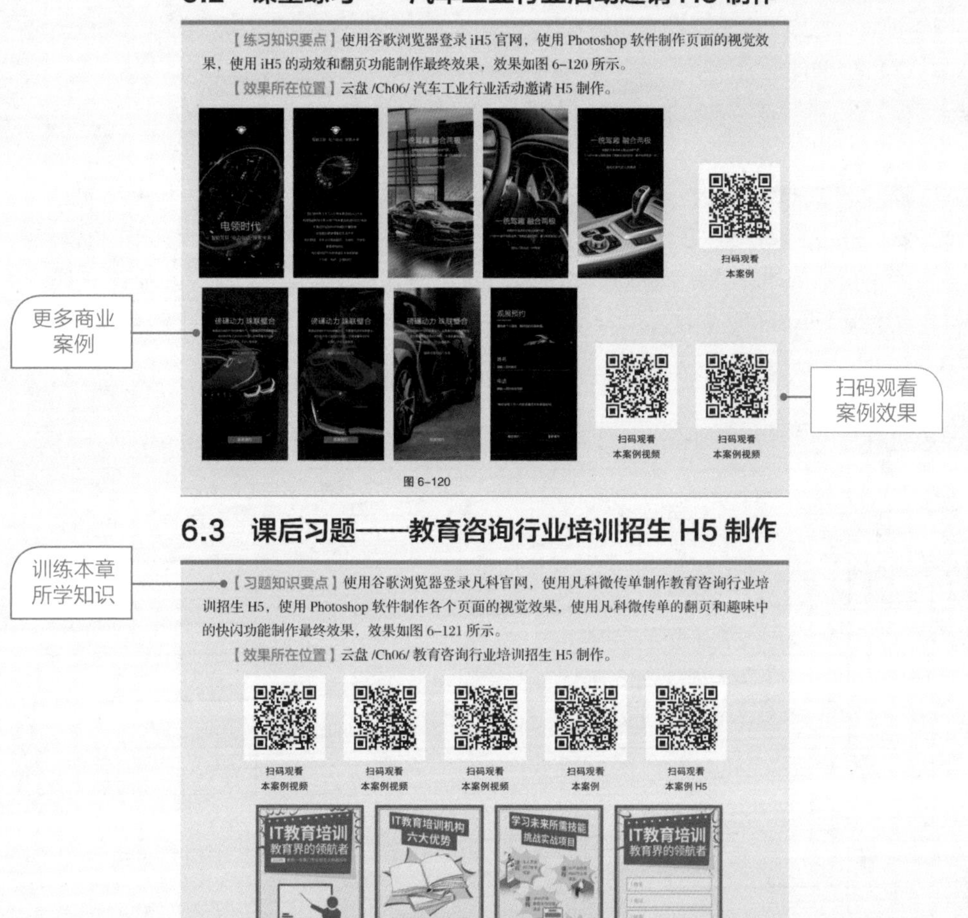

## 6.2 课堂练习——汽车工业行业活动邀请 H5 制作

【练习知识要点】使用谷歌浏览器登录 iH5 官网，使用 Photoshop 软件制作页面的视觉效果，使用 iH5 的动效和翻页功能制作最终效果，效果如图 6-120 所示。

【效果所在位置】云盘 /Ch06/ 汽车工业行业活动邀请 H5 制作。



图 6-120

## 6.3 课后习题——教育咨询行业培训招生 H5 制作

【习题知识要点】使用谷歌浏览器登录凡科官网，使用凡科微传单制作教育咨询行业培训招生 H5，使用 Photoshop 软件制作各个页面的视觉效果，使用凡科微传单的翻页和趣味中的快闪功能制作最终效果，效果如图 6-121 所示。

【效果所在位置】云盘 /Ch06/ 教育咨询行业培训招生 H5 制作。



图 6-121

4. 循序渐进，演练真实商业项目制作过程

**配套资源及获取方式**

- 所有案例的素材及最终效果文件。
- 案例操作视频，扫描书中二维码即可观看。
- 全书 10 章 PPT 课件。
- 教学大纲。
- 教学教案。

全书配套资源，读者可登录人邮教育社区（www.ryjiaoyu.com），在本书详情页面中免费下载使用。

全书慕课视频，登录人邮学院网站（www.rymooc.com）或扫描封底的二维码，使用手机号码完成注册，在首页右上角单击“学习卡”选项，输入封底刮刮卡中的激活码，即可在线观看视频。也可以使用手机扫描书中二维码观看视频。

**教学指导**

本书的参考学时为 64 学时，其中实训环节为 44 学时，各章的参考学时参见下面的学时分配表。

| 章 | 课程内容 | 学时分配（学时） | |
|---|---|---|---|
| | | 讲授 | 实训 |
| 第 1 章 | H5 初识 | 2 | |
| 第 2 章 | H5 的设计与制作 | 2 | |
| 第 3 章 | 互动游戏 H5 制作 | 2 | 4 |
| 第 4 章 | 活动抽奖 H5 制作 | 2 | 4 |
| 第 5 章 | 测试问答 H5 制作 | 2 | 4 |
| 第 6 章 | 滑动翻页 H5 制作 | 2 | 8 |
| 第 7 章 | 长页滑动 H5 制作 | 2 | 8 |
| 第 8 章 | 画中画 H5 制作 | 2 | 4 |
| 第 9 章 | 3D/ 全景 H5 制作 | 2 | 4 |
| 第 10 章 | 视频动画 H5 制作 | 2 | 8 |
| 学时总计 | | 20 | 44 |

**本书约定**

本书案例素材及效果文件所在位置：云盘 / 章号 / 案例名，如云盘 /Ch05/IT 互联网行业节日答题 H5 制作。

本书中关于颜色设置的表述，如红色（212、74、74），括号中的数字分别为其 R、G、B 的值。

由于 H5 制作平台更新较快，书中案例个别操作步骤若与平台不符，以平台为准。由于 iH5 平台停止了免费应用投放，本书中使用 iH5 制作的案例以视频形式展示效果，读者可正常按书中步骤制作，学习和编辑仍然免费。

由于编者水平有限，书中难免存在疏漏和不妥之处，敬请广大读者批评指正。

编　者

2023 年 5 月

CONTENTS 目录

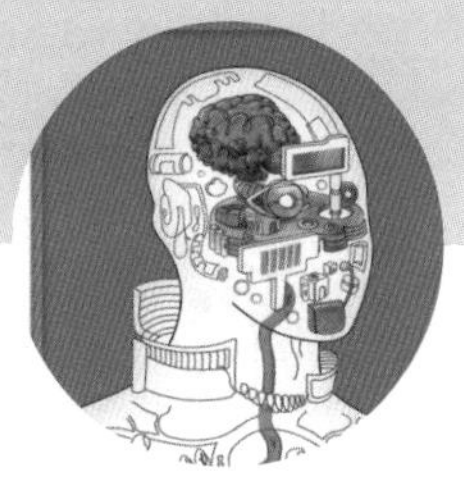

—01—



—02—



—03—



—04—

05

## 第 5 章 测试问答 H5 制作



06

## 第 6 章 滑动翻页 H5 制作



07

## 第 7 章 长页滑动 H5 制作

CONTENTS 目录

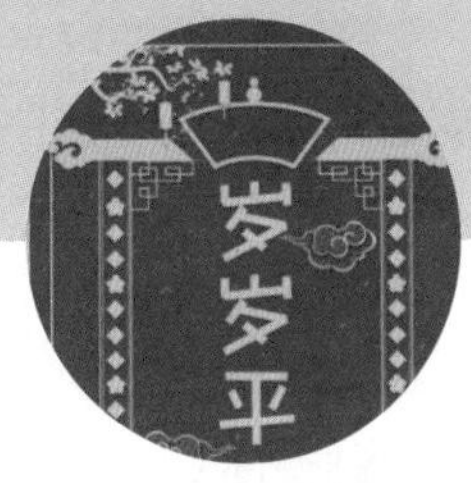

—08—

## 第 8 章 画中画 H5 制作



—09—

## 第 9 章 3D/ 全景 H5 制作



—10—

## 第 10 章 视频动画 H5 制作

# 扩展知识扫码阅读

## 设计基础知识

1. 认识基本形体

2. 透视原理

3. 平面构成

4. 形式美法则

5. 点、线、面三大要素

6. 基本形与骨骼

7. 色彩

8. 图形创意方法

9. 版式设计

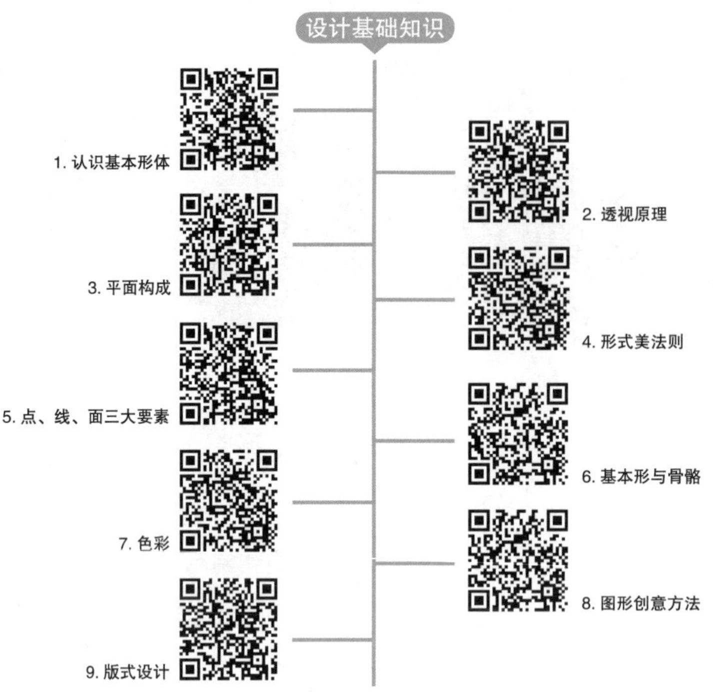

## 设计应用知识

1. 图标设计

图标的概念

图标的设计流程

图标的设计原则

图标的设计规范

图标的风格类型

2. APP 界面设计

APP 的概念

APP 设计的流程

APP 设计的原则

iOS 系统设计规范

Android 设计规范

APP 常用界面类型

3. 招贴广告设计

4. 电商网店设计

Photoshop 在电商中的应用

淘宝店铺各模块图片尺寸及具体要求

网店首页各元素的设计

商品详情页面各元素设计

5. 书籍设计

6. 包装设计

7. 网页设计

01

# 第 1 章 H5 初识

## 本章介绍

随着移动互联网的兴起，H5 逐渐成为了互联网传播领域的一个重要传播形式，因此学习和掌握 H5 成为了广大互联网从业人员的重要技能之一。本章对 H5 的定义、发展、特点、应用以及类型进行系统讲解。通过对本章的学习，读者可以对 H5 有一个宏观的认识，有助于高效熟练地进行后续的 H5 设计制作。

### 学习目标

- 掌握 H5 的定义
- 了解 H5 的发展
- 了解 H5 的特点
- 熟悉 H5 的应用
- 熟悉 H5 的类型

H5 初识

## 1.1 H5 的定义

H5 指的是移动端上基于 HTML5 技术的交互动态网页，是用于移动互联网的一种新型营销工具，通过移动平台（如微信）传播，如图 1-1 所示。

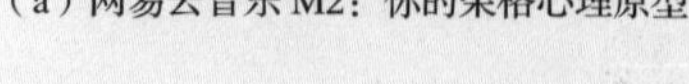

（a）网易云音乐 M2：你的荣格心理原型　　（b）PUPUPULA：2018 汪年全家福

（c）我是创益人 × 腾讯广告 × 腾讯基金会：敦煌数字修复

图 1-1

# 1.2 H5 的发展

H5 的发展可分为开始阶段、引爆阶段、绽放阶段以及成熟阶段。

**1. 开始阶段**

H5 的开始可以追溯到 2014 年，其最初的呈现状态和 PPT 类似，将经过简单设计的静态页面设置成滑动翻页效果，常用于婚礼邀请、企业招聘等，图 1-2 所示为免费婚礼邀请函模版。

**2. 引爆阶段**

2014 年下半年，一款名为“围住神经猫”的 H5 小游戏，如图 1-3 所示，引爆了微信朋友圈，最后页面浏览量达数亿级。随后相继产生的“看你有多色”等小游戏，让 H5 真正地开启了引爆。

图 1-2

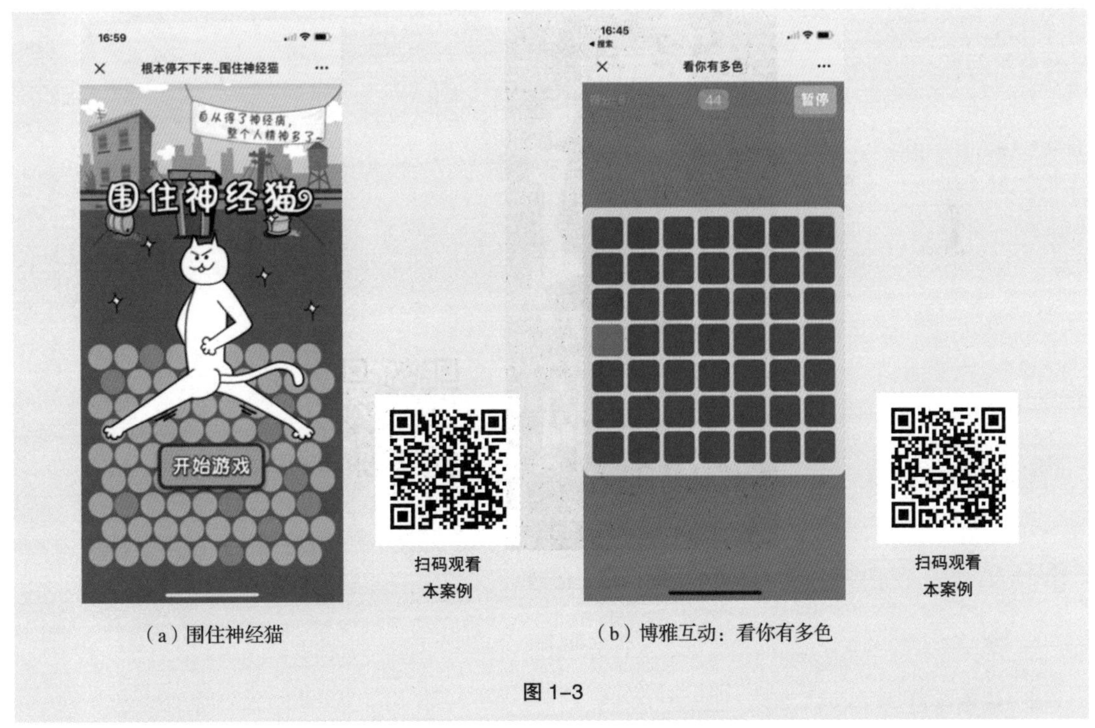


（a）围住神经猫

（b）博雅互动：看你有多色

图 1-3

**3. 绽放阶段**

2015 年—2016 年是 H5 的全面绽放阶段。在这一阶段中的 H5 交互设计酷炫、表现形式新颖，以最大限度加强用户参与感，提高用户分享 H5 的意愿，如图 1-4 所示。

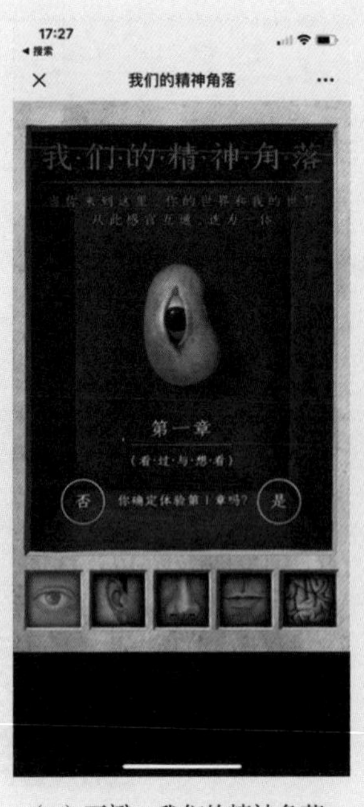


扫码观看
本案例

（a）豆瓣：我们的精神角落

扫码观看
本案例

（b）淘宝：淘宝“造物节”邀请函

扫码观看
本案例

（c）腾讯极光计划：记忆重构

图 1-4

**4. 成熟阶段**

2017 年后，H5 慢慢褪去了一些复杂酷炫的交互效果，开始走向成熟。这一阶段的 H5 轻互动，重内容，传播量最大的主要有两种形式，一种是纯视频类 H5，另一种是测试类 H5，如图 1-5 所示。

扫码观看
本案例

（a）腾讯：穿越未来来看你

扫码观看
本案例

（b）贝壳租房 × 奇葩说：100 年后你将住在哪个奇葩星球

图 1–5

## 1.3 H5 的特点

H5 具有跨平台、多媒体、强互动以及易传播的特点，如图 1–6 所示。

**跨平台**

H5 具有强大的兼容性，可以同时兼容 PC 端以及 iOS 和 Android 系统的移动端设备。

**多媒体**

H5 具有多媒体性，其展现形式可以包括文字、图像、动画、音频、视频等多种视听信息。

**强互动**

H5 交互形式丰富，包括结合手势交互、利用硬件交互以及使用技术交互等交互形式，这些交互能够充分激起用户的参与感，进行互动。

**易传播**

移动互联网的发展，令通过移动平台微信出现的 H5 只需要点击右上角的更多就可以发送给朋友、分享到朋友圈，非常方便传播。

图 1–6

## 1.4 H5 的应用

H5 的应用形式多样，常见的应用有品牌宣传、产品展示、活动推广、知识分享、新闻热点、会议邀请、企业招聘、培训招生等，如图 1–7 所示。

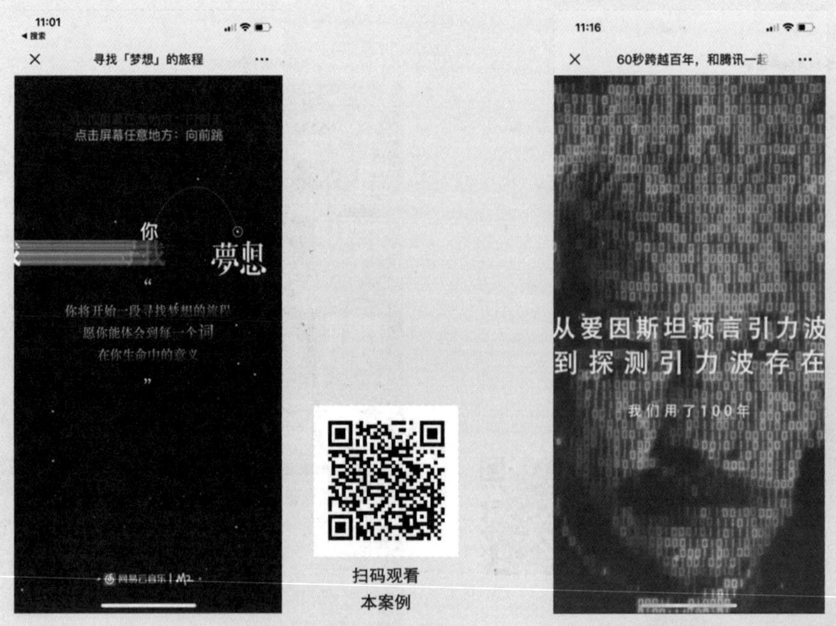


（a）网易云音乐 M2：寻找「梦想」的旅程，用于品牌宣传　（b）腾讯：60 秒跨越百年，用于会议邀请

扫码观看
本案例

（c）奥美：稀有动物悬赏令，用于企业招聘

图 1-7

## 1.5 H5 的类型

H5 的类型可分为营销宣传、知识新闻、游戏互动以及网站应用这四类。

### 1. 营销宣传类

营销宣传类 H5 是最常见的，它通常是为产品、品牌以及活动做宣传推广而设计的，如图 1-8 所示。

（a）招商银行 App：来，坐！

（b）腾讯：Next Idea × 故宫

（c）宝马：全新 BMW M2 锋芒上市

图 1-8

2. **知识新闻类**

知识新闻类 H5 同样比较普遍，它通常是根据社会重大事件进行新闻宣传、知识普及的，如图 1-9 所示。

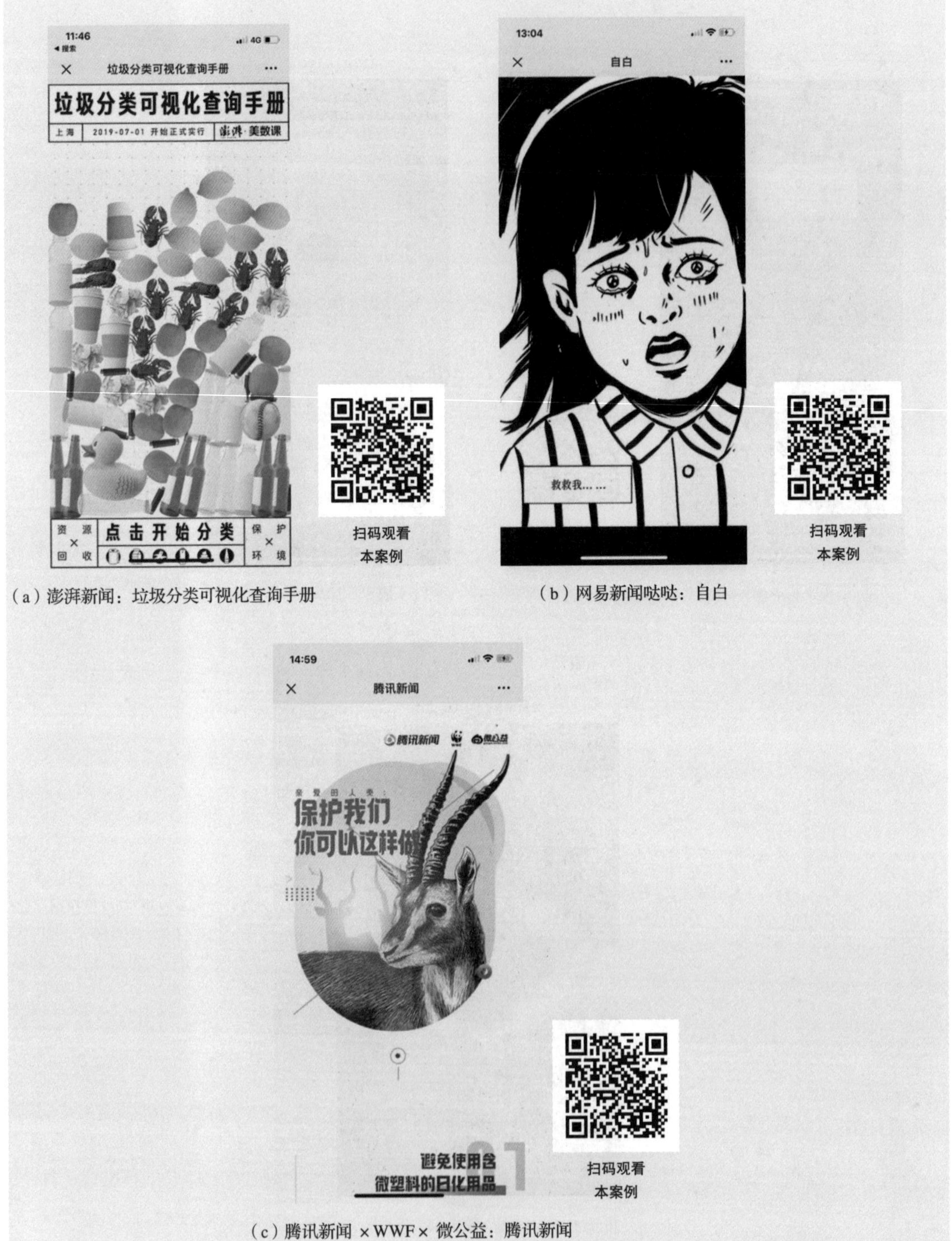


（a）澎湃新闻：垃圾分类可视化查询手册

（b）网易新闻哒哒：自白

（c）腾讯新闻 ×WWF× 微公益：腾讯新闻

图 1-9

### 3．游戏互动类

游戏互动类 H5 中的游戏一般比较简单，在微信中点开就可以直接玩，不用安装卸载，这类 H5 通常为娱乐或引流而制作，如图 1-10 所示。

（a）网易新闻哒哒 ×999 皮炎平：守护你的幸运足球

（b）网易新闻哒哒：睡姿大比拼

（c）小米：我在宫里遇到一件奇怪的事

图 1-10

**4. 网站应用类**

网站应用类 H5 在产品设计领域中常被称为“H5 网站”，可以直接在浏览器中观看和操作，不像 App 那样需要安装，它通常带有大量信息及 App 中的部分功能，如图 1-11 所示。

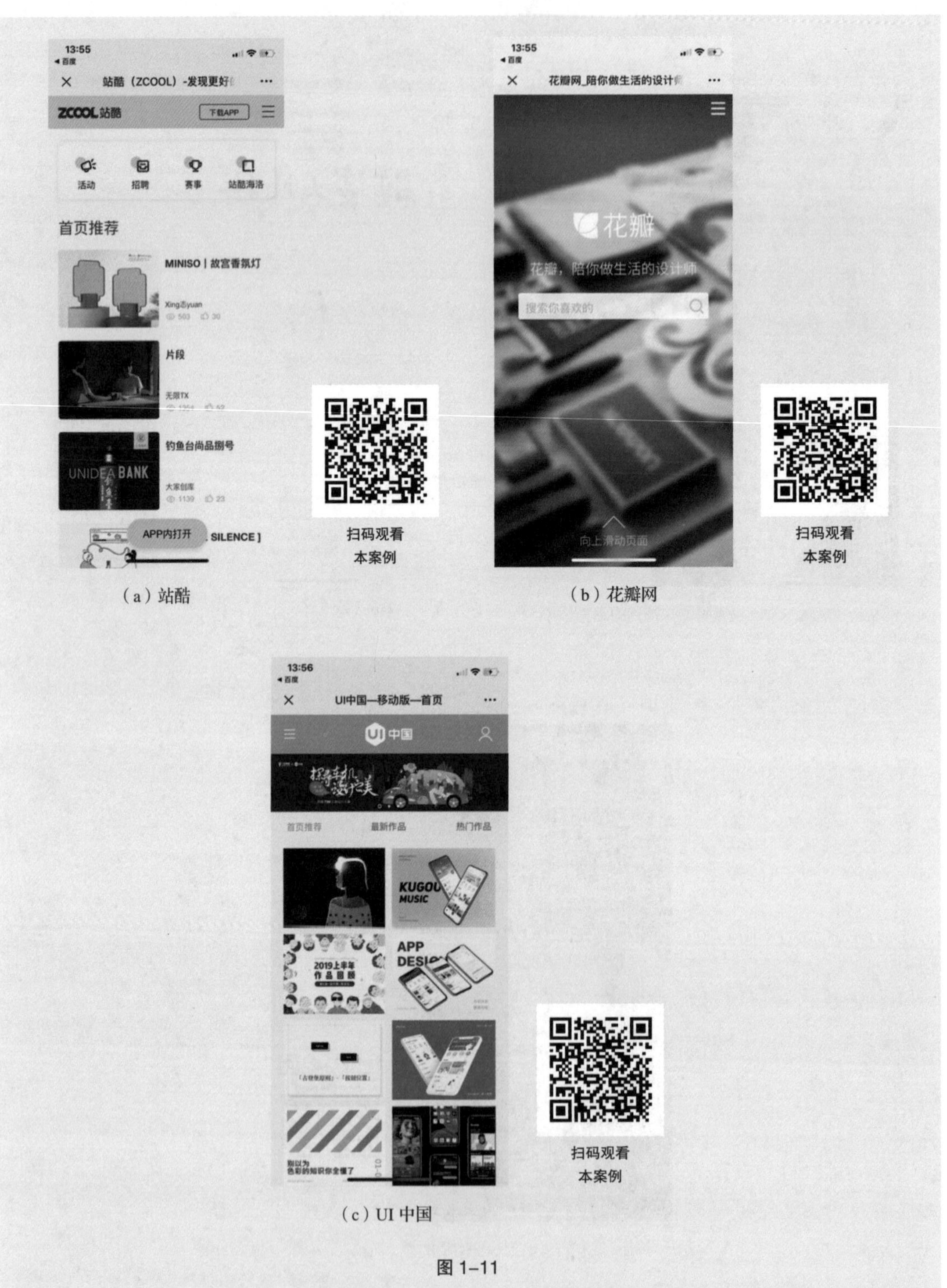


（a）站酷

（b）花瓣网

（c）UI 中国

图 1-11

02

# 第 2 章 H5 的设计与制作

## 本章介绍

从 0 到 1 开始打造一款 H5，这是策划、交互设计、设计制作以及制作开发相互配合的综合过程。本章对 H5 设计与制作的项目流程、常用软件、基本规范、注意事项以及创意方法进行系统讲解。通过对本章的学习，读者可以对 H5 的整体设计与制作有一个基本的认识，有助于高效熟练地进行后续的 H5 设计和制作。

### 学习目标

- 了解设计与制作 H5 的项目流程
- 熟悉设计与制作 H5 的常用软件
- 掌握设计与制作 H5 的基本规范
- 掌握设计与制作 H5 的注意事项
- 熟悉设计与制作 H5 的创意方法

H5 的设计与制作

## 2.1 H5 设计与制作的项目流程

H5 设计与制作的项目流程可以按照前期策划、交互设计、设计制作、制作开发、测试发布以及运营推广来进行，如图 2-1 所示。通常大型互联网公司在制作时往往会由团队分工合作完成，受众面较窄的 H5 则只需要由一个综合能力较强的人独立完成。

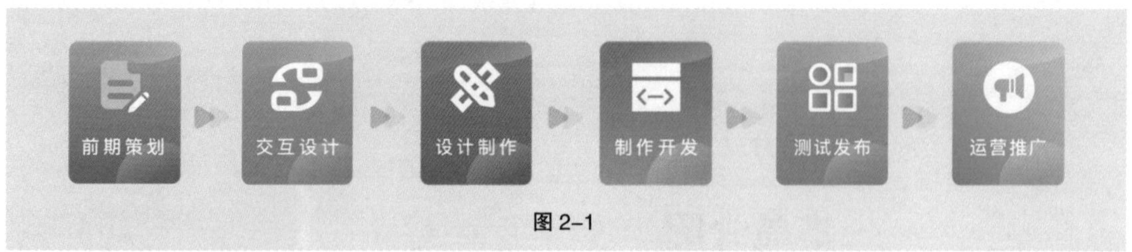


图 2-1

## 2.2 H5 设计与制作的常用软件

H5 设计与制作的常用软件包括前期策划、交互设计、视觉设计、动效设计、影音编辑、制作开发以及在线辅助这 7 类，如图 2-2 所示。

图 2-2

## 2.3 H5设计与制作的基本规范

H5 设计与制作的基本规范包括设计尺寸、页面适配、文字使用以及图片压缩这几个方面。

**1. H5 的设计尺寸**

根据目前多数的在线制作工具，设计 H5 尺寸普遍采用在 iPhone 5 的手机屏幕尺寸 640px×1136px 的基础上，减去微信或浏览器观看时的 128px 导航栏和状态栏，因此画面最终的有效尺寸是 640px×1008px，如图 2-3 所示。

有个别 H5 在线制作工具的有效尺寸会有些许区别。如凡科的画面最终有效尺寸是 750px×1206px，是根据 iPhone 6/7/8 的手机屏幕尺寸去掉导航栏和状态栏而来，如图 2-4 所示。而 iH5 默认尺寸是 640px×1040px，是根据 iPhone 6/7/8Plus 的手机屏幕尺寸去掉导航栏和状态栏后整体缩小而来，如图 2-5 所示。因此 H5 的尺寸设计需要结合最终使用的工具来进行，而分辨率都是 72px。

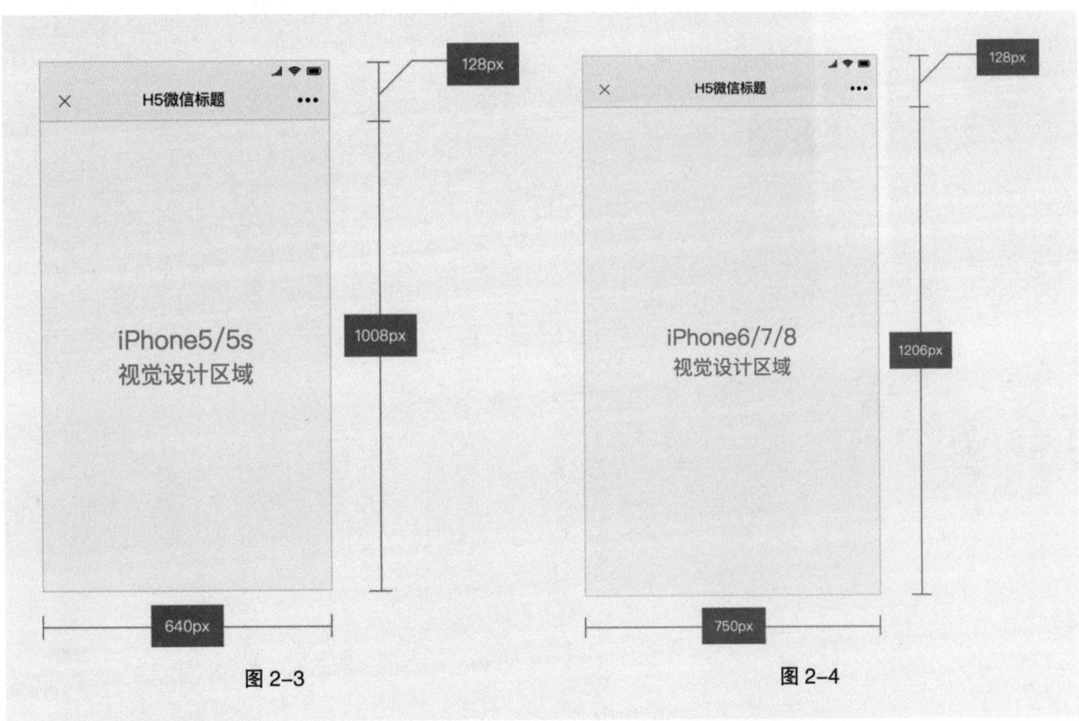


图 2-3　　图 2-4

**2. H5 的页面适配**

H5 的页面适配包括 H5 工具的自动适配、页面安全区的设置以及 H5 其他设备的处理 3 个方面。

（1）H5 工具的自动适配

H5 的在线制作工具本身就具备自动适配的功能，因此最主流的尺寸虽然是根据 iPhone 5 的手机屏幕尺寸而来，但也可以保证对大多数手机的自动满屏适配。特别是如 iPhone X/XS 等全面屏以及一些短屏手机，部分 H5 的在线制作工具会借鉴印刷行业的做法，设置“出血”，即内外框之间的区域仅用于填充不同手机屏幕边缘区域，确保不会露白，如图 2-6 所示。

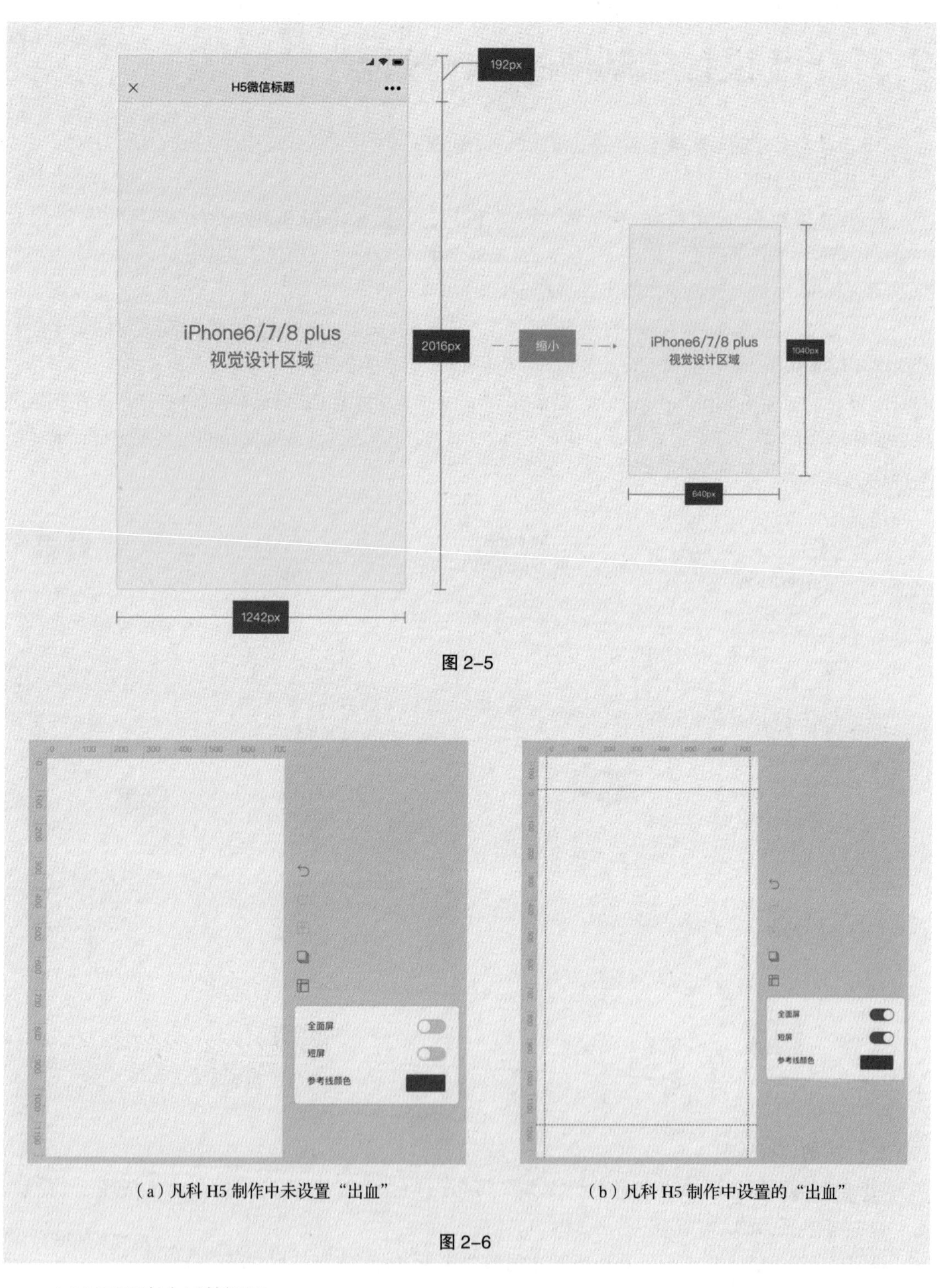


图 2-5

（a）凡科 H5 制作中未设置“出血”

（b）凡科 H5 制作中设置的“出血”

图 2-6

（2）页面安全区的设置

对于设计师而言，如果 H5 页面要适配如 iPhoneX/XS 等大屏手机，可以将背景设计得较大。而类似按钮、信息等重要内容不要放到非安全区域中，否则在小屏手机中内容会被裁掉，如图 2-7 所示。

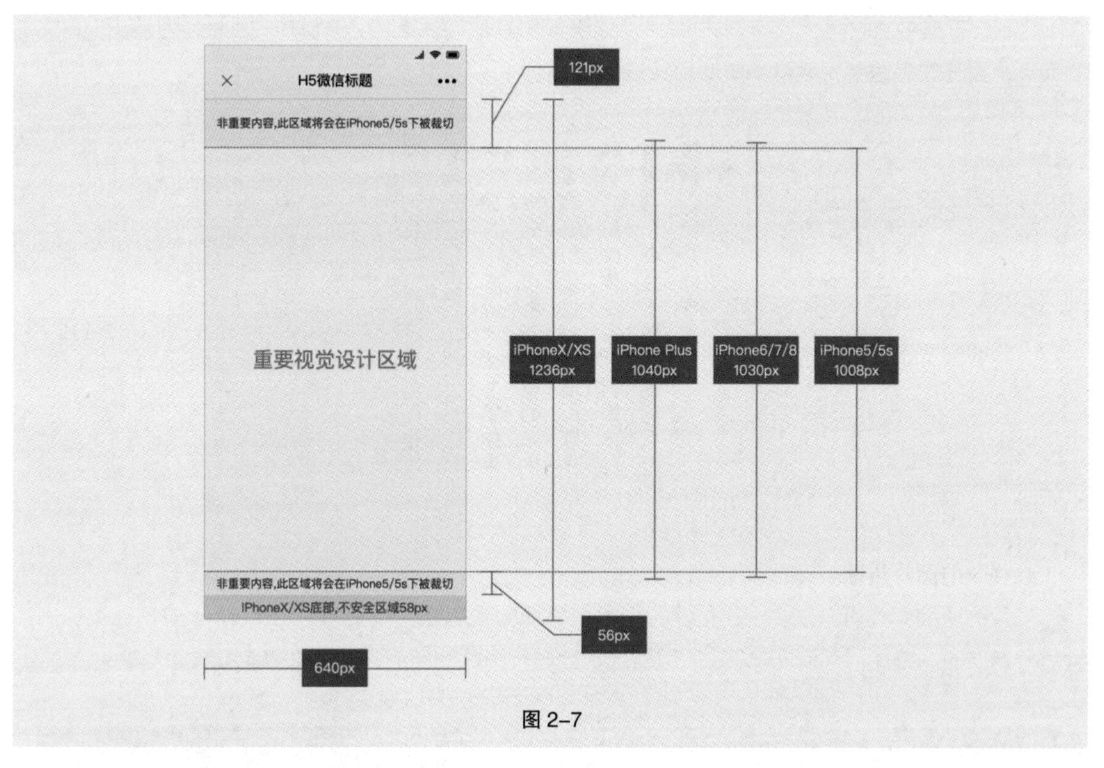

图 2-7

（3）H5 其他设备的处理

H5 虽然具有跨平台的特点，但其主要分享设备还是手机，而且如重力感应等交互效果亦不适合用计算机浏览器打开。因此，针对运用计算机浏览器观看体验不佳的 H5，设计师可以为网页浏览器设置一个扫码页，引导用户用手机扫码观看，图 2-8 所示为阿里健康的“一条有故事的线”H5 在 PC 浏览器打开时的扫码页。

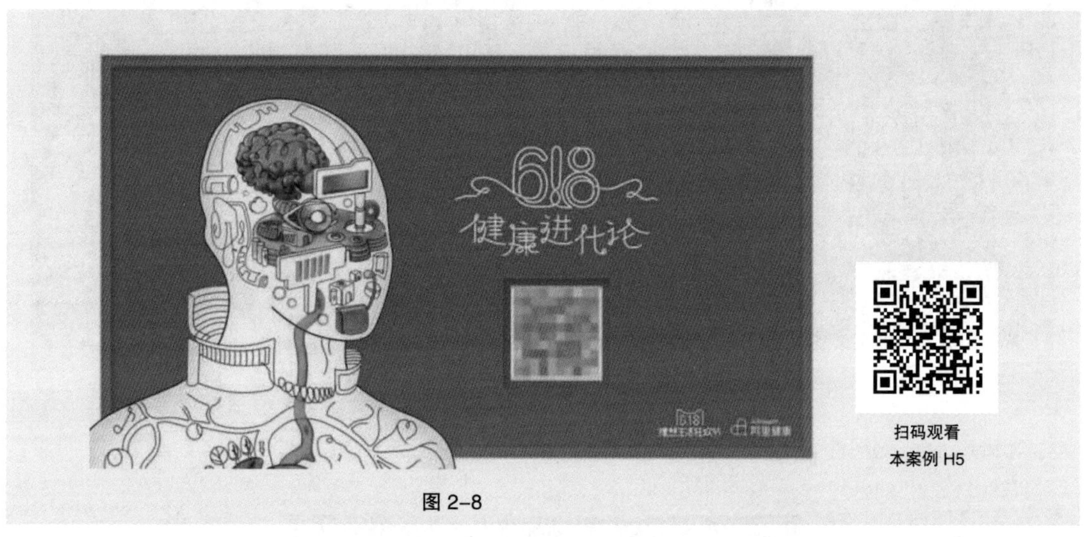

图 2-8

**3．H5 的文字使用**

通常 500 个汉字约占 1KB 的内存，而一张将文字导出的图片至少占 10KB 的内存。因此除非字体经过设计，不建议将文字以图片的形式输出，例如，图 2-9 所示的文字导出图片内存为 25KB，在 H5 制作工具中直接输入文字只占 1KB，如果使用其他字体大约占 4MB，因此，为减少 H5 文件的大小，提升加载速度，尽量不要使用特殊字体。

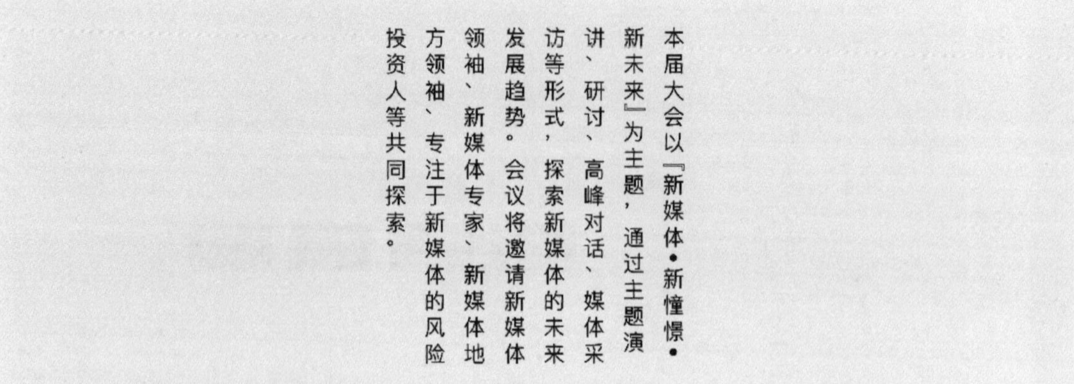

本届大会以『新媒体•新憧憬•新未来』为主题，通过主题演讲、研讨、高峰对话、媒体采访等形式，探索新媒体的未来发展趋势。会议将邀请新媒体领袖、新媒体专家、新媒体地方领袖、专注于新媒体的风险投资人等共同探索。

图 2-9

**4. H5 的图片压缩**

图片的压缩同样可以减少 H5 文件的大小，提升加载速度。在使用 Photoshop 对设计稿导出图片进行制作时，选择“存储为 Web 所用格式”会进行图片的压缩，如图 2-10 所示。

图 2-10

对 PNG 格式的图片导出时，建议使用 PNG-8 格式，颜色位数建议选择 256，如图 2-11 所示。

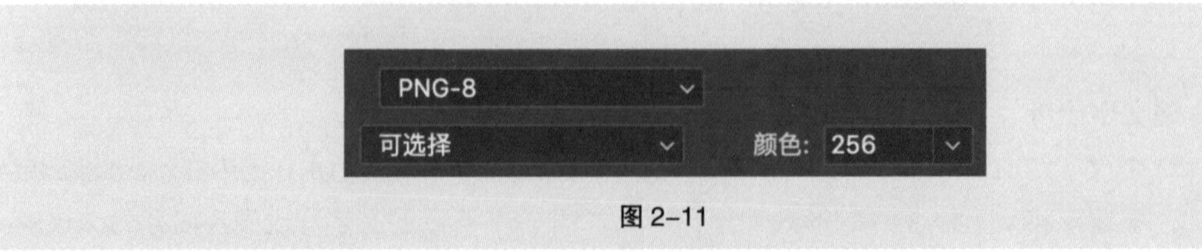


图 2-11

对 JPEG 格式的图片导出时，可以将品质调至 60 或以上，数值再低则会出现明显的毛边锯齿，如图 2-12 所示。

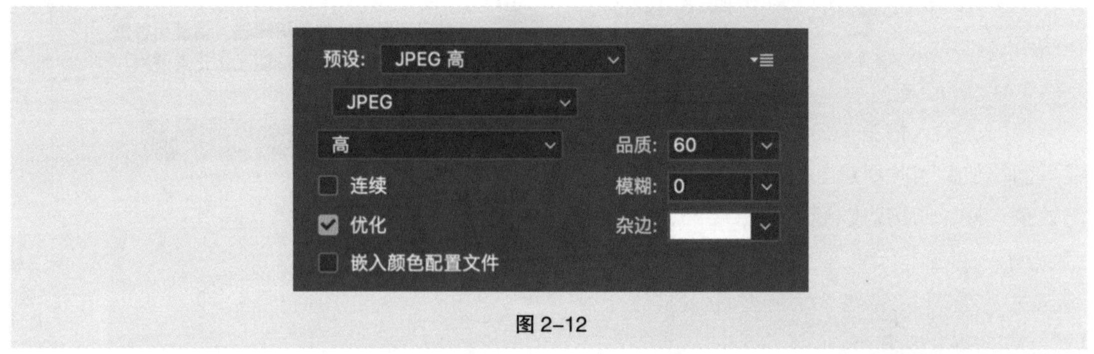


图 2-12

有时还可以通过等比缩小的方法继续压缩图片，将图片尺寸缩小 1/3，再在制作时放大。图片虽然压缩，但视觉效果并没有太大影响，如图 2-13 所示。当然也不能一味追求体积而忽视质量，导出后可以放到手机上观看，以平衡二者。

（a）原尺寸图片，内存为 145KB　　（b）尺寸缩小 1/3 后的图片，内存为 80KB

图 2-13

## 2.4 H5 制作的注意事项

**1. 浏览器的选择**

由于 H5 的制作都是通过线上工具完成，因此在浏览器的选择方面一定要注意。这里建议使用谷歌浏览器，因为谷歌浏览器可以最大程度保证线上操作的顺畅，如图 2-14 所示。

#### 2. 交互控件的使用

输入框和播放器这两个交互控件在 H5 中的支持并不理想，因此在使用时要特别注意。

（1）输入框

弹出式输入框在 H5 中容易造成页面错位，因此尽量不要设置弹出式输入框，通常可以通过点击直接在输入位置进行输入，图 2-15 所示为“2017 拉勾之夜 | 年度盛典”H5 的输入框设计。

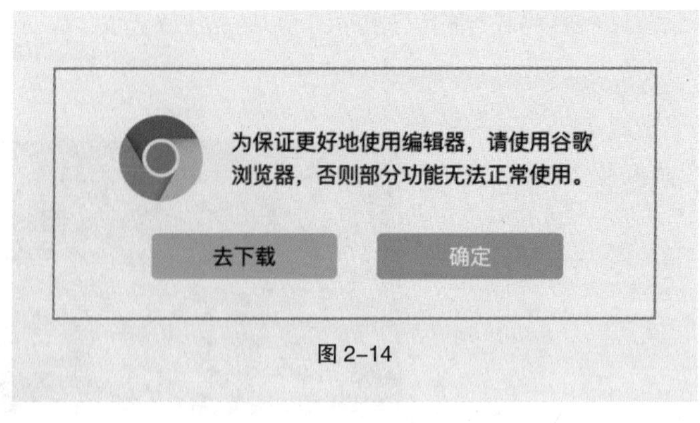


图 2-14

（2）播放器

不同的系统对于播放器控件的支持也有所不同，在 iOS 系统中可以进行类似自动播放的自由设置；但在 Android 系统中，并不支持自动播放，因此对于背景音乐，需要设置按钮让用户控制，图 2-16 所示为腾讯新闻“2019 断舍离”H5 的播放器按钮设计。

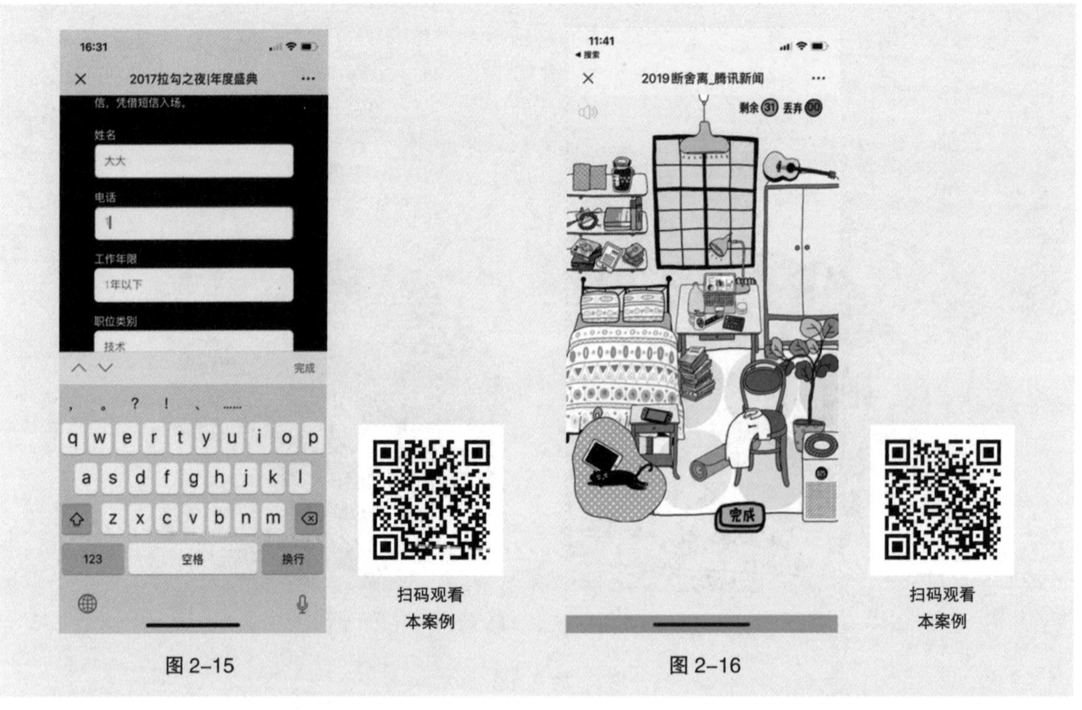


图 2-15　　图 2-16

对于视频，可以提供两种解决方案。

第一种是将视频全屏播放，H5 可以设计一个“跳过”按钮，提升用户控制自由，图 2-17 所示为穿越火线“给张一山导部戏”H5 中的“跳过”按钮。

第二种是将视频非全屏播放，直接嵌套进页面中，用户可直接在页面中控制，或通过点击视频进入系统自带播放器进行控制，图 2-18 所示为网易新闻“各凭态度乘风浪”H5 中的视频嵌套。

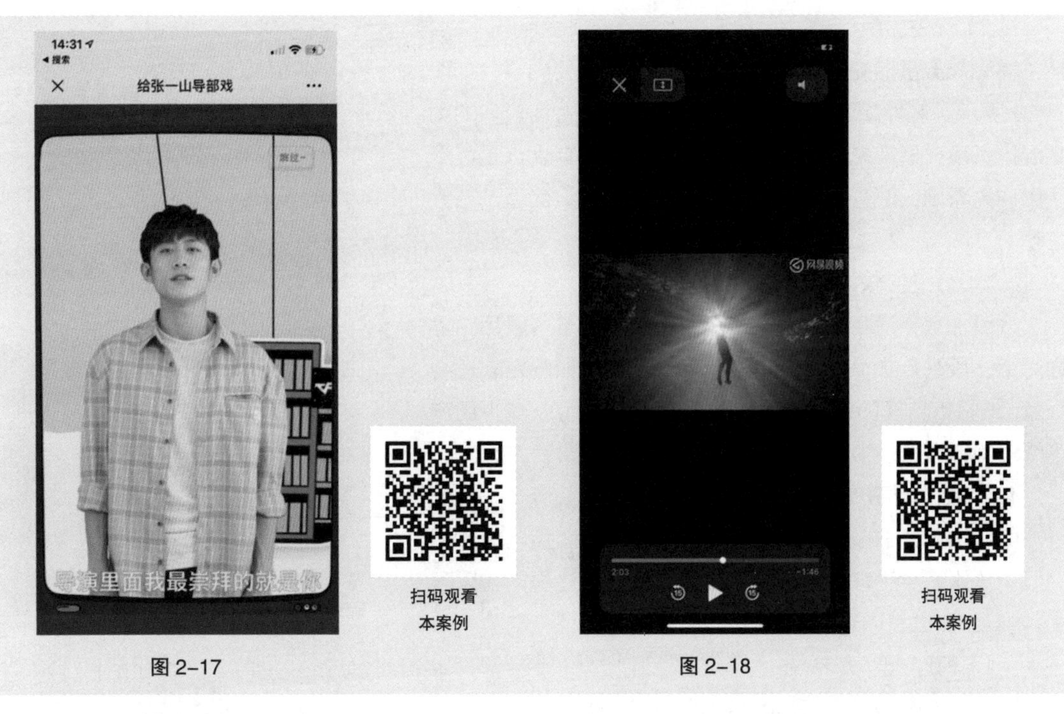

14:31
给张一山导部戏

扫码观看
本案例

图 2-17

扫码观看
本案例

图 2-18

**3. H5 的加载优化**

加载呈现是决定用户是否观看 H5 的关键，因此要根据策划的内容选择对应的加载模式。

（1）全局加载

全局加载是指在 H5 的加载结束后一次性加载好所有内容（内嵌视频等形式的富媒体除外），如图 2-19 所示。这种加载方式最常用。其优点是观看过程流畅，不会卡顿，缺点是加载时间略长，容易引起用户焦虑。

第一页
中间页面
最后一页
加载...
加载...
加载...

图 2-19

（2）优先加载

优先加载是指先加载主要内容，再加载次要内容，如图2-20所示。这种加载方式应用较少，多用于内容较多的图文混排页面，通常先加载文字，再加载图片。其优点是可以让用户先看到一部分内容，减少焦虑；缺点是页面展示不太完整。

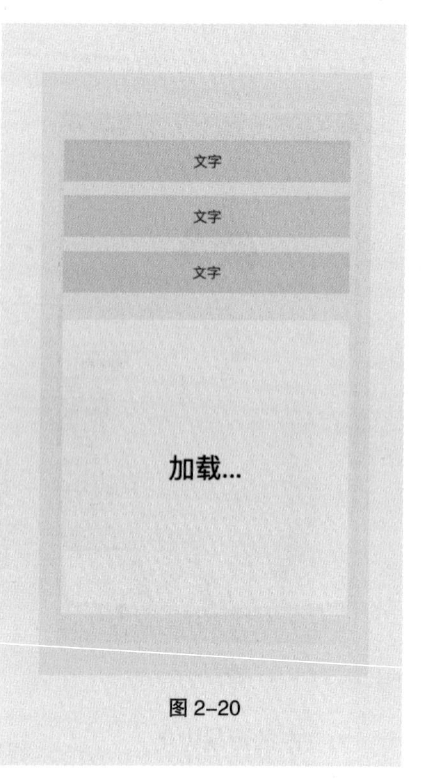

图 2-20

（3）分段加载

分段加载，是将H5分成几段，当用户看至一段后，才会对下一段进行加载，如图2-21所示。这种加载方式适合分章节的H5。其优点是快速加载的一段内容可以减少用户等待时间，缺点是中间多次出现的加载中断了阅读。

**4. 微信诱导分享**

微信为避免H5刷屏的情况，做出了外部链接内容管理规范，具体需要注意诱导分享类内容、诱导关注类内容以及H5游戏、测试类内容这三个部分。

（1）诱导分享类内容

微信不建议诱导分享类内容，类似明示暗示分享、夸张言语胁迫、红包利益诱惑等形式的H5都有可能被禁，如图2-22所示。

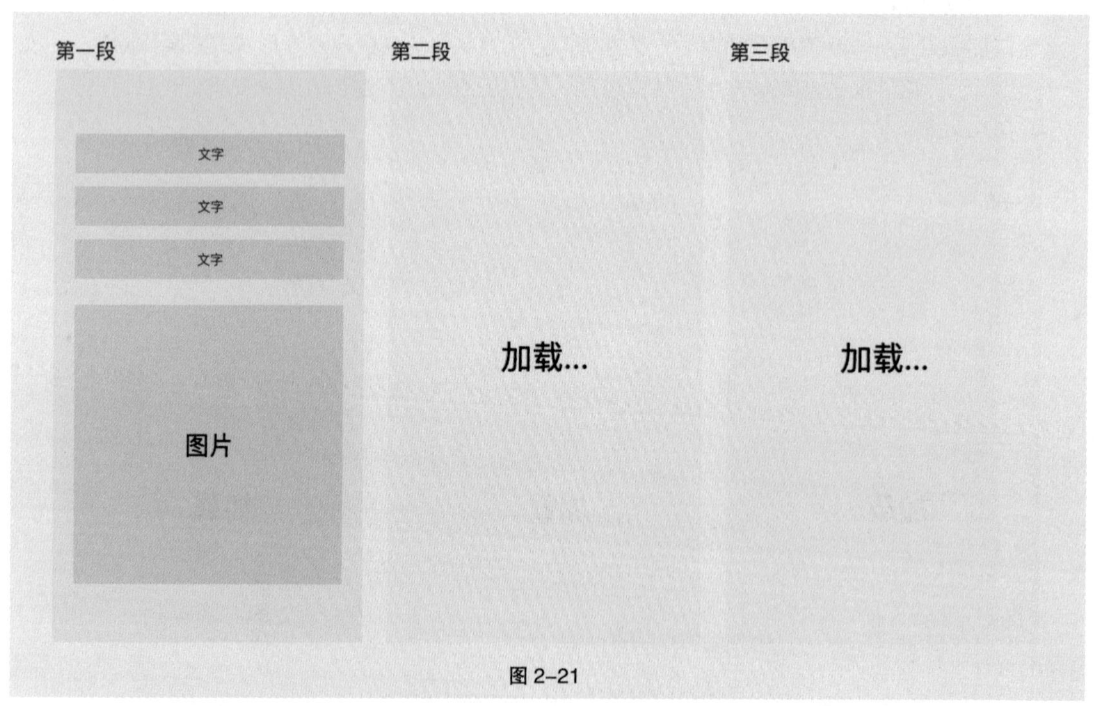

图 2-21

（2）诱导关注类内容

微信不建议强制或诱导用户关注公众账号，类似关注后查看答案、领取红包、关注后方可参与活动等形式的H5都有可能被禁，如图2-23所示。

图 2-22

图 2-23

（3）H5 游戏、测试类内容

微信不建议传播 H5 游戏、测试类内容，类似比手速、好友问答、性格测试、测试签等形式的 H5 都有可能被禁，如图 2-24 所示。

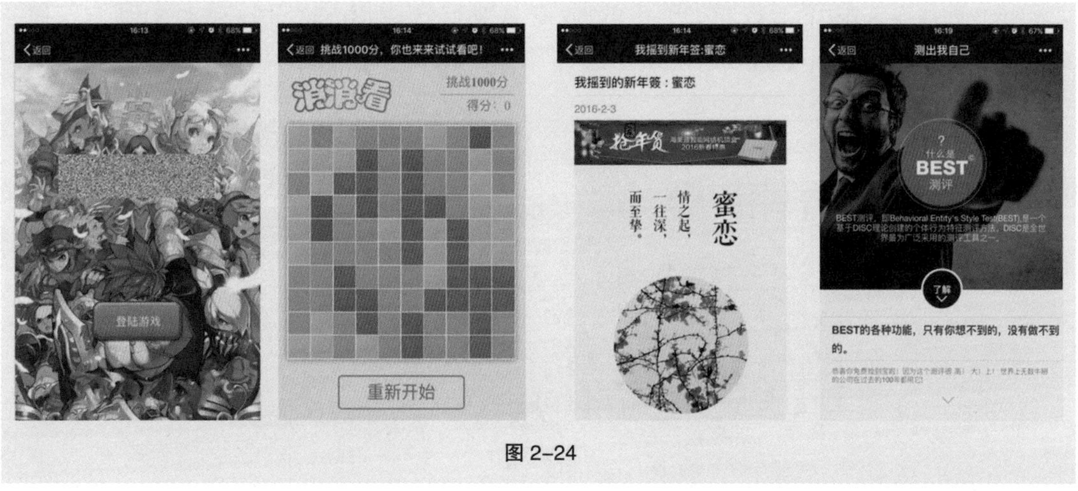


图 2-24

这里大家不需要太过担心，因为只有 H5 的浏览量达到一定数量，才有可能被禁。如果出现被禁的情况，我们还可以通过发送邮件向微信团队申请恢复访问，如图 2-25 所示。

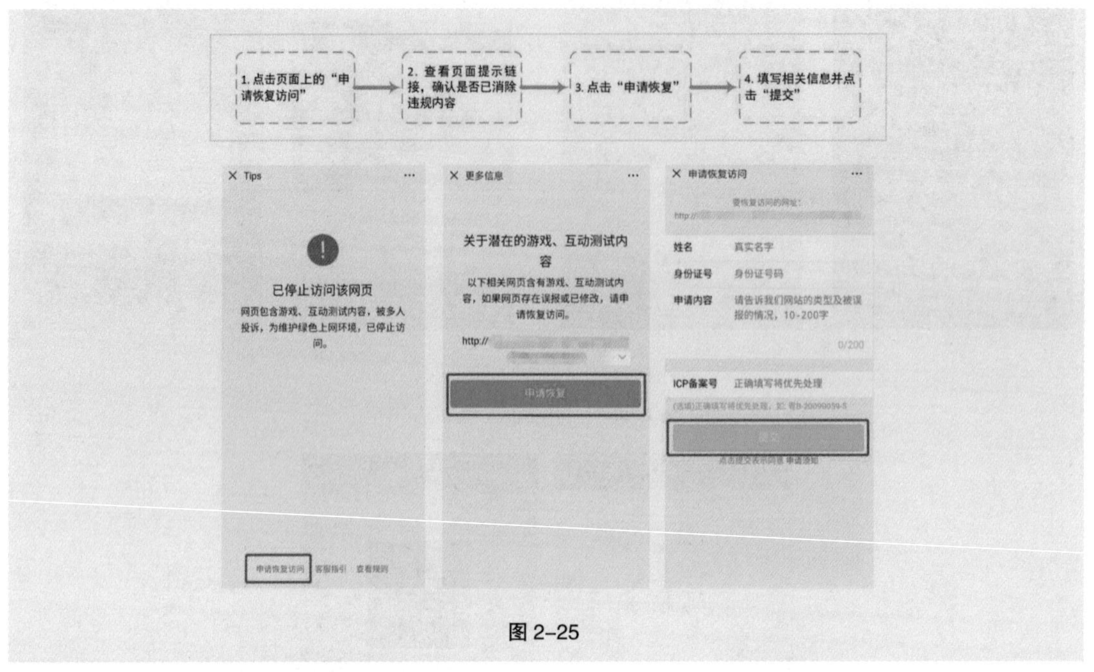


图 2-25

## 2.5 H5 的创意实现

H5 的创意实现可以从内容策划、交互设计、视觉设计、动效设计、音效设计、测试方法以及数据分析这 7 个方面进行。

### 2.5.1 H5 的常用策划方法

H5 的常用策划方法要考虑符合用户习惯、结合用户心理、制定对应形式这三个方面。

**1. 符合用户习惯**

H5 主要依靠手机进行传播，因此 H5 的策划需要符合移动端用户的习惯。移动端用户的习惯主要体现在画面尺寸、阅读习惯、场景习惯 3 个方面，如图 2-26 所示。

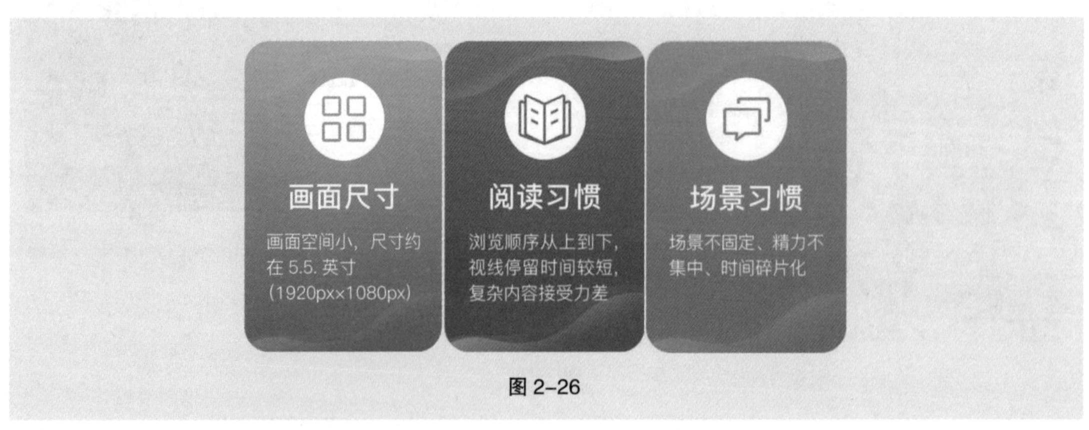


图 2-26

### 2. 结合用户心理

用户在观看 H5 时，通常利用碎片化时间快速浏览。为了能获取用户更多的注意力，H5 的策划一定要根据用户心理进行。精品 H5 的用户心理主要表现为情感共鸣、构思新奇、加入鼓励以及主动参与这 4 个方面。

（1）情感共鸣

在 H5 中运用一些用户熟悉的怀旧元素或当下用户熟悉的新热点，容易激发用户产生情感共鸣，进而提升用户观看 H5 的注意力，甚至提高转发率，图 2-27 所示为京东“妈妈再打我一次”H5，该 H5 在母亲节采用让用户回到小时候挨妈妈打的创意激起了用户的情感共鸣。

（2）构思新奇

信息如果被生硬地堆砌在 H5 的页面中会让用户感到枯燥乏味，因此 H5 的设计需要有新奇感，这方面我们可以用有趣的文案、讲故事以及结合知识产权（Intellectual Property，IP）等方法来创造新奇感。结合 IP 的 H5 通常有古代 IP、影视剧 IP、游戏 IP 以及国外艺术文化 IP 等类型，图 2-28 所示为中国民生银行的“民生故宫文创主题信用卡”H5，该 H5 就是以古代 IP 为内容进行创作。

图 2-27　　图 2-28

（3）加入鼓励

H5 中加入鼓励的方式是吸引用户参与的重要方法，其中鼓励机制的设置是关键，不同的机制设置往往会带来不同的效果。我们可以多研究相关 H5 案例设置的鼓励机制，开阔思路。图 2-29 所示为腾讯“一起寻找医学突破”H5，就是通过一次次解锁图案吸引用户参与。

（4）主动参与

测试型或者游戏型的 H5 可以让用户主动参与到 H5 的策划中，获得主宰整个 H5 的体验，这种让用户主动参与的方法在一定程度上也会促进 H5 的分享，图 2-30 所示为中国民生银行的“民生 MONO 自画像信用卡”H5，该 H5 通过让用户自建画像，调动用户分享 H5 的积极性。

图 2-29　　图 2-30

### 3. 制定对应形式

策划时根据不同的内容，需要制定对应的展现形式。展现形式可以分为页面展示、交互引导以及用户操作 3 大类型。

（1）页面展示

页面展示是指在 H5 中以展示内容为主、交互为辅的展现形式，具体的表现形式有视频嵌入、翻页展示以及空间展示，常用于品牌宣传、新闻热点、会议邀请等。图 2-31 所示为腾讯互娱的“移动页面用户行为报告第三期”H5，该 H5 运用了翻页展示的表现手法。

（2）交互引导

交互引导是指在 H5 中通过一系列交互引导帮助用户完成操作的展现形式，具体的表现形式有交互视频以及交互场景，常用于品牌宣传、产品展示、活动推广等。图 2-32 所示分别为天龙八部的“天龙十二门”H5（运用了交互视频的表现手法）和网易新闻的“探秘芒种”H5（运用了交互场景的表现手法）。

（3）用户操作

用户操作是指在 H5 中通过吸引用户完成一系列操作而产生不同效果的展现形式，具体的表现形式有互动游戏、测试问答以及硬件技术，常用于品牌宣传、知识分享以及新闻热点等。图 2-33 所示分别为优酷体育的“最强点球大战”H5（运用互动游戏的表现手法）和网易云音乐的“权力的游戏”H5（运用测试问答的表现手法）。

图 2-31

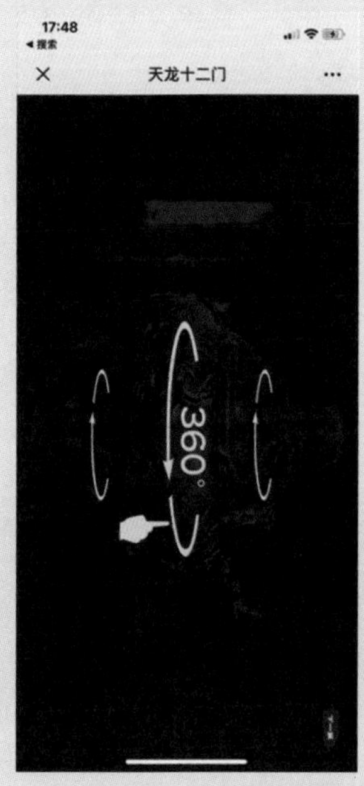


扫码观看
本案例

(a) 天龙八部：天龙十二门

扫码观看
本案例

(b) 网易新闻：探秘芒种

图 2–32

扫码观看
本案例

(a) 优酷体育：最强点球大战

扫码观看
本案例

(b) 网易云音乐：权力的游戏

图 2–33

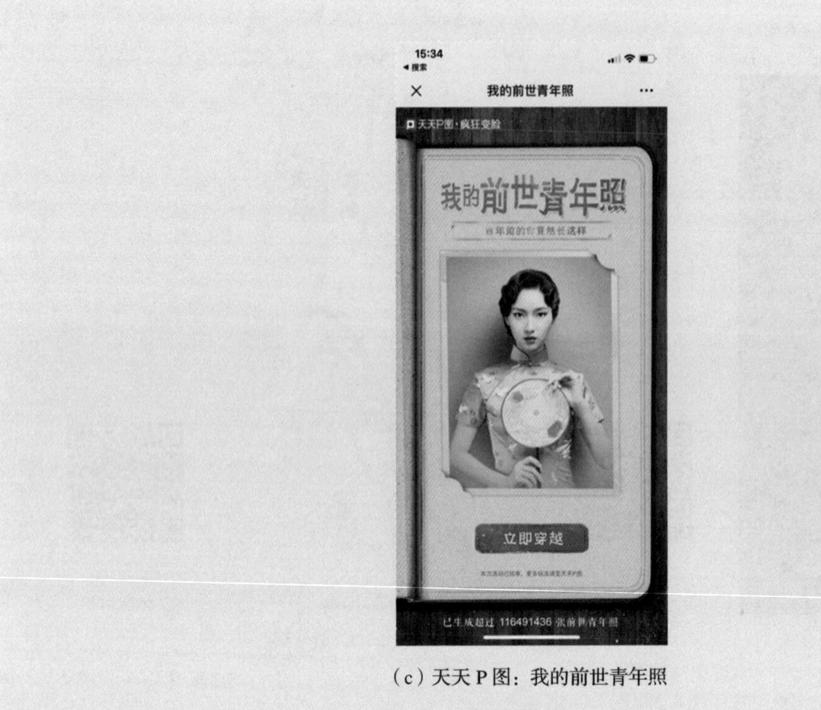


（c）天天 P 图：我的前世青年照

图 2–33（续）





## 2.5.2 H5 的常用交互方法

H5 的常用交互方法可以总结为结合手势、利用硬件以及使用技术 3 个类型。

**1. 结合手势**

手势是移动端中非常重要的交互方式，它极大地提高了 H5 操作的便捷性。常用的手势有点击、长按、滑动以及拖动。

（1）点击

点击是 H5 最常用的手势，多用于完成 H5 中的关键任务，图 2–34 所示为“致敬凡人英雄”H5。

（2）长按

长按手势由于会给用户手指带来一定程度的疲劳，因此在 H5 中并不常用。根据其特点多用于 H5 中视频或动画的播放任务，如图 2–35 所示为抖音的“世界名画抖抖抖抖抖起来了”H5。

（3）滑动

滑动也是 H5 常用的手势，多用于页面切换及长页查看，图 2–36 所示为天和骨通贴膏与网易新闻联合制作的“一个女足运动员的自白”H5。

（4）拖动

拖动同样会为用户手指带来一定程度的疲劳，因此在 H5 中并不常用。根据其特点多用于完成炫酷交互 H5 中的关键任务，图 2–37 所示为腾讯视频的“修复文物 遇见文明”H5。

图 2-34

图 2-35

图 2-36

图 2-37

**2. 利用硬件**

手机中的很多硬件设备可以被应用于 H5 中，增强 H5 的使用体验感。常使用到的硬件设备有摄像头、语音话筒、手机陀螺仪。

（1）利用摄像头与相册

手机摄像头以及相册可以被调用，多用于合成证件类的H5，图2-38所示为FaceU激萌和永乐宫壁画艺术博物馆联合制作的“我的神仙画卷”H5。

（2）利用语音话筒

语音话筒同样也可以被调用，多用于H5中的录音功能，以增添趣味，图2-39所示为天天传奇游戏的“天天传奇母亲节录音机”H5。

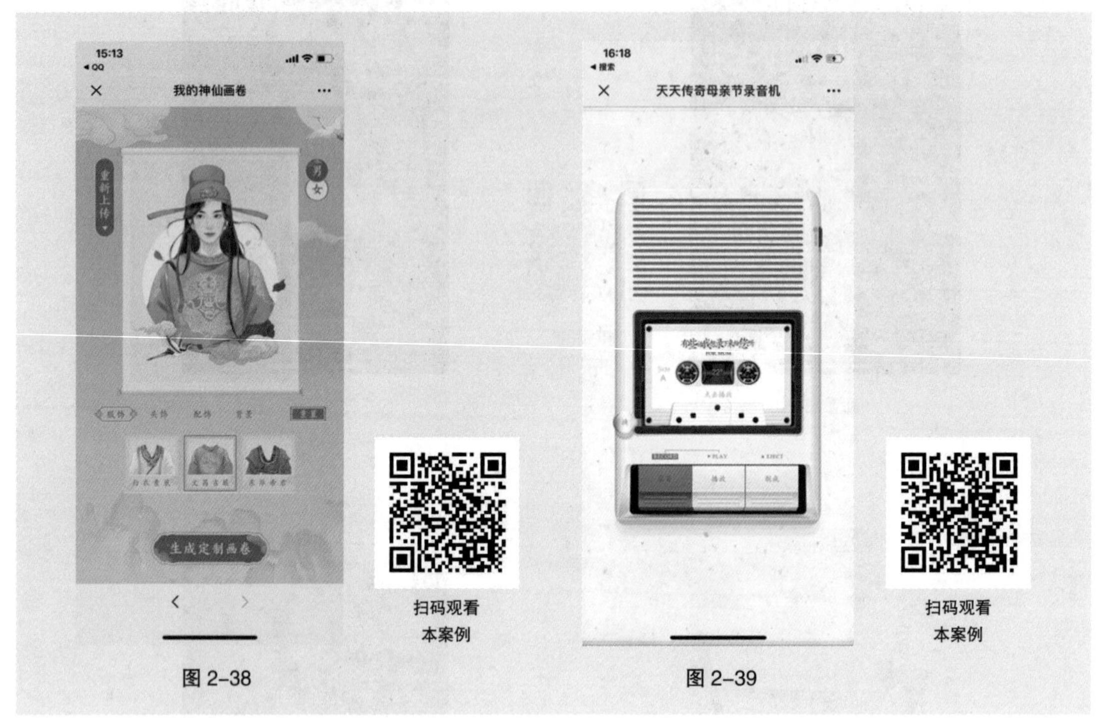

图2-38　　图2-39

（3）利用手机陀螺仪

手机陀螺仪（角速度传感器）可以辨别角度，在H5中通过慢慢摆动手机来查看更多画面内容，多用于模拟现实场景及制作全景等拓展屏幕类的H5，图2-40所示为戴尔的“DELL团购日，夏一战出击”H5。

（4）利用加速度计

加速度计（加速度传感器）是一个测重力或惯性的硬件设备，在H5中通过快速甩动手机来记录加速度，多用于完成H5中的一些动作，图2-41所示为“2019你的出行关键词”H5。

**3．使用技术**

伴随技术的发展，H5可以通过新的技术带给用户新的体验。在H5中使用的常见新技术可以总结为VR、AR、3D以及双屏互动。

（1）VR

虚拟现实（Virtual Reality，VR）是使用技术模拟出真实环境。有许多H5在观看时需要使用VR设备，但不是所有人在观看H5时都带有VR设备，因此在使用VR技术时还需要设计非VR场景的全景模式。在H5中VR的形式主要以视频为主，图2-42所示为网易VR故事“‘不要惊慌，没有辐射！’”H5。

图 2-40　　图 2-41

（2）AR

增强现实（Augmented Reality，AR）是在现实基础之上增加虚拟内容，二者的结合产生了真假难辨的效果。在 H5 中使用 AR 往往打破维度，带给用户惊喜，图 2-43 所示为腾讯 QQ 与变形金刚 ol 联合制作的“QQ AR 召唤擎天柱”H5。

图 2-42　　图 2-43

（3）3D

3D 技术在 H5 中的运用越来越多，多用于营造空间感，图 2-44 所示为腾讯的“地球最后的净土，我在南极等你加入”H5。

（4）双屏互动

双屏互动的技术在 H5 中的形式比较新颖，多用于类似七夕节等需要两人配合的 H5，图 2-45 所示为蒂芙尼的“520• 爱之旅”H5。

图 2-44　　图 2-45

## 2.5.3 H5 的创意设计风格

H5 的常用创意设计风格可以总结为极简冷淡、扁平设计、拼贴叠加、传统古韵、复古拟物、现代科技、仿真写实以及手绘插画 8 种。

**1. 极简冷淡**

极简冷淡即在 H5 中以信息内容为优先的去风格化设计。其细腻独到的排版会为用户带来最直观的视觉体验，常用于文字信息比较重要的 H5，图 2-46 所示为 E 家洁的“断舍离”H5。

**2. 扁平设计**

扁平设计即在 H5 中运用抽象简洁的图形及经过软件处理的图像进行设计。其图形图像的展示能减少阅读障碍，其中图形常用于文字信息较多的 H5 报告，图像常用于表现严肃主题及商业活动的 H5，图 2-47 所示为 MINI 出品的“颜色是一首诗”H5。

**3. 拼贴叠加**

拼贴叠加即在 H5 中将契合主题的元素进行糅合、重组以及叠加的处理。这类风格层次丰富，常用于表现休闲娱乐及民族文化的 H5，图 2-48 所示为网易新闻哒哒与学而思网校制作的“第一次当妈妈”H5。

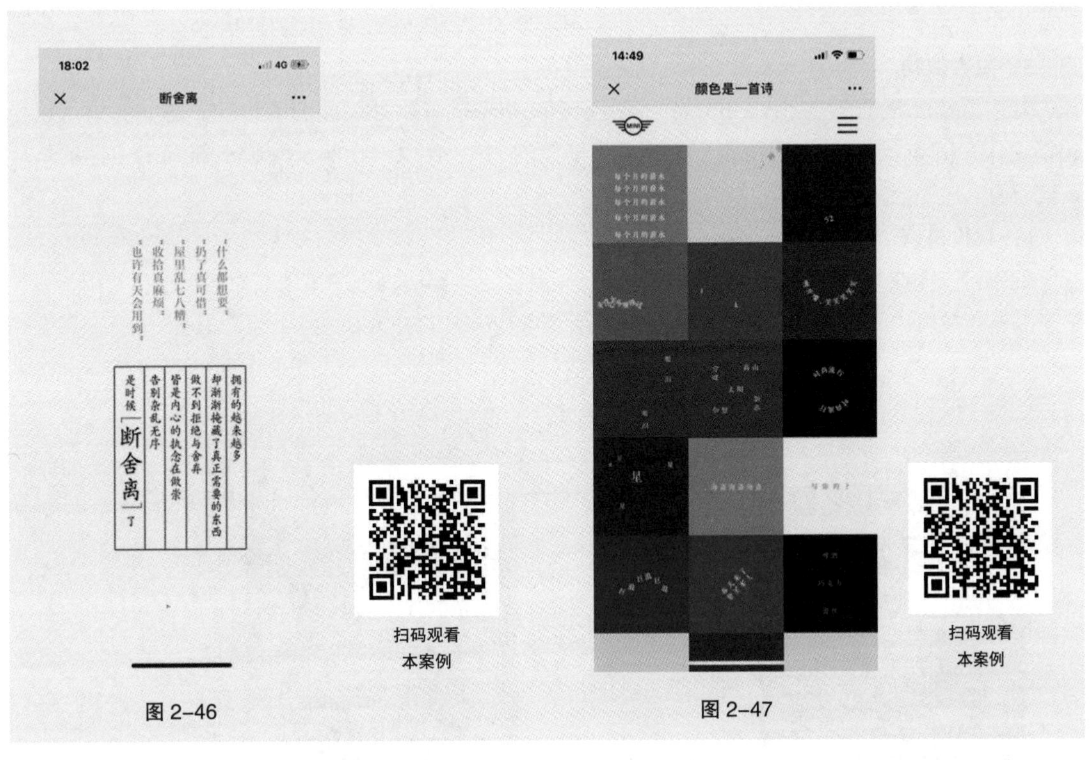


图 2-46　　图 2-47

#### 4．传统古韵

传统古韵即在中国传统文化的基础上进行 H5 设计。这类风格会给用户高雅脱俗的意境，常用于表现品牌高端的 H5，图 2-49 所示为雪佛兰的“探界者探见千里江山”H5。

图 2-48　　图 2-49

5. **复古拟物**

复古拟物即在 H5 中加入旧时代的拟物元素或将现代元素处理成旧的设计。这类风格可以引起特定用户的年代记忆感，常用于表现追溯年代的 II5，图 2-50 所示为腾讯新闻的“你的年代记忆”H5。

6. **现代科技**

现代科技即在 H5 中运用科技感的元素进行设计。这类风格为用户带来高端科幻感，常用于表现新产品发布及有关人工智能的 H5，图 2-51 所示为 vivo 的“NEX 研发设计部”H5。

图 2-50　　图 2-51

7. **仿真写实**

仿真写实即在 H5 中运用真实拍摄的视频或模拟真实的场景等设计方法吻合现实世界的情景。这类风格可以给用户带来绝对的真实感，常用于表现公益活动及商业活动的 H5，图 2-52 所示为腾讯游戏的“忘忧镇”H5（运用真实拍摄的设计手法）和新东方的“父母 VS 娃，到底谁该说谢谢”H5（运用模拟场景的设计手法）。

8. **手绘插画**

手绘插画即在 H5 中运用手绘风格的元素进行设计。这类风格为用户营造了独特的视觉氛围，但视觉设计要求高，因此仅应用于大型品牌宣传，如图 2-53 所示。

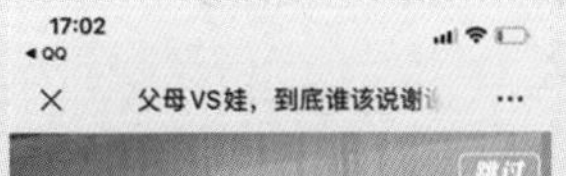

扫码观看
本案例

（a）腾讯游戏：忘忧镇　　（b）新东方：父母 VS 娃，到底谁该说谢谢

图 2-52

扫码观看
本案例

（a）广汽丰田，请问您贵姓　　（b）火影忍者 OL 手游：火影的奔跑，你敢挑战吗?

图 2-53

## 2.5.4 H5 的动效设计运用

H5 的动效设计运用可以通过转场动效、内容动效、功能动效以及辅助动效这 4 个方面进行介绍。

**1. 转场动效**

转场动效即 H5 中页面之间的切换动效。这类动效由于要起到顺滑过渡的作用，因此切换速度建议设置为 0.5 ~ 1 秒。其中 H5 的在线制作工具虽然提供了多种转场效果，然而最好用的效果是简单的直接翻页转场，因为它效果变化小，不会分散用户注意力，图 2-54 所示为京东的"JD Red Story 第二季" H5。

针对特殊内容的 H5，我们也可以采用一些特殊转场，图 2-55 所示为广汽本田与滴滴快车制作的"驾乘新词典" H5，该 H5 采用了词典的设计形式，因此转场使用的是翻书效果。

图 2-54　　图 2-55

**2. 内容动效**

内容动效即 H5 页面内具体内容的动效，通常可以分为非交互类和有交互类动效。

（1）非交互类

针对非交互类，我们通常采用插入一段动画视频的方式，或在转场之后直接对页面元素进行动效制作，图 2-56 所示为抖音和七大博物馆联合推出的"第一届文物戏精大会" H5。

前者需要具备动画设计即特效处理的能力，后者在设计时需要注意动效的统一性及层级性。在统一性上，同一页面内不要使用多种花哨动效，否则会导致页面混乱。在 H5 的在线制作工具中，最好用的动效是简单的位移和渐变，如图 2-57 所示的"拉勾四周年 陪你尽兴" H5。在层级性上，一般重要的信息先出现，一页内动效展示时间需控制在 2 ~ 5 秒。

（2）有交互类

针对有交互类 H5，则需要画面的动效与用户的操作产生紧密结合，交互的方式及产生的动效都要契合 H5 的主题，图 2-58 所示为网易新闻 | 哒哒的"纪念哈利波特 20 周年" H5。

### 3. 功能动效

功能动效即 H5 页面内用于提示用户完成具体操作的持续性动效，这类动效通常面积小、强度低，但实用性很高，图 2-59 所示为东方画卷“北大筑梦图”H5，该 H5 在搜索以及上下滑动箭头时加入了动效，提示用户操作。

图 2-56

图 2-57

图 2-58

图 2-59

**4. 辅助动效**

辅助动效即 H5 页面内表现细节和趣味的动效，这类动效虽然持续时间不长，但能增添画面的表现力，常见的有加载动效及声音按钮动效，图 2-60 所示为腾讯的“年画话新年”H5，该 H5 的加载动效体现了趣味性。

图 2-60

## 2.5.5 H5 的音效设计方法

H5 音效设计可以分为背景音效和辅助音效。

**1. 背景音效**

H5 常见的背景音效有 3 类，分别是功能音效、拟声音效以及环境音效对应的背景音效，设计方法分别为音乐烘托、人声烘托、环境烘托。

（1）音乐烘托

音乐烘托即在 H5 中插入符合表达内容及视觉调性的伴奏或歌曲作为背景音效，是 H5 中最常用的背景音效设计方法，图 2-61 所示为金典、大英博物馆联合发布的“天赐娟姗 英伦典藏”H5。

（2）人声烘托

人声烘托即在 H5 中插入伴奏基础之上的声音对白作为背景音效，极具穿透力，会带给用户强烈的代入感，图 2-62 所示为腾讯 NEXT IDEA 创新大赛的“谁是中国古的 IDEA”H5。

图 2-61　　图 2-62

（3）环境烘托

环境烘托即在 H5 中插入伴奏基础之上的环境音作为背景音效，会带给用户身临其境之感，图 2-63 所示为网易考拉海购的“妈妈是超人？网易不同意！”H5。

**2. 辅助音效**

H5 常见的辅助音效有 3 类，分别是功能音效、拟真音效以及环境音效。

（1）功能音效

功能音效是运用反馈操作的音效，如常见的点击、滑屏以及按键等。这类音效在 H5 中会进一步令用户肯定自己的操作。图 2-64 所示为华为和果壳制作的“不经意的世界”H5，在该 H5 中点击“登船探索”按钮即发出音效。

图 2-63　　图 2-64

（2）拟真音效

拟真音效是对 H5 内容元素进行真实模拟的音效，如门铃、拆信以及钟声等。这类音效在 H5 中会带给用户强烈的真实感。图 2-65 所示为腾讯为云南制作的“这是什么神仙地方”H5，该 H5 通过模拟玉龙雪山、罗平花海以及云南古镇等风景中元素的声效，给用户带来了真实体验。

（3）环境音效

环境音效是呈现在 H5 中特定环境的音效，如室内、森林以及河流等，能快速给用户营造身临其境的体验。图 2-66 所示为 QQAR 的“现在的动物园已经美成这样了”H5，该 H5 通过大自然的环境音效塑造了动物的生活情景。

## 2.5.6 H5 的常用测试方法

在 H5 正式上线之前，都会进行几次测试以收获反馈及效果。常用的测试方法有微信小范围测试和微信公众号测试。

**1. 微信小范围测试**

微信小范围测试是指将 H5 通过单独发送好友、转发朋友圈以及发送至微信群进行的测试。很多时候，用户鉴于非专业出身给予的反馈可能比较模糊，这时就需要对用户进行问题引导，常见的问题如图 2-67 所示。

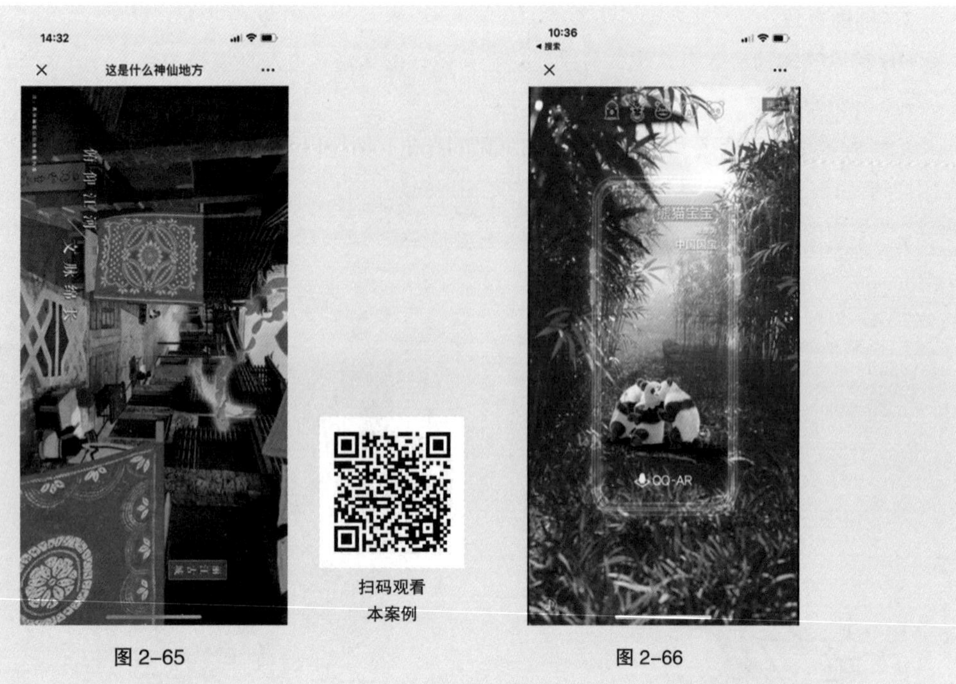

14:32
这是什么神仙地方

图 2-65

扫码观看
本案例

10:36
熊猫宝宝
QQ-AR

图 2-66

**2. 微信公众号测试**

微信公众号测试是指如果有自己的公众号，可以将 H5 以链接或二维码的形式编辑到微信图文中进行的测试。同时可以在图文中将常见的引导问题以选择题的形式出现，提升用户反馈的参与度。

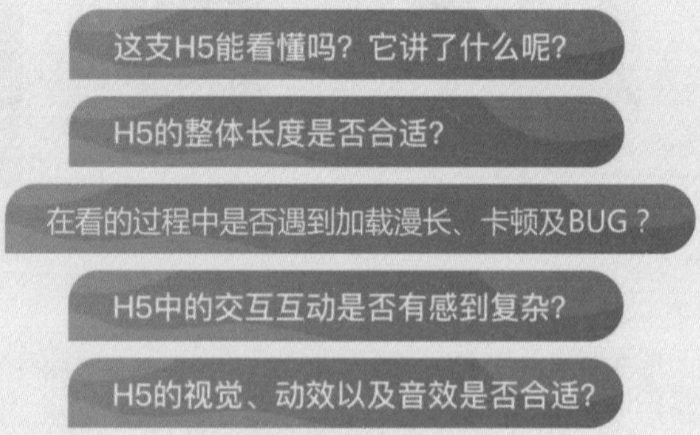

这支H5能看懂吗？它讲了什么呢？
H5的整体长度是否合适？
在看的过程中是否遇到加载漫长、卡顿及BUG？
H5中的交互互动是否有感到复杂？
H5的视觉、动效以及音效是否合适？

图 2-67

## 2.5.7 H5 的常规数据分析

H5 的常规数据分析包括以下几点。

PV：PV（PageView）即页面浏览量或点击量。用户每一次对 H5 的每个页面访问均被记录 1 次。用户对同一页面的多次访问，访问量累计。

UV：UV（Unique Visitor）即独立访客数，指访问 H5 的人数。在同一天内，相同的客户端只被计算一次。

IP：IP（Internet Protocol）即互联网协议，IP 值指一天内旧地址不同的用户访问 H5 的数量。在同一天内，相同的 IP 只被计算 1 次。

跳出率：跳出率指仅浏览了 H5 其中的一个页面就离开的访问量与总访问量的百分比。它是衡量 H5 内容质量的重要标准。

留存时间：留存时间指用户浏览 H5 的停留时间，可以被分为总留存时间和单页面停留时间。和跳出率一样，它也是衡量 H5 内容质量的重要标准。

用户转化率：用户转化率指用户通过 H5 进行了相应目标行动的数量与总访问量的百分比。对于需要进行跳转外部链接的 H5，用户转化率是非常重要的数据。

# 03 第 3 章 互动游戏 H5 制作

## 本章介绍

互动游戏 H5 由于具备简单有趣及交互性强的特点，因此给用户带来了一定的感官刺激，并且间接地将企业的品牌进行了宣传。本章从实战角度对互动游戏 H5 的项目策划、交互设计、视觉设计以及制作发布进行系统讲解与演练。通过对本章的学习，读者可以对互动游戏 H5 有一个基本的认识，并快速掌握设计制作常用互动游戏 H5 的方法。

### 学习目标

- 了解媒体娱乐行业消消乐 H5 的项目策划
- 掌握媒体娱乐行业消消乐 H5 的交互设计

### 技能目标

- 了解媒体娱乐行业消消乐 H5 的视觉设计
- 掌握媒体娱乐行业消消乐 H5 的制作发布

互动游戏 H5 制作

# 3.1 课堂案例——媒体娱乐行业消消乐 H5 制作

【案例学习目标】了解媒体娱乐行业消消乐 H5 项目策划及交互设计，学习使用易企秀中互动 H5 模板制作效果。

【案例知识要点】使用谷歌浏览器注册登录易企秀官网，使用互动 H5 免费模板制作媒体娱乐行业消消乐，并修改活动名称、分享描述以及关注的二维码，效果如图 3-1 所示。

【效果所在位置】云盘 /Ch03/ 媒体娱乐行业消消乐 H5 制作。

扫码观看
本案例

扫码观看
本案例视频

图 3-1

## 3.1.1 项目策划

King Game Studios 是一家游戏工作室，此次想借助 H5 在网络上获取一定的关注度。在策划上，结合工作室的游戏性质，将运用 H5 制作工具中的模版设计一款消除类益智 H5 小游戏。旨在通过游戏，刺激用户了解甚至关注到 King Game Studios。

## 3.1.2 交互设计

通过前期基本的项目策划，对这支 H5 的原型进行了梳理，并运用 Axure 进行了绘制，如图 3-2 所示。

## 3.1.3 视觉设计

本次 H5 由于采用的是制作工具中的模板，因此可以直接制作，不需要进行专门的视觉设计。

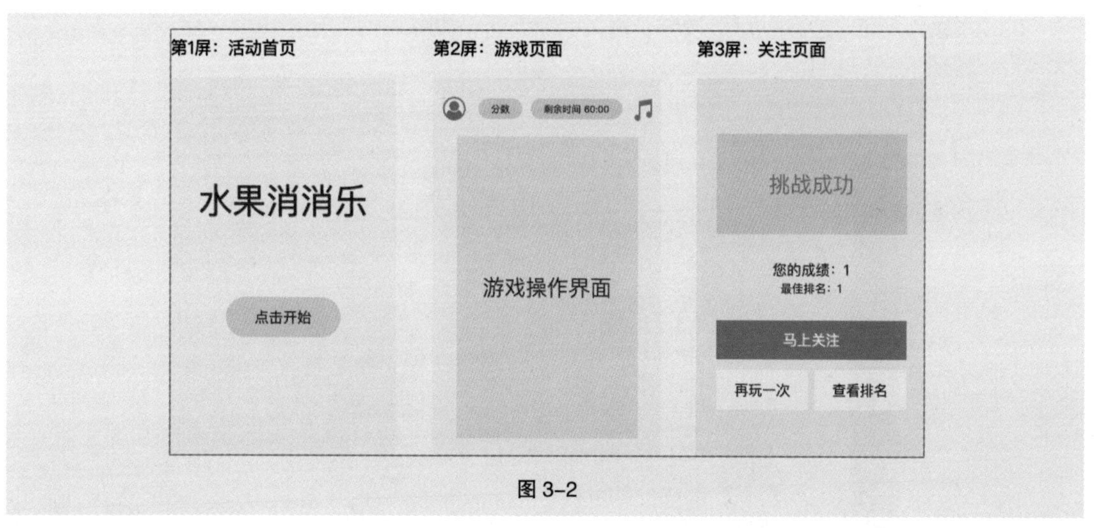


图 3-2

## 3.1.4 制作发布

（1）使用谷歌浏览器打开易企秀官网，单击右侧“免费注册”按钮注册并登录，如图 3-3 所示。单击进入“免费模板”页面，选择“互动”选项，如图 3-4 所示，在“游戏营销”选项卡中单击“消消乐”选项，如图 3-5 所示，在模板中选择“水果消消乐”，如图 3-6 所示。

图 3-3

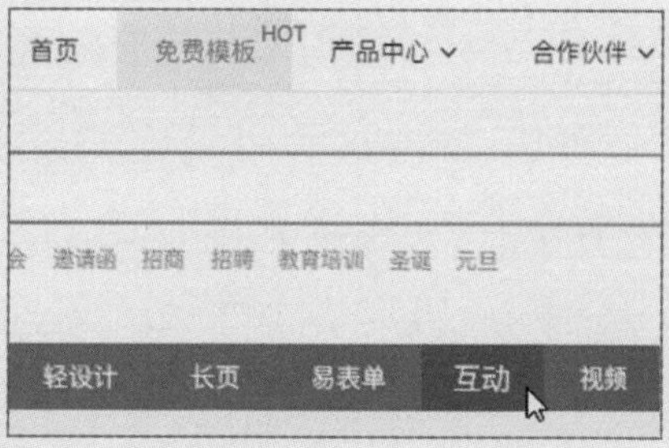

图 3-4

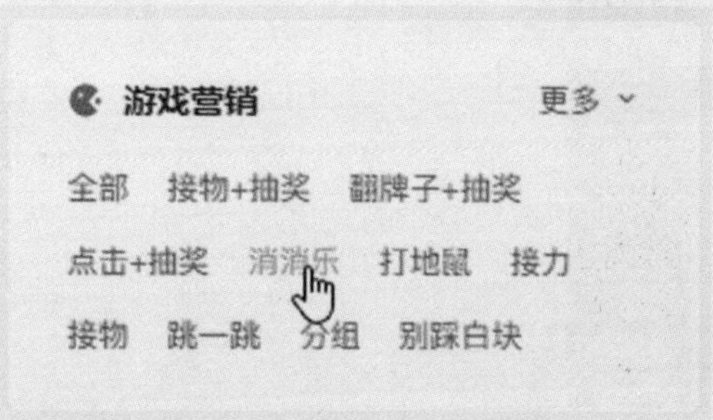

图 3-5

图 3-6

（2）单击下方的“立即使用”按钮，进入编辑页面，如图 3-7 所示。

图 3-7

（3）在“活动名称”对话框中输入“King Game Studios 小游戏活动”，如图 3-8 所示。

图 3-8

（4）单击切换到“分享设置”页面，如图 3-9 所示，单击“更换二维码”按钮，弹出“图片库”对话框，如图 3-10 所示。

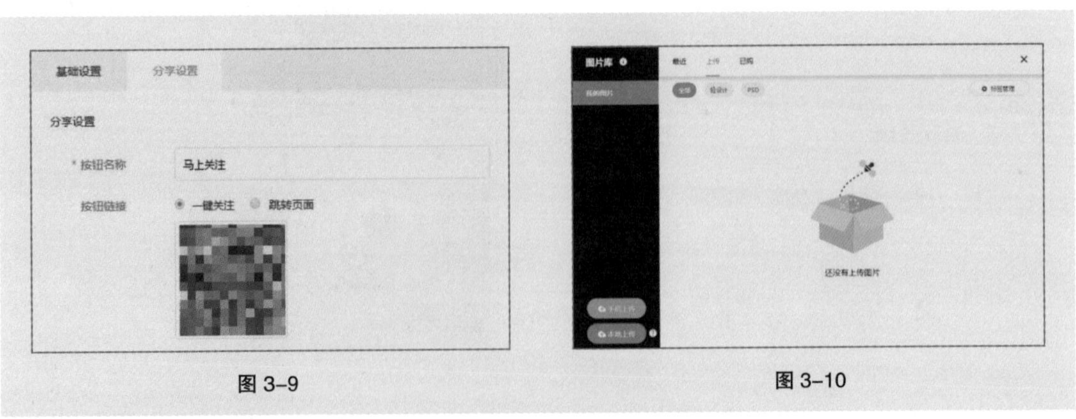


图 3-9

图 3-10

（5）单击左下方的“本地上传”按钮，弹出“打开”对话框，选取云盘中的“Ch03 > 媒体娱乐行业消消乐 H5 制作 > 制作发布 > 01”文件，单击“打开”按钮，上传二维码，如图 3-11 所示。在“分享描述”文本框中输入内容，如图 3-12 所示。

图 3-11

图 3-12

（6）单击右上角的“发布”按钮，即可成功发布作品。作品成功发布后，弹出“预览”对话框，并生成二维码和小程序链接，如图 3-13 所示。H5 制作发布完成。

扫码观看
本案例 H5

图 3-13

## 3.2 课堂练习——食品餐饮行业翻牌子 H5 制作

【练习知识要点】注册登录易企秀官网，查找符合要求的互动 H5 模板，调整相关的文字内容，效果如图 3-14 所示。

【效果所在位置】云盘 /Ch03/ 食品餐饮行业翻牌子 H5 制作。

扫码观看
本案例

扫码观看
本案例 H5

扫码观看
本案例视频

图 3-14

# 3.3 课后习题——宠物医疗行业打地鼠 H5 制作

【习题知识要点】注册登录易企秀官网，查找符合要求的互动 H5 模板，调整相关的文字内容，效果如图 3-15 所示。

【效果所在位置】云盘 /Ch03/ 宠物医疗行业打地鼠 H5 制作。

扫码观看
本案例

扫码观看
本案例 H5

扫码观看
本案例视频

图 3-15

# 04 第 4 章 活动抽奖 H5 制作

## 本章介绍

活动抽奖 H5 通常可以在短时间内快速传播，吸引较大的流量，因此常用于引流推广活动。本章从实战角度对活动抽奖 H5 的项目策划、交互设计、视觉设计以及制作发布进行系统讲解与演练。通过对本章的学习，读者可以对活动抽奖 H5 有一个基本的认识，并快速掌握设计制作常用活动抽奖 H5 的方法。

### 学习目标

- 了解电子商务行业九宫格 H5 的项目策划
- 掌握电子商务行业九宫格 H5 的交互设计

### 技能目标

- 掌握电子商务行业九宫格 H5 的视觉设计
- 掌握电子商务行业九宫格 H5 的制作发布

活动抽奖 H5 制作

# 4.1 课堂案例——电子商务行业九宫格 H5 制作

【案例学习目标】了解电子商务行业九宫格 H5 项目策划及交互设计，学习使用凡科互动模板制作效果，掌握使用 Photoshop 软件调整和修改模板中素材的方法。

【案例知识要点】使用谷歌浏览器注册登录凡科官网，使用凡科互动免费模板制作电子商务行业九宫格，修改并替换首页中的素材，替换中奖页面素材，调整奖项设置以及高级设置，效果如图 4-1 所示。

【效果所在位置】云盘 /Ch04/ 电子商务行业九宫格 H5 制作。

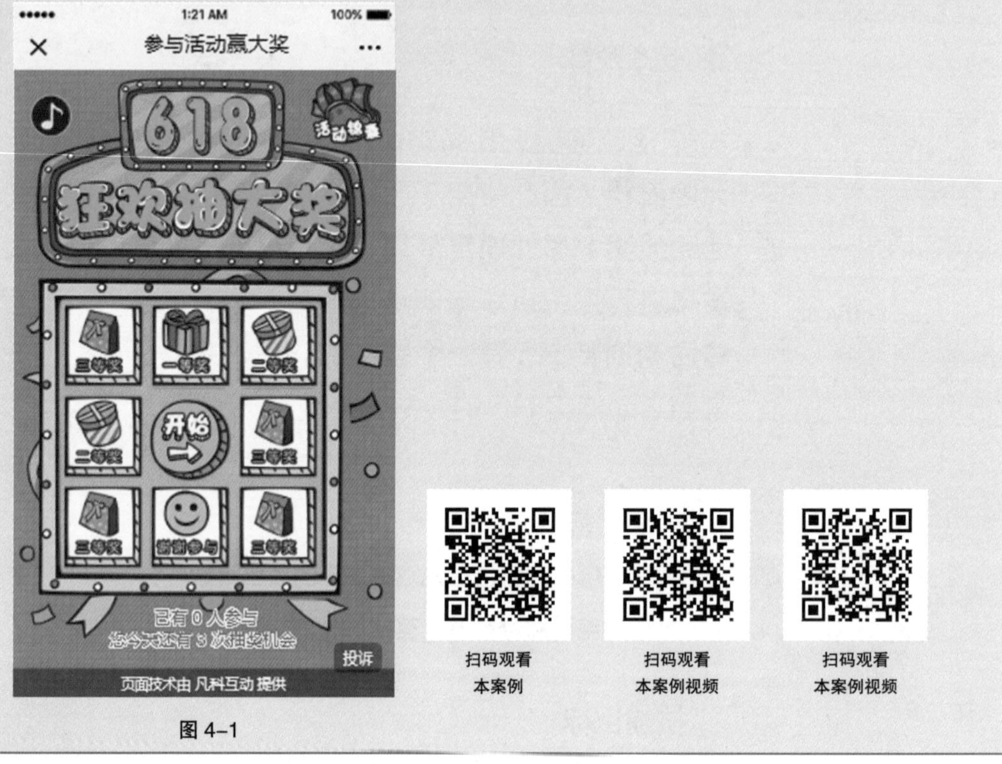


图 4-1

## 4.1.1 项目策划

Shopping 是一款专业的综合类购物平台，此次想在“6 · 18”电商大促来临之际，推出一个活动抽奖 H5 刺激用户购买商品。在策划上，为了能让用户感受抽奖的真实与刺激，将结合 H5 制作工具的九宫格抽奖模板，分别设置一、二、三等奖，并限制用户 1 天 3 次的抽奖机会，进一步刺激用户进行抽奖。

## 4.1.2 交互设计

通过前期基本的项目策划，对 H5 的原型进行了梳理，并运用 Axure 进行了绘制，如图 4-2 所示。

图 4-2

## 4.1.3 视觉设计

（1）使用谷歌浏览器打开凡科官网，单击“免费注册”按钮“注册并登录”，如图 4-3 所示。在弹出的面板中进行设置，如图 4-4 所示。单击“免费使用”按钮，进入“凡科互动”页面。

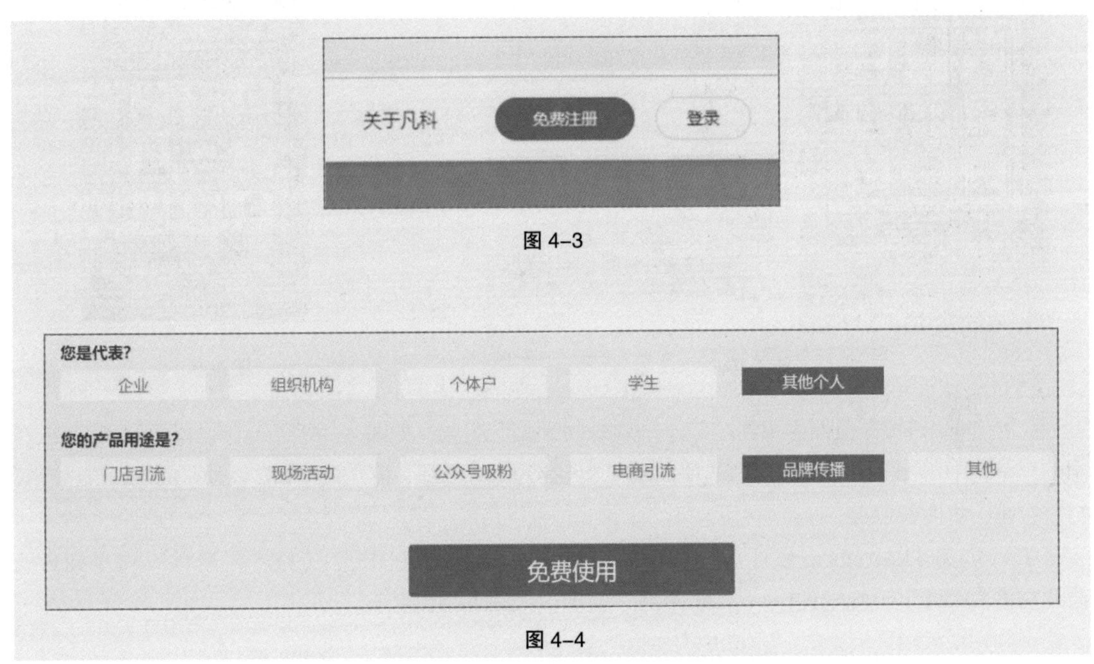

图 4-3


图 4-4

（2）在“活动市场”模板中单击“节日营销”面板右侧的“更多”选项，如图 4-5 所示，在“节日类型”选项卡中单击“双十一”选项，如图 4-6 所示，在模板中选择“双十一欢乐抽大奖”，如图 4-7 所示。单击下方的“创建”按钮，进入编辑页面，如图 4-8 所示。

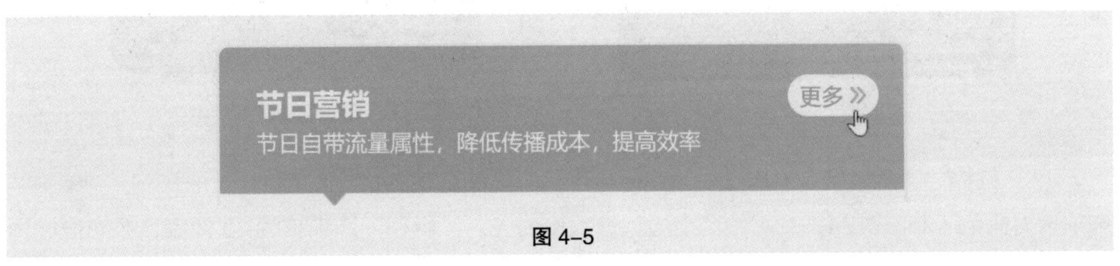

图 4-5

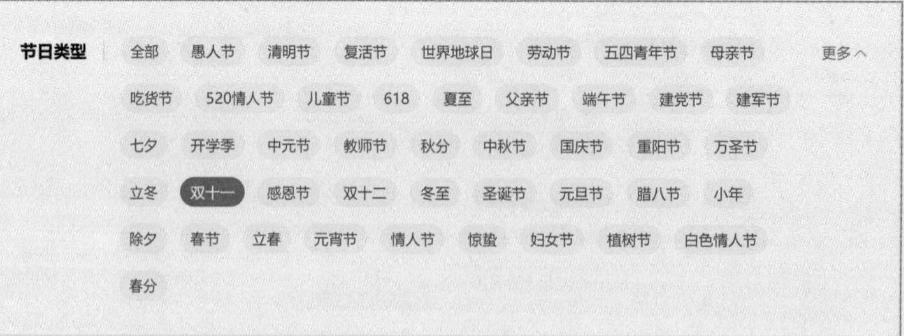


图 4-6

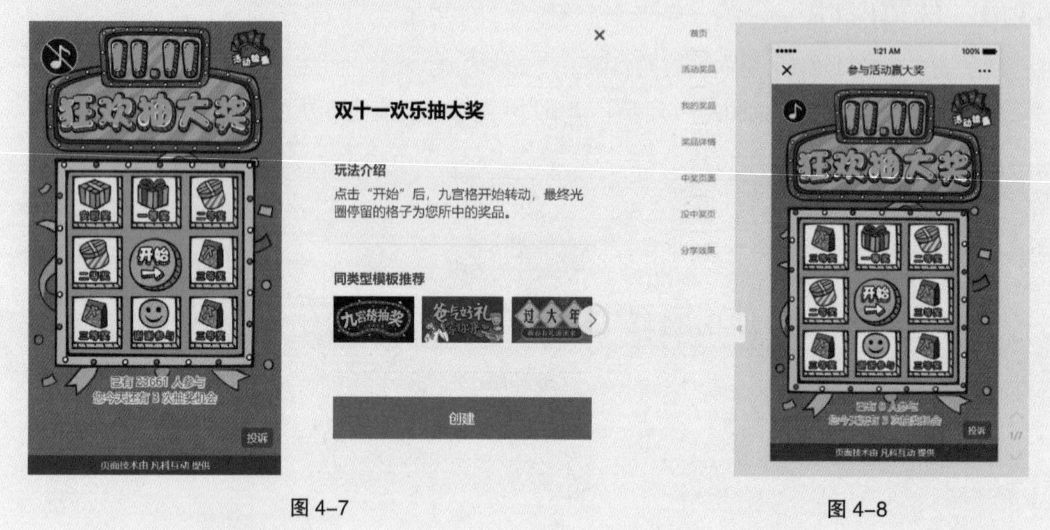


图 4-7

图 4-8

（3）在“首页”页面中单击“双十一欢乐抽大奖”图层，如图 4-9 所示，单击鼠标右键，在弹出的菜单栏中选择“图片另存为”选项，弹出“另存为”对话框，将“文件名”设为“01”，单击“保存”按钮，将图像保存。

（4）打开 Photoshop 软件。按 Ctrl + O 组合键，打开云盘中的“Ch04 > 素材 > 电子商务行业九宫格 H5 制作 > 视觉设计 > 素材 > 01”文件，如图 4-10 所示。

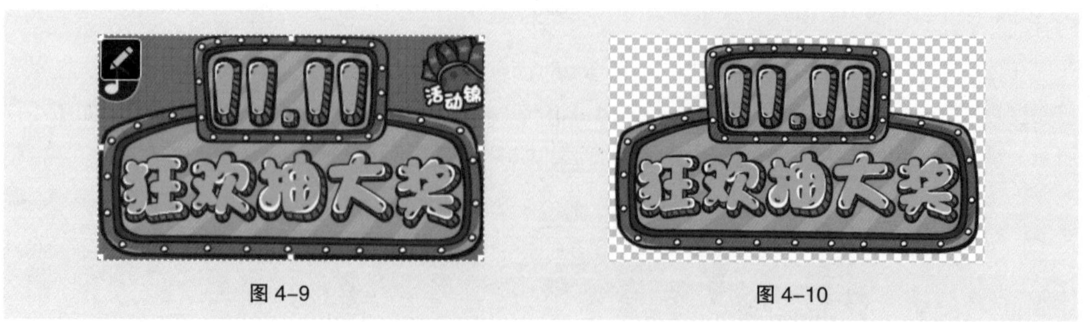


图 4-9

图 4-10

（5）选择“圆角矩形”工具▢，将属性栏中的“选择工具模式”选项设为“形状”，“填充”选项设为橘色（252、174、32），“描边”选项设为无，“半径”选项设为 20 像素，在图像窗口中绘制圆角矩形，如图 4-11 所示，在“图层”控制面板中生成“圆角矩形 1”图层。选择“直接选择”工具，选取需要的锚点并拖曳到适当的位置，效果如图 4-12 所示。

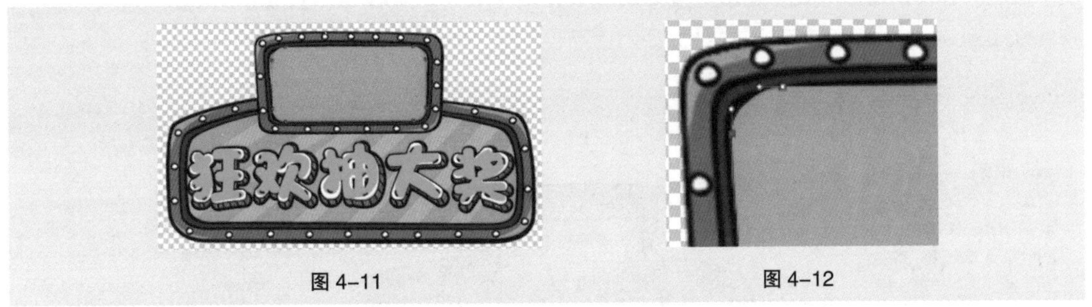

图 4-11　　图 4-12

（6）选择“矩形”工具，在属性栏中将填充色设为黄色（250、203、10）。在图像窗口中拖曳鼠标绘制矩形，如图 4-13 所示，在“图层”控制面板中生成“矩形 1”图层。选择“路径选择”工具，按住 Alt+Shift 组合键的同时，水平向右拖曳图形到适当的位置，复制图形，效果如图 4-14 所示。用相同的方法再复制 5 个图形，效果如图 4-15 所示。

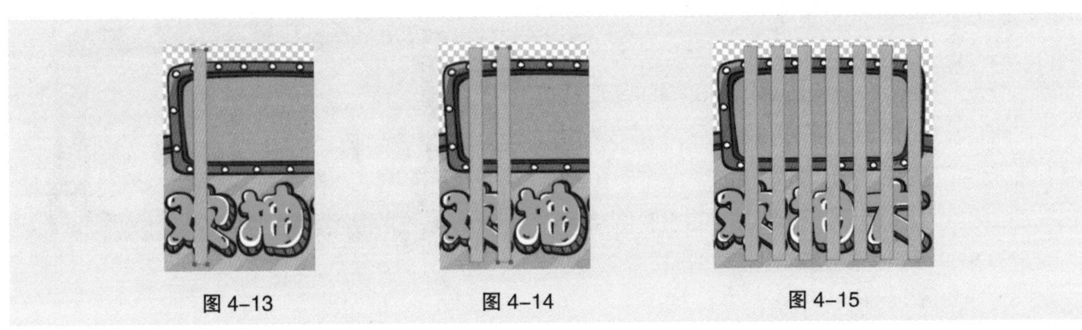
图 4-13　　图 4-14　　图 4-15

（7）选择“移动”工具，按 Ctrl+T 组合键，在图形周围出现变换框，将鼠标指针放在变换框的控制手柄外边，指针变为旋转图标，拖曳鼠标将图像旋转到适当的角度，按 Enter 键确定操作，效果如图 4-16 所示。

（8）按住 Alt 键的同时，将鼠标光标放在“矩形 1”图层和“圆角矩形 1”图层的中间，鼠标光标变为图标，如图 4-17 所示，单击鼠标左键，创建剪贴蒙版，图像效果如图 4-18 所示。

图 4-16　　图 4-17　　图 4-18

（9）将前景色设为白色。选择“横排文字”工具 T，在适当的位置输入需要的文字并选取文字，在属性栏中选择合适的字体并设置文字大小，选项的设置如图 4-19 所示，效果如图 4-20 所示，在“图层”控制面板中生成新的文字图层。按 Ctrl+J 组合键，复制文字图层，生成新的图层“618 拷贝”，将其拖曳到“618”图层的下方，如图 4-21 所示。

图 4-19　　图 4-20　　图 4-21

（10）将前景色设为深橘色（245、87、49）。按 Alt+Delete 组合键，用前景色填充文字。选择“移动”工具，按住 Alt 键的同时，连续按 ↓ + →组合键，效果如图 4-22 所示。在“图层”控制面板中，按住 Shift 键的同时，将“618 拷贝 14”图层和“618 拷贝”图层之间的所有图层同时选取，按 Ctrl+G 组合键，编组图层并将其命名为“立体字”，如图 4-23 所示。

图 4-22

（11）单击“图层”控制面板下方的“添加图层样式”按钮 fx，在弹出的菜单中选择“描边”命令，弹出对话框，将描边颜色设为深红色（86、23、18），其他选项的设置如图 4-24 所示，单击“确定”按钮，效果如图 4-25 所示。

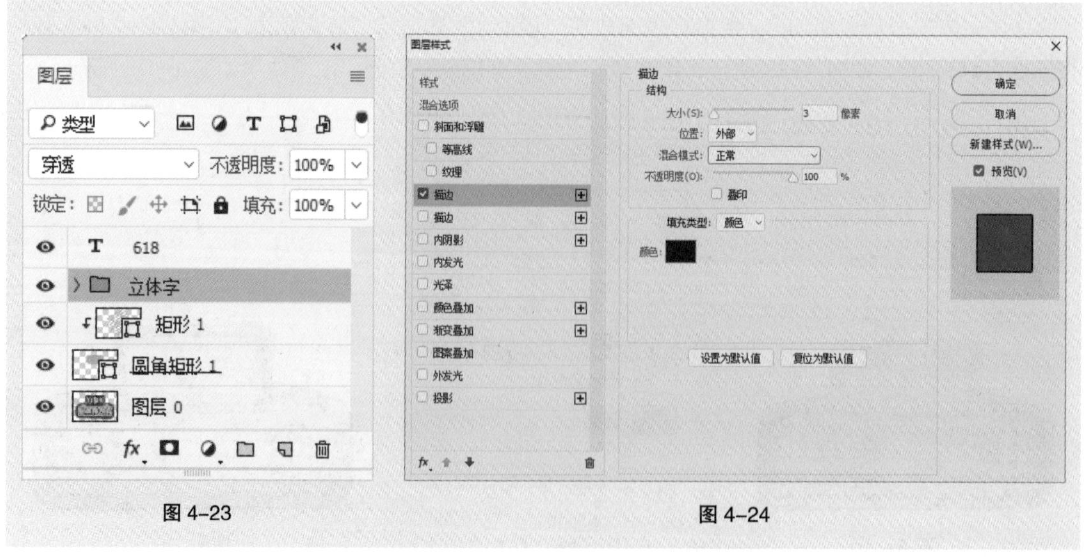


图 4-23　　图 4-24

（12）将“618”文字图层拖曳到“图层”控制面板下方的“创建新图层”按钮 上进行复制，生成新的文字图层“618 拷贝 15”。将前景色设为蓝色（24、226、228）。按 Alt+Delete 组合键，用前景色填充文字，效果如图 4-26 所示。在“立体字”图层组上单击鼠标右键，在弹出的菜单中选择“拷贝图层样式”命令，拷贝图层样式。在“618”文字图层上单击鼠标右键，在弹出的菜单中选择“粘贴图层样式”命令，粘贴图层样式，效果如图 4-27 所示。

图 4-25

图 4-26　　图 4-27

（13）选择“618 拷贝 15”图层，按 Ctrl+T 组合键，在图像周围出现变换框，拖曳控制手柄调整文字大小，按 Enter 键确定操作，效果如图 4-28 所示。

（14）选择“钢笔”工具 ，将属性栏中的“选择工具模式”选项设为“形状”，“填充”选项设为粉色（255、90、155），“描边”选项设为深红色（86、23、18），“描边宽度”选项设为 2 像素，在图像窗口中绘制图形，如图 4-29 所示。用相同的方法绘制其他图形，效果如图 4-30 所示。

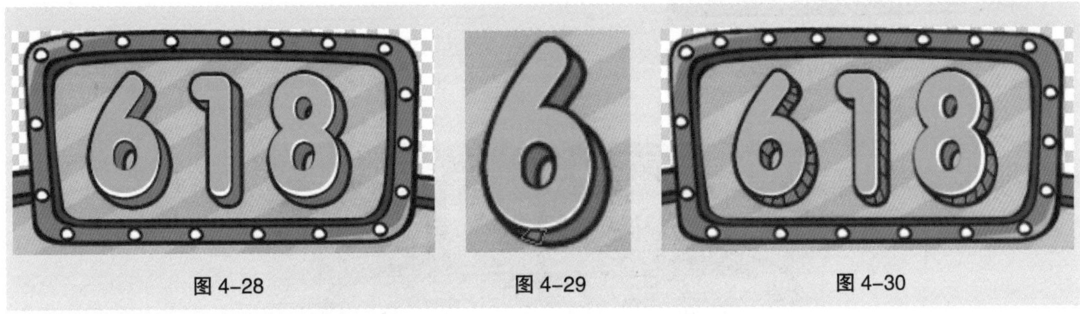

图 4-28　　图 4-29　　图 4-30

（15）在“图层”控制面板中，按住 Shift 键的同时，将“形状 1”图层和“形状 20”图层之间的所有图层同时选取，按 Ctrl+G 组合键，编组图层并将其命名为“装饰色块”，如图 4-31 所示。

（16）选择“钢笔”工具 ，在属性栏中将“填充”选项设为无，在图像窗口中绘制图形，效果如图 4-32 所示。用相同的方法绘制其他图形，效果如图 4-33 所示。在“图层”控制面板中，按住 Shift 键的同时，将“形状 21”图层和“形状 28”图层之间的所有图层同时选取，按 Ctrl+G 组合键，编组图层并将其命名为“点缀”。

（17）选择“文件 > 导出 > 存储为 Web 所用格式”命令，弹出“存储为 Web 所用格式”对话框，保存为 PNG-8 格式，如图 4-34 所示。单击“存储…”按钮，弹出“将优化结果存储为”对话框，单击“保存”按钮，将图像保存。

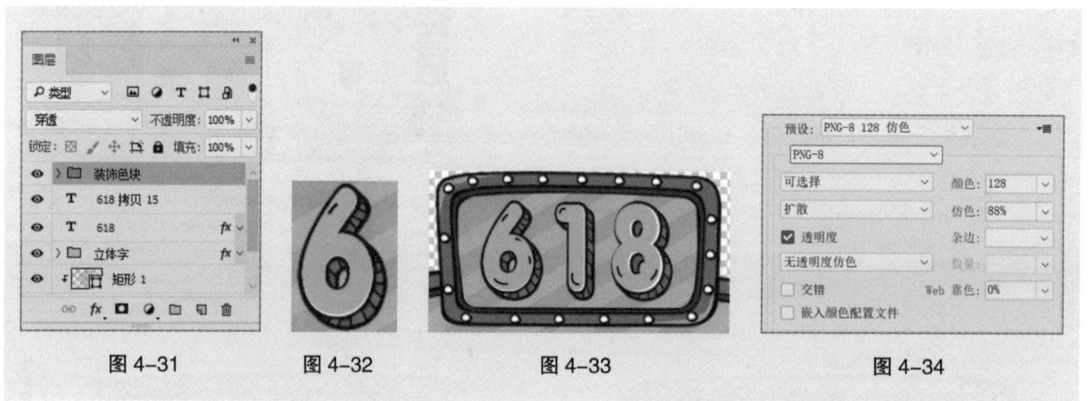

图 4-31　图 4-32　图 4-33　图 4-34

## 4.1.4　制作发布

（1）返回凡科官网页面，在“首页”页面中单击“双十一欢乐抽大奖”图层，如图 4-35 所示，单击“更换图片”按钮，弹出“编辑图片”对话框，如图 4-36 所示，单击“上传替换”按钮，弹出“打开”对话框，选择云盘中的“Ch04 > 电子商务行业九宫格 H5 制作 > 制作发布 > 01”文件，单击“打开”按钮，上传图片，如图 4-37 所示，图片替换完毕。

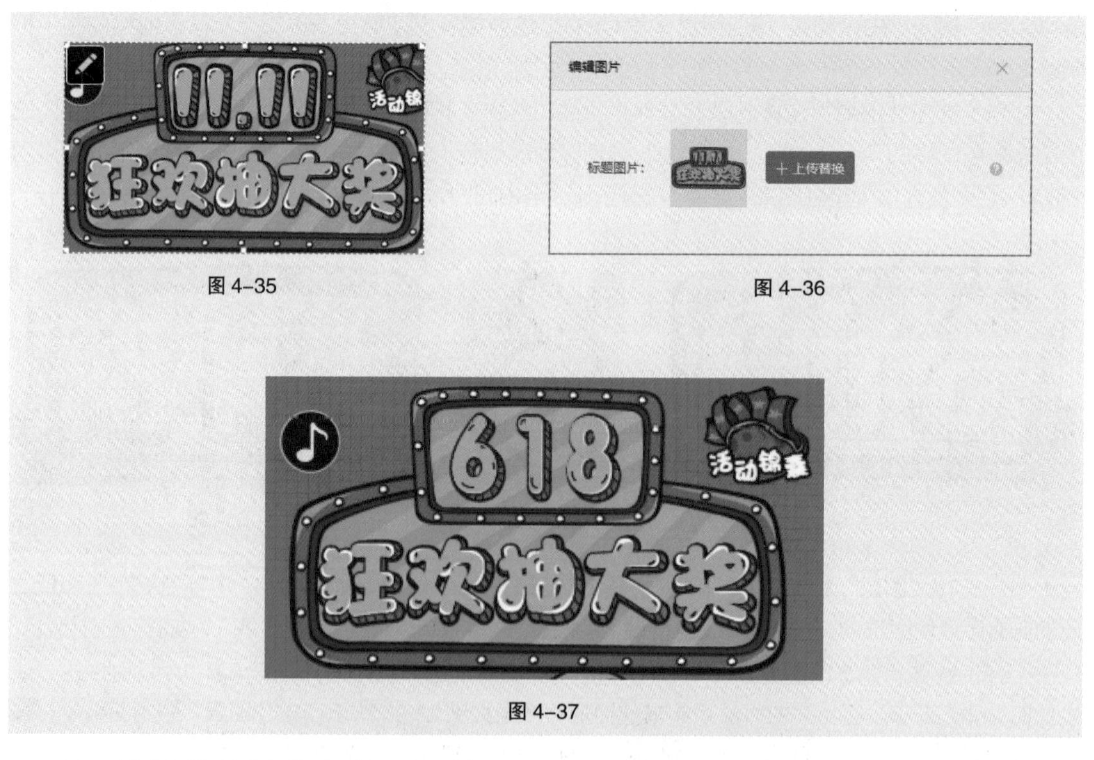

图 4-35　图 4-36

图 4-37

（2）单击切换到“中奖页面”页面，如图 4-38 所示，单击“礼物”图层，如图 4-39 所示，单击“更换图片”按钮，弹出“编辑图片”对话框，如图 4-40 所示，单击“上传替换”按钮，弹出“打开”对话框，选择云盘中的“Ch04 > 电子商务行业九宫格 H5 制作 > 制作发布 > 02”文件，单击“打开”按钮，上传图片，效果如图 4-41 所示。用相同的方法替换其他图片。

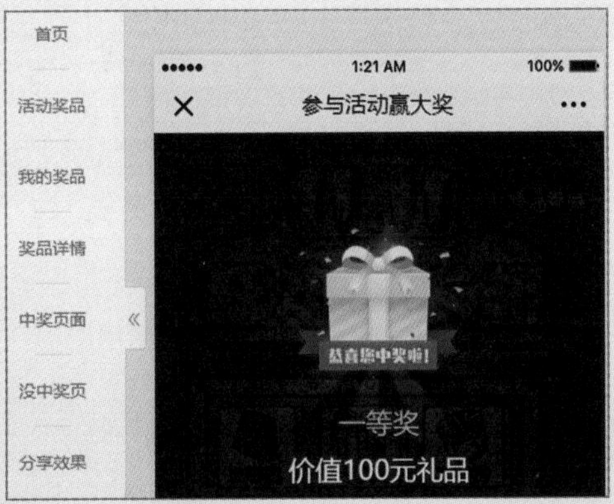

图 4-38

图 4-39

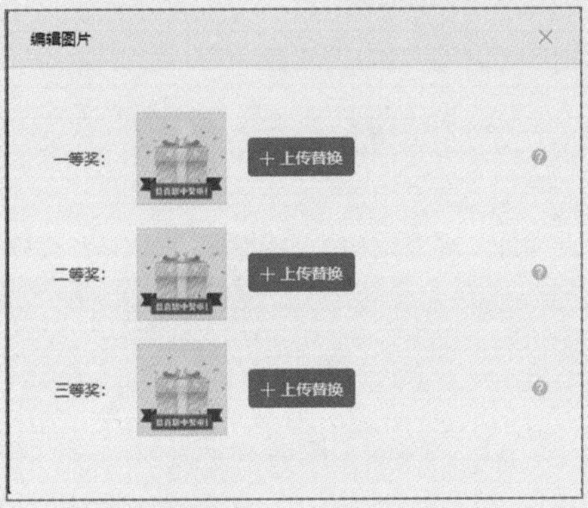

图 4-40

图 4-41

（3）单击切换到“奖项设置”页面，如图 4-42 所示。在“奖项一”的选项栏中选中“自选奖品”选项，在下拉菜单中选择“电商优惠券”，如图 4-43 所示，设置奖项数量为“10”，如图 4-44 所示。用相同的方法替换其他奖项类型，并将奖项二、奖项三的奖项数量分别设置为“20”和“30”。

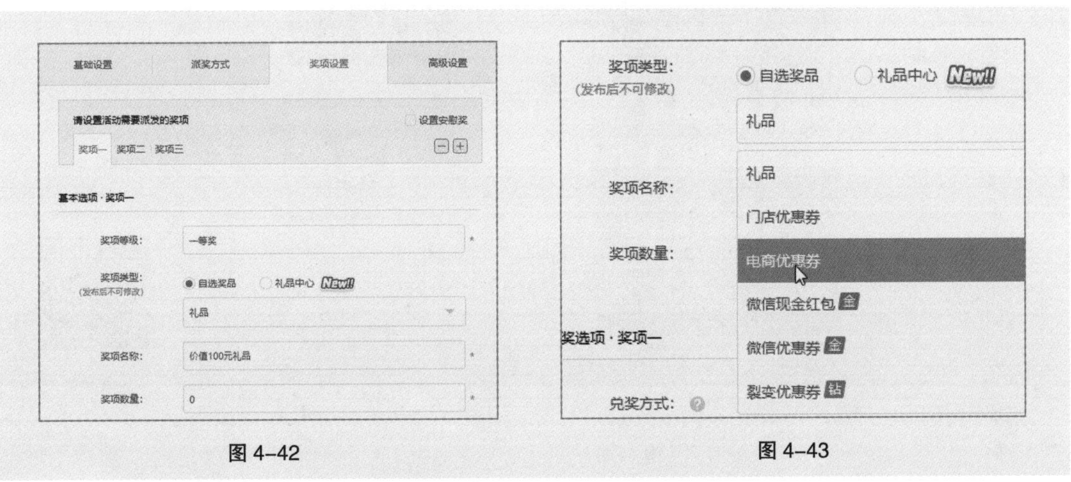


图 4-42

图 4-43

（4）单击切换到“高级设置”页面，如图 4-45 所示，单击“上传二维码”按钮，弹出“打开”对话框，选择云盘中的“Ch04 > 电子商务行业九宫格 H5 制作 > 制作发布 > 03”文件，单击“打开”按钮，上传二维码，如图 4-46 所示。

（5）单击右上角的“预览与发布”按钮，弹出“预览”对话框，生成二维码和小程序链接，单击“马上发布”按钮，即可成功发布作品，如图 4-47 所示。

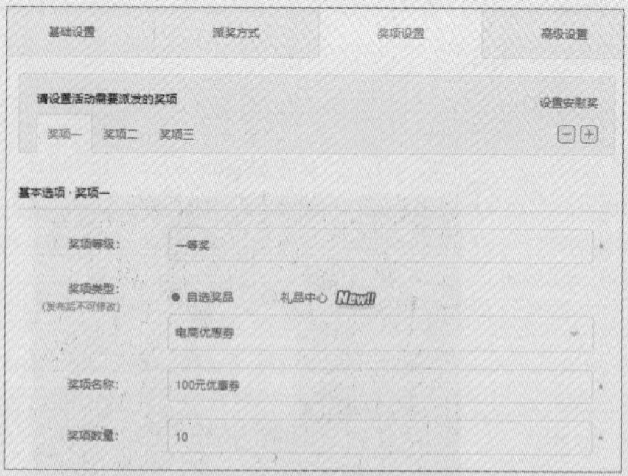

图 4-44

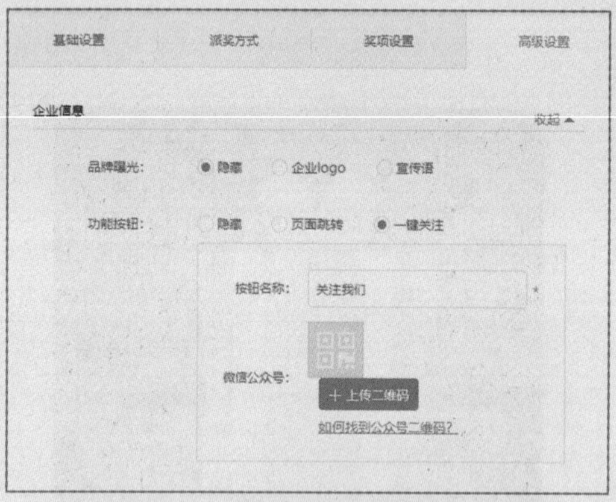

图 4-45

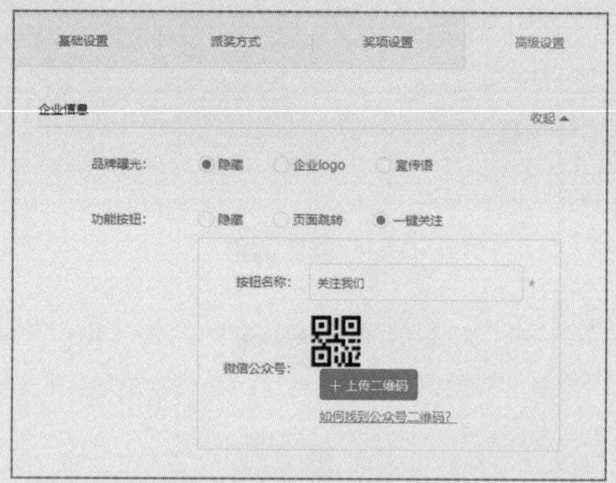


图 4-46

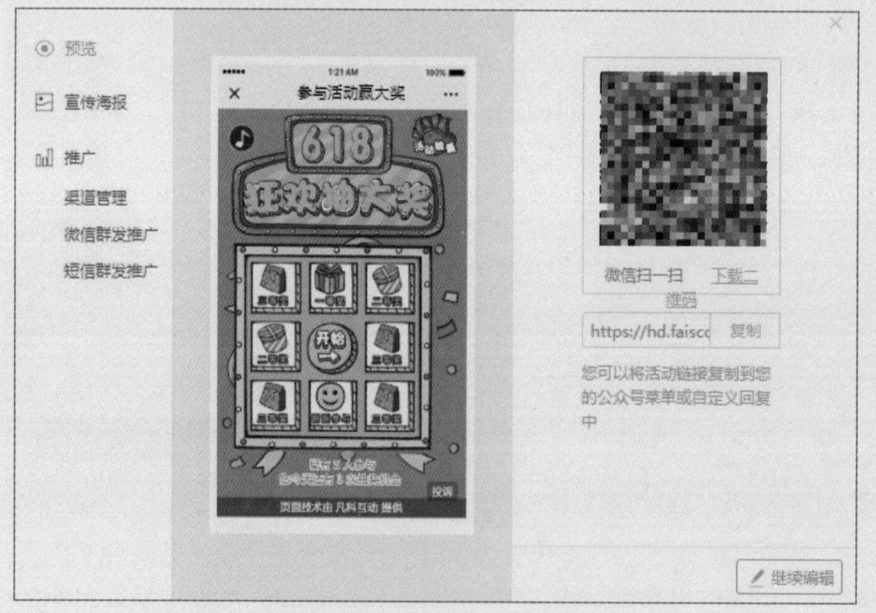


图 4-47

扫码观看
本案例 H5

# 4.2 课堂练习——金融理财行业摇一摇 H5 制作

【练习知识要点】使用谷歌浏览器注册登录凡科官网，使用凡科互动免费模板制作金融理财行业摇一摇 H5，修改并替换首页中的素材，替换中 / 未中奖页面素材，调整奖项设置以及高级设置，效果如图 4–48 所示。

【效果所在位置】云盘 /Ch04/ 金融理财行业摇一摇 H5 制作。

图 4–48

扫码观看
本案例

扫码观看
本案例视频

扫码观看
本案例 H5

扫码观看
本案例视频

# 4.3 课后习题——文化传媒行业刮刮乐 H5 制作

【习题知识要点】使用谷歌浏览器注册登录凡科官网，使用凡科互动免费模板制作文化传媒行业刮刮乐 H5，修改并替换首页中的素材、中 / 未中奖页面素材、调整奖项设置以及高级设置，效果如图 4–49 所示。

【效果所在位置】云盘 /Ch04/ 文化传媒行业刮刮乐 H5 制作。

图 4–49

扫码观看
本案例 H5

扫码观看
本案例

扫码观看
本案例视频

# 05 第 5 章 测试问答 H5 制作

## 本章介绍

测试问答 H5 由于能激起用户参与分享的欲望，因此它一直都是众多 H5 中最受欢迎的一类。本章从实战角度对测试问答 H5 的项目策划、交互设计、视觉设计以及制作发布进行系统讲解与演练。通过对本章的学习，读者可以对测试问答 H5 有一个基本的认识，并快速掌握设计制作常用测试问答 H5 的方法。

### 学习目标

- 了解 IT 互联网行业节日答题 H5 的项目策划
- 掌握 IT 互联网行业节日答题 H5 的交互设计

### 技能目标

- IT 互联网行业节日答题 H5 的视觉设计
- IT 互联网行业节日答题 H5 的制作发布

测试问答 H5 制作

# 5.1 课堂案例——IT 互联网行业节日答题 H5 制作

**【案例学习目标】**了解 IT 互联网行业节日答题 H5 的项目策划及交互设计，学习使用凡科互动模板制作效果，掌握使用 Photoshop 软件调整和修改模板中素材的方法。

**【案例知识要点】**使用谷歌浏览器登录凡科官网，使用凡科互动免费模板制作 IT 互联网行业节日答题 H5，修改并替换首页中的素材，替换中奖页面素材，调整奖项设置以及高级设置，效果如图 5-1 所示。

**【效果所在位置】**云盘 /Ch05/IT 互联网行业节日答题 H5 制作。

扫码观看
本案例视频

扫码观看
本案例视频

扫码观看
本案例

图 5-1

## 5.1.1 项目策划

知学在五一劳动节来临之际，希望推出一款节日祝福及宣传自身品牌的 H5。结合 H5 制作工具的节日文化答题模板，既起到节日祝福的作用，又可以很好地宣传公司的品牌。

## 5.1.2 交互设计

通过前期基本的项目策划，对 H5 的原型进行了梳理，并运用 Axure 进行了绘制，如图 5-2 所示。

## 5.1.3 视觉设计

（1）在“活动市场”模板中单击“节日营销”面板右侧的“更多”选项，如图 5-3 所示，在“节日类型”选项卡中单击“劳动节”选项，如图 5-4 所示。

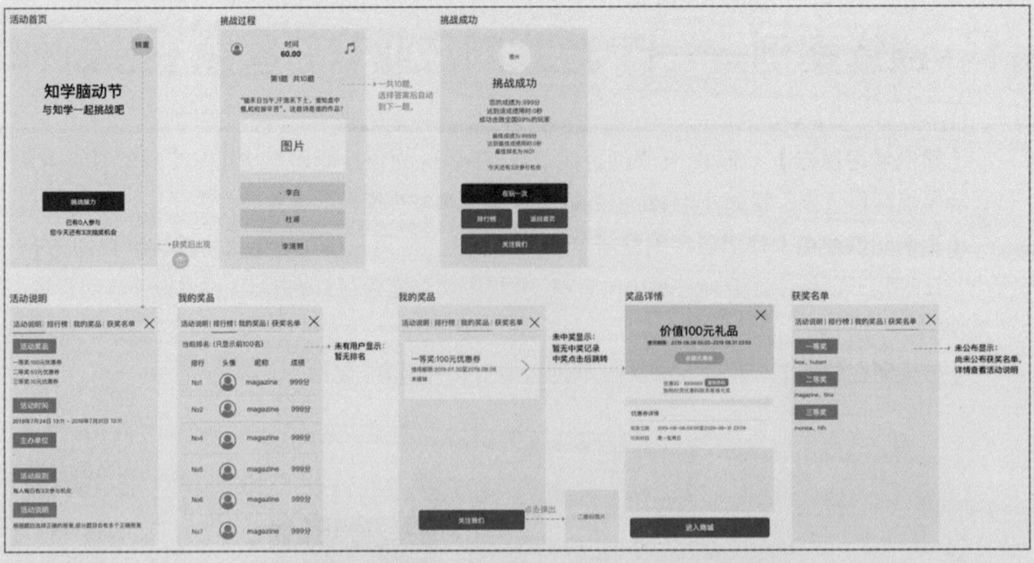

图 5-2

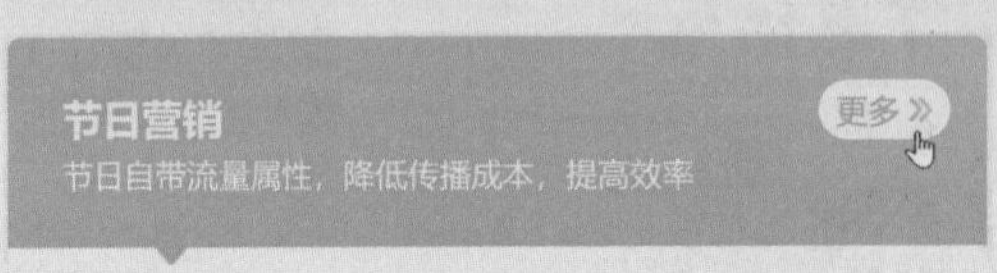

图 5-3

图 5-4

（2）在模板中选择“五一脑动节”，如图 5-5 所示。单击下方的“创建”按钮，进入编辑页面，如图 5-6 所示。

图 5-5　　　　图 5-6

（3）在“首页”页面中单击“五一脑动节”图层，如图 5-7 所示，单击鼠标右键，在弹出的菜单栏中选择“图片另存为”选项，弹出“另存为”对话框，将“文件名”设为“01”，单击“保存”按钮，将图像保存。

（4）打开 Photoshop 软件。按 Ctrl + O 组合键，打开云盘中的“Ch05 > IT 互联网行业节日答题 H5 制作 > 视觉设计 > 素材 > 01”文件。

（5）将前景色设为白色。选择“多边形套索”工具 ，在图像窗口中单击鼠标绘制选区，如图 5-8 所示。按 Alt+Delete 组合键，用前景色填充选区。按 Ctrl+D 组合键，取消选区，效果如图 5-9 所示。

图 5-7　　图 5-8　　图 5-9

（6）选择“横排文字”工具 ，在适当的位置输入需要的文字并选取文字。在字符面板中选择合适的字体并设置文字大小，将“文本颜色”选项设为深灰色（40、36、44），其他选项的设置如图 5-10 所示，效果如图 5-11 所示。选取需要的文字，在属性栏中调整文字大小，效果如图 5-12 所示。

图 5-10　　图 5-11　　图 5-12

（7）单击“图层”控制面板下方的“添加图层样式”按钮 ，在弹出的菜单中选择“图案叠加”命令，在弹出的对话框中进行设置，如图 5-13 所示，单击“确定”按钮，效果如图 5-14 所示。

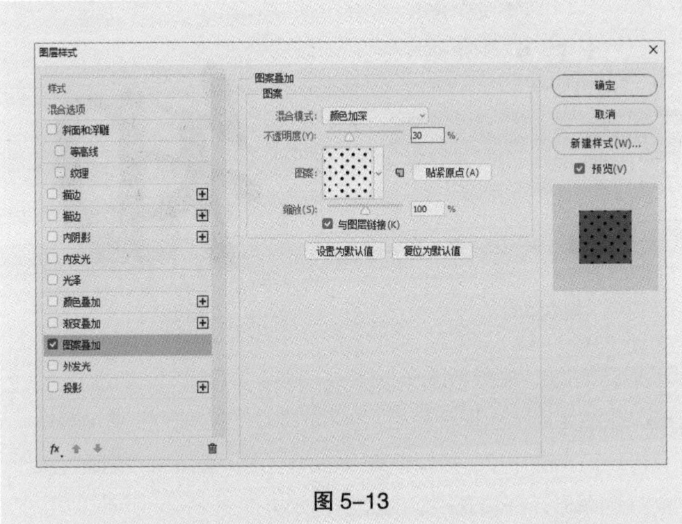


图 5-13

图 5-14

（8）选择“椭圆”工具，将属性栏中的“选择工具模式”选项设为“形状”，“填充”选项设为橘黄色（250、175、45），“描边”选项设为无，在图像窗口中绘制椭圆形，效果如图5-15所示。单击“图层”控制面板下方的“添加图层样式”按钮，在弹出的菜单中选择“图案叠加”命令，在弹出的对话框中进行设置，如图5-16所示，单击“确定”按钮，效果如图5-17所示。

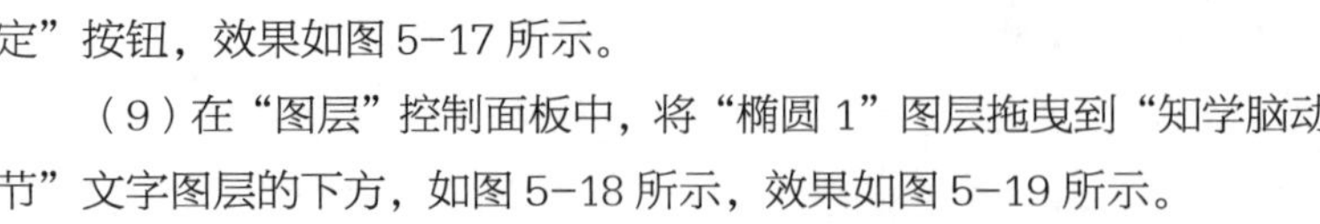

（9）在“图层”控制面板中，将“椭圆1”图层拖曳到“知学脑动节”文字图层的下方，如图5-18所示，效果如图5-19所示。

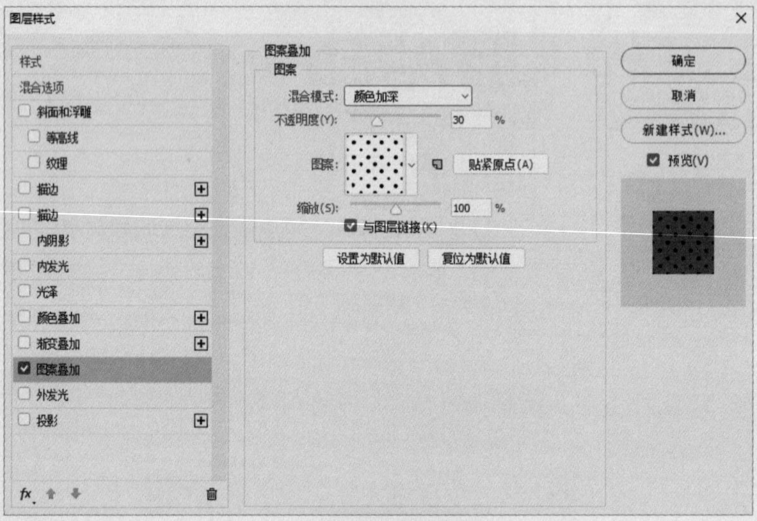

图5-15

图5-16

图5-17

图5-18

图5-19

（10）按Ctrl+J组合键，复制“椭圆1”图层，生成新的形状图层“椭圆1拷贝”，如图5-20所示。选择“移动”工具，按Ctrl+T组合键，在图像周围出现变换框，将指针放在变换框的控制手柄外边，指针变为旋转图标，拖曳鼠标将图像旋转到适当的角度，并调整其大小和位置，按Enter键确定操作，效果如图5-21所示。用相同的方法制作其他图形，并填充相应的颜色，效果如图5-22所示。

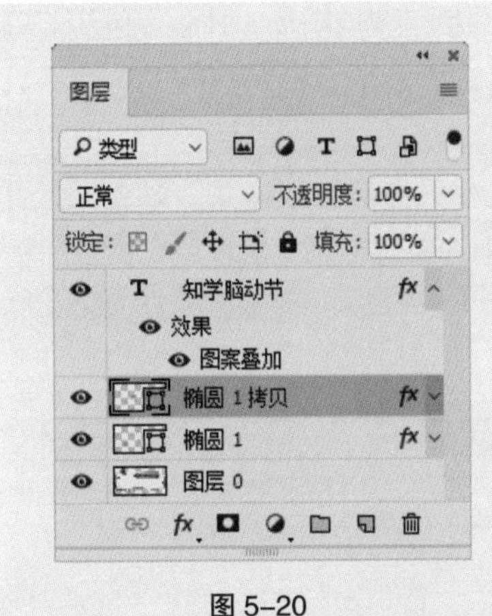


图 5-20

图 5-21

图 5-22

（11）选择“污点修复画笔”工具，在属性栏中单击“画笔”选项，弹出画笔选择面板，将“大小”选项设为40像素，如图5-23所示，在图像窗口中拖曳鼠标修复图像，如图5-24所示，效果如图5-25所示。

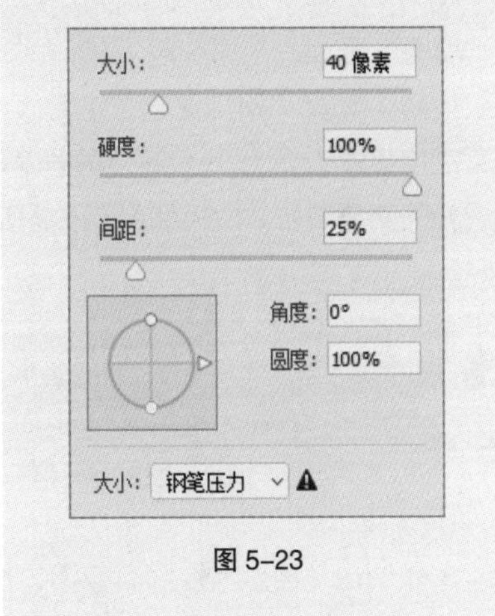


图 5-23

（12）选择“圆角矩形”工具，将属性栏中的“选择工具模式”选项设为“形状”，“填充”选项设为橘黄色（250、175、45），“描边”选项设为无，“半径”选项设为20像素，在图像窗口中拖曳鼠标绘制图形，效果如图5-26所示，在“图层”控制面板中生成新的形状图层“圆角矩形1”。

（13）选择“删除锚点”工具，将鼠标光标放置在锚点上，单击删除锚点，效果如图5-27所示。选择“添加锚点”工具，将鼠标光标放置在路径上，单击添加锚点，如图5-28所示。选择“转换点”工具，将鼠标光标放置在锚点上，单击转换锚点。按Shift+←组合键，将锚点移动到适当的位置，如图5-29所示。

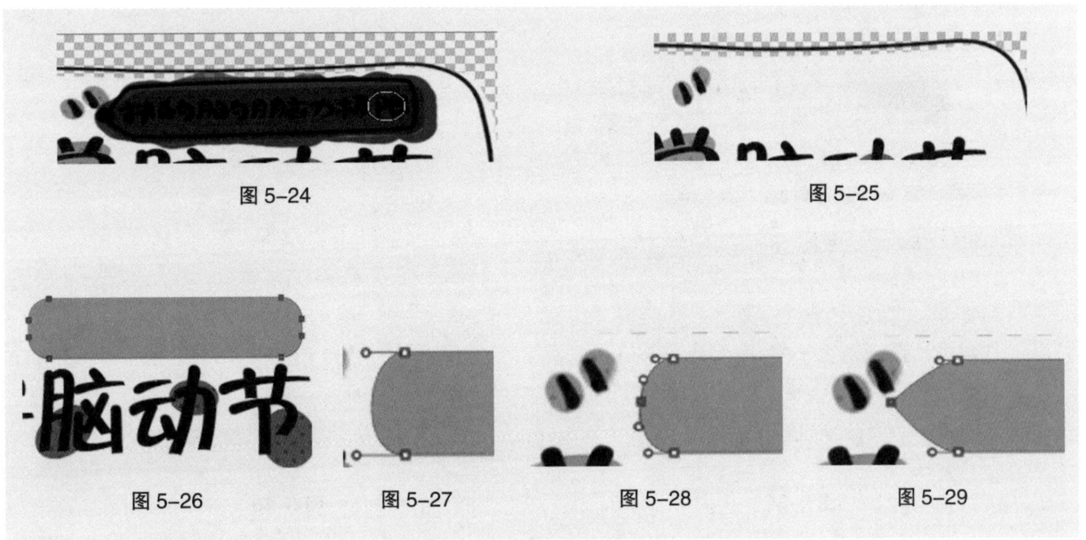

图 5-24　图 5-25

图 5-26　图 5-27　图 5-28　图 5-29

（14）按 Ctrl+J 组合键，复制“圆角矩形 1”图层，生成新的图层“圆角矩形 1 拷贝”图层。选择“路径选择”工具，在属性栏中将“填充”选项设为无，“描边”选项设为深灰色（40、36、44），将其拖曳到适当的位置，效果如图 5-30 所示。

（15）在“椭圆 1”图层上单击鼠标右键，在弹出的菜单中选择“拷贝图层样式”命令，拷贝图层样式。在“圆角矩形 1”图层上单击鼠标右键，在弹出的菜单中选择“粘贴图层样式”命令，粘贴图层样式，效果如图 5-31 所示。

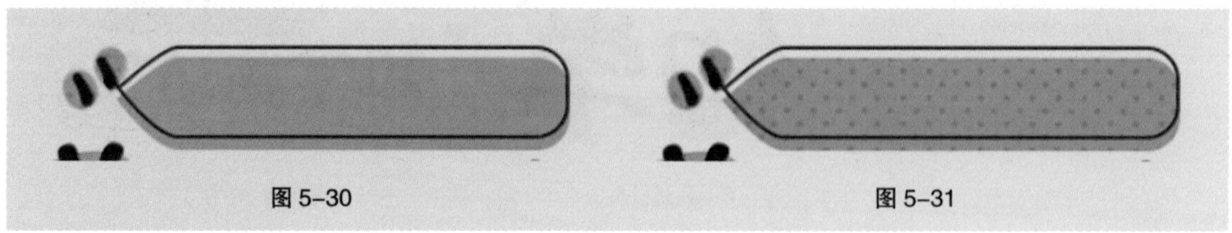

图 5-30　　图 5-31

（16）选择“椭圆”工具，按住 Shift 键的同时，在适当的位置上绘制一个圆形。在属性栏中将“填充”选项设为深灰色（40、36、44），“描边”选项设为无，效果如图 5-32 所示。

（17）选择“横排文字”工具，在适当的位置输入需要的文字并选取文字。在属性栏中选择合适的字体并设置大小，将“文本颜色”选项设为深灰色（40、36、44），在“图层”控制面板中生成新的文字图层，效果如图 5-33 所示。

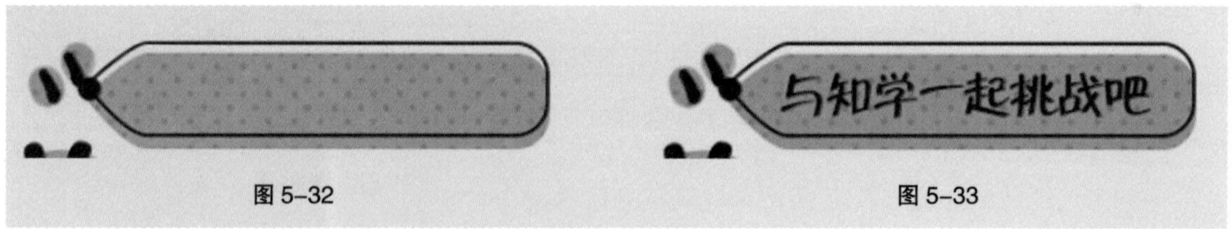


图 5-32　　图 5-33

（18）在“图层”控制面板中，按住 Shift 键的同时，将“圆角矩形 1”图层和“与知学一起挑战吧”文字图层之间的所有图层同时选取，如图 5-34 所示。按 Ctrl+G 组合键，编组图层并将其命名为“小标题”，如图 5-35 所示。

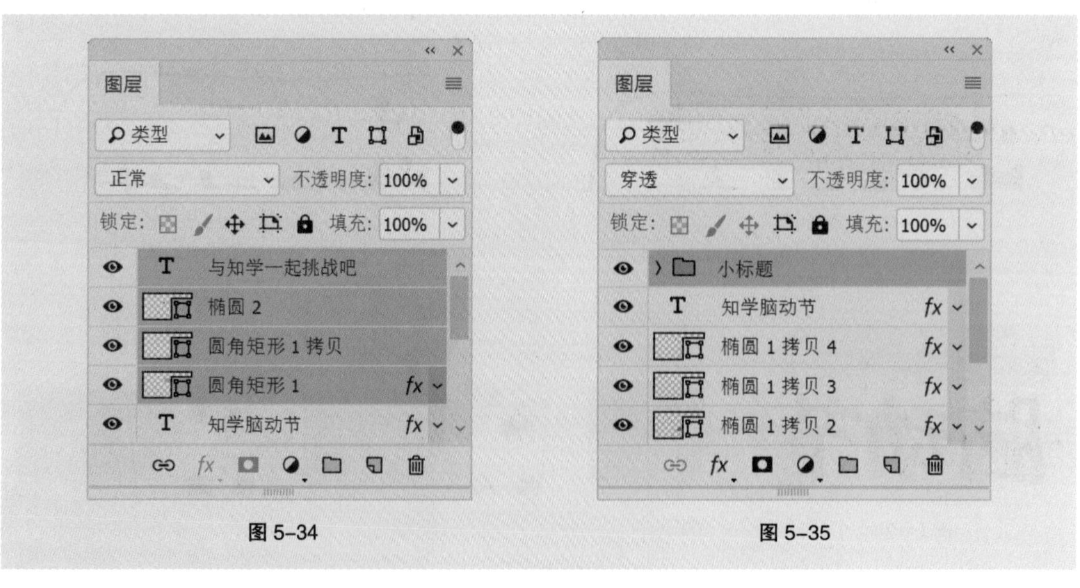


图 5-34　　图 5-35

（19）按 Ctrl+T 组合键，在图像周围出现变换框，将指针放在变换框的控制手柄外边，指针变为旋转图标↰，拖曳鼠标将图像旋转到适当的角度，按 Enter 键确定操作，效果如图 5-36 所示。

（20）选择“文件 > 导出 > 存储为 Web 所用格式”命令文件，弹出“存储为 Web 所用格式”对话框，保存为 PNG 格式。单击“存储…”按钮，弹出“将优化结果存储为”对话框，单击“保存”按钮，将图像保存。

## 5.1.4 制作发布

（1）返回凡科官网页面，在“首页”页面中单击“五一脑动节”图层，如图 5-37 所示，单击“更换图片”按钮，弹出“编辑图片”对话框，如图 5-38 所示，单击“上传替换”按钮，弹出“打开”对话框，选择云盘中的“Ch05 > IT 互联网行业节日答题 H5 制作 > 制作发布 > 01”文件，单击“打开”按钮，上传图片，如图 5-39 所示，图片替换完毕。

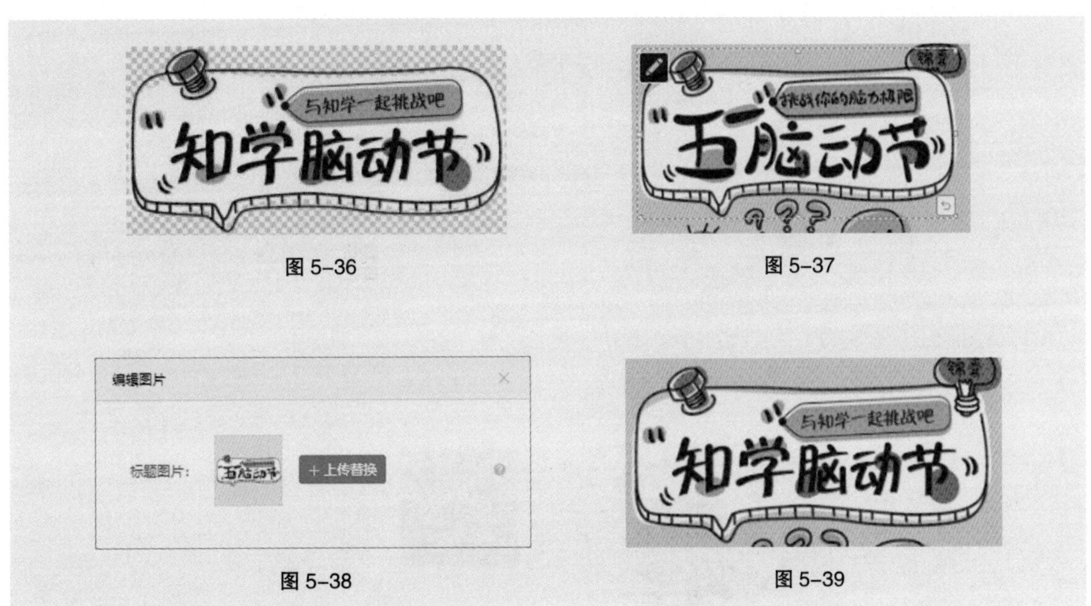


图 5-36　图 5-37　图 5-38　图 5-39

（2）单击切换到“奖项设置”页面，如图 5-40 所示。在“奖项一”的选项栏中选中“自选奖品”选项，在下拉菜单中选择“电商优惠券”，如图 5-41 所示，设置奖项数量为“10”，如图 5-42 所示。用相同的方法替换其他奖项类型，并将奖项二、奖项三的奖项数量分别设置为“20”和“30”。

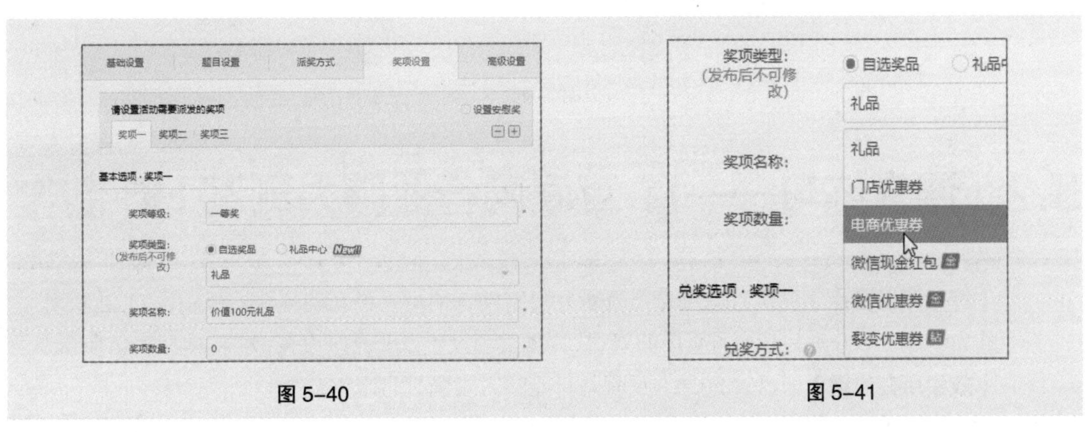


图 5-40　图 5-41

（3）单击切换到“高级设置”页面，如图 5-43 所示，单击“上传二维码”按钮，弹出“打开”对话框，选择云盘中的“Ch05 > IT 互联网行业节日答题 H5 制作 > 制作发布 > 02”文件，单击“打开”按钮，上传二维码，如图 5-44 所示。

（4）单击右上角“预览与发布”按钮，弹出“预览”对话框，生成二维码和小程序链接，单击“马上发布”按钮，即可成功发布作品，如图 5-45 所示。

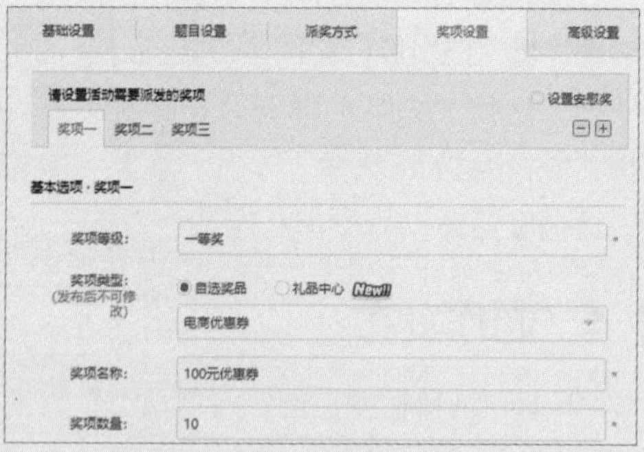

图 5-42

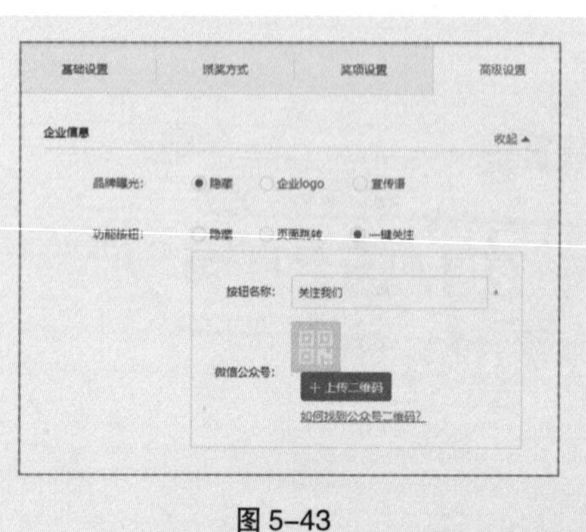


图 5-43

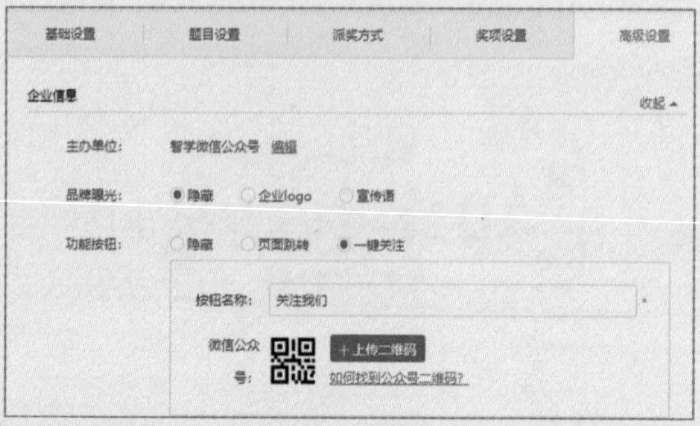

图 5-44

扫码观看
本案例 H5

图 5-45

## 5.2 课堂练习——IT 互联网行业脑力测试 H5 制作

**【练习知识要点】**使用谷歌浏览器登录凡科官网，使用凡科互动免费模板制作 IT 互联网行业脑力测试H5，修改并替换首页中的素材，调整奖项设置以及高级设置，效果如图 5-46 所示。

**【效果所在位置】**云盘 /Ch05/IT 互联网行业脑力测试 H5 制作。

图 5–46

## 5.3 课后习题——文化传媒行业知识分享 H5 制作

**【习题知识要点】**使用谷歌浏览器登录凡科官网，使用凡科互动免费模板制作文化传媒行业知识分享 H5，修改并替换首页中的素材，调整奖项设置以及高级设置，效果如图 5–47 所示。

**【效果所在位置】**云盘 /Ch05/ 文化传媒行业知识分享 H5 制作。

扫码观看
本案例

扫码观看
本案例 H5

扫码观看
本案例视频

扫码观看
本案例视频

图 5–47

# 第6章

# 06 滑动翻页 H5 制作

## 本章介绍

滑动翻页 H5 是非常常见的一类 H5，其互动方式也是最能被广大用户接受的。本章从实战角度对滑动翻页 H5 的项目策划、交互设计、视觉设计以及制作发布进行系统讲解与演练。通过对本章的学习，读者可以对滑动翻页 H5 有一个基本的认识，并快速掌握设计制作常用滑动翻页 H5 的方法。

### 学习目标

- 了解文化传媒行业企业招聘 H5 的项目策划
- 掌握文化传媒行业企业招聘 H5 的交互设计

### 技能目标

- 掌握文化传媒行业企业招聘 H5 的视觉设计
- 掌握文化传媒行业企业招聘 H5 的制作发布

滑动翻页 H5 制作

# 6.1 课堂案例——文化传媒行业企业招聘 H5 制作

【案例学习目标】了解文化传媒行业企业招聘 H5 的项目策划及交互设计，学习使用 Photoshop 软件制作 H5 页面视觉效果的方法，以及使用凡科互动制作 H5 效果和发布的方法。

【案例知识要点】使用谷歌浏览器登录凡科官网，使用凡科互动微传单制作文化传媒行业企业招聘 H5，使用 Photoshop 软件制作首页、关于我们、工作环境、福利待遇、招聘岗位、招聘流程和岗位申请等页面的视觉效果，使用凡科微传单动画功能制作 H5 页面动画，效果如图 6-1 所示。

【效果所在位置】云盘 /Ch06/ 文化传媒行业企业招聘 H5 制作。

图 6-1

## 6.1.1 项目策划

Art Design 是一家成立了近 20 年的专业型广告设计公司，此次想通过 H5 进行企业人才招聘。在内容上，我们将页面内容分为了首页、关于我们、工作环境、福利待遇、招聘岗位、招聘流程以及岗位需求 6 个部分。在视觉上，运用图文结合以及高级灰体现公司的沉稳大气。在制作上，摒弃复杂的表现效果，采用简单翻页让用户的注意力集中在招聘内容上。

## 6.1.2 交互设计

通过前期基本的项目策划，对 H5 的原型进行了梳理，并运用 Axure 进行了绘制，如图 6-2 所示。

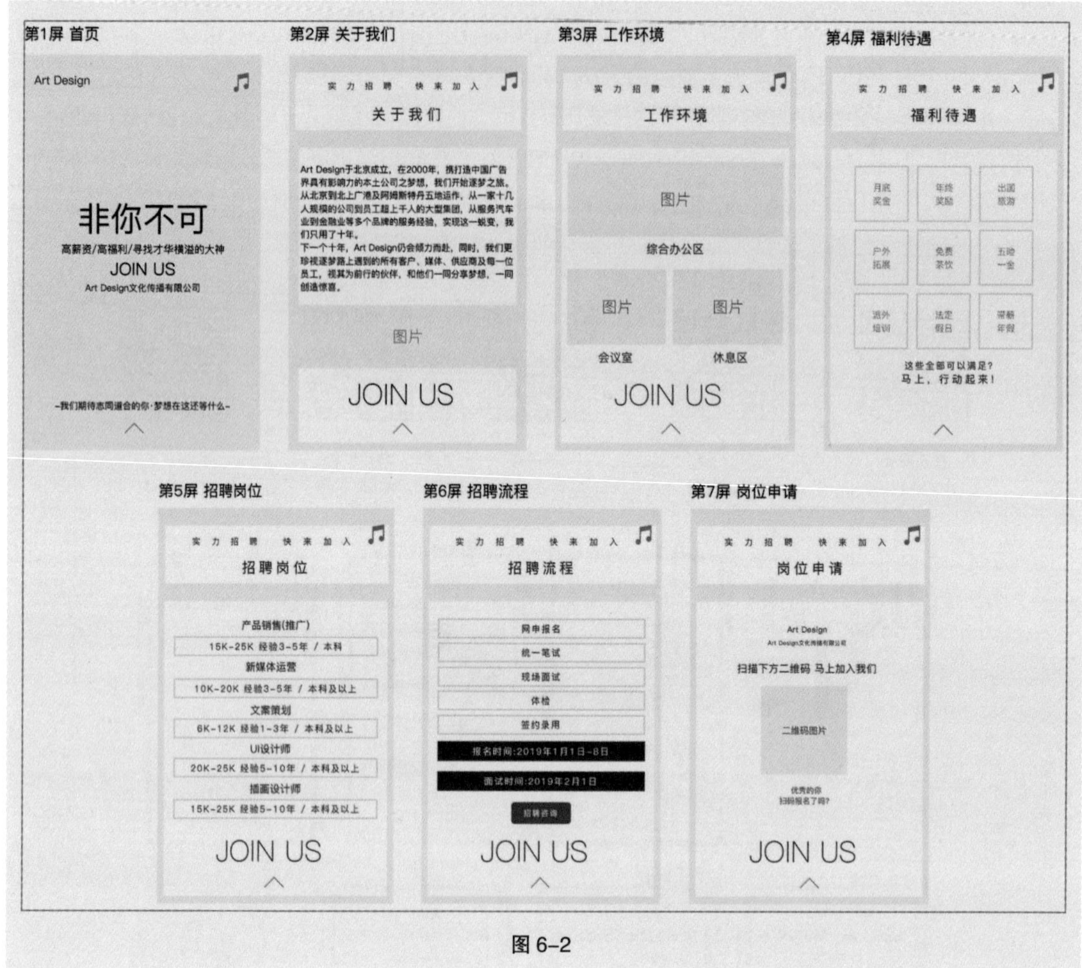


图 6-2

## 6.1.3 视觉设计

**1. 首页**

（1）打开 Photoshop 软件。按 Ctrl+N 组合键，新建一个文件，宽度为 750 像素，高度为 1206 像素，分辨率为 72 像素 / 英寸，背景内容为白色，单击“创建”按钮，完成文档新建。

（2）选择“文件 > 置入嵌入对象”命令，弹出“置入嵌入的对象”对话框，分别选择云盘中的“Ch06 > 文化传媒行业企业招聘 H5 制作 > 视觉设计 > 素材 > 01、02”文件，单击“置入”按钮，将图片置入到图像窗口中，分别将其拖曳到适当的位置并调整大小，按 Enter 键确定操作，效果如图 6-3 所示，在“图层”控制面板中分别生成新图层并将其命名为“底图”和“地球”，如图 6-4 所示。

（3）选择“横排文字”工具 T，在适当的位置输入需要的文字并选取文字，在属性栏中选择合适的字体并设置大小，效果如图 6-5 所示，在“图层”控制面板中生成新的文字图层。

图 6–3　　图 6–4　　图 6–5

（4）单击“图层”控制面板下方的“添加图层样式”按钮，在弹出的菜单中选择“渐变叠加”命令，弹出对话框，单击“渐变”选项右侧的“点按可编辑渐变”按钮，弹出“渐变编辑器”对话框，将渐变颜色设为从深蓝色（34、51、85）到灰蓝色（89、97、113），如图 6–6 所示，单击“确定”按钮。返回到“图层样式”对话框，其他选项的设置如图 6–7 所示，单击“确定”按钮，效果如图 6–8 所示。用相同的方法输入其他文字，效果如图 6–9 所示。

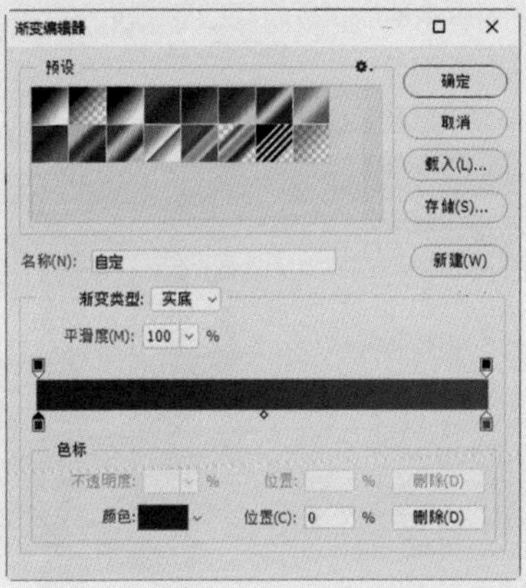

图 6–6

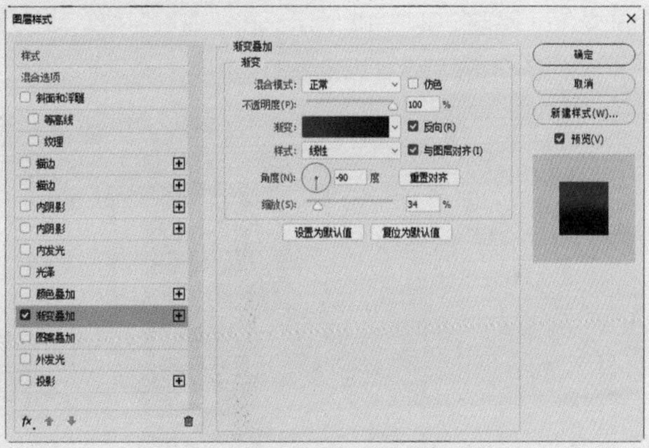

图 6–7

图 6–8

图 6–9

（5）选择“钢笔”工具，将属性栏中的“选择工具模式”选项设为“形状”，在图像窗口中绘制图形，效果如图 6-10 所示，在“图层”控制面板中生成新的形状图层并将其命名为“阴影”。单击“图层”控制面板下方的“添加图层蒙版”按钮，为“阴影”图层添加图层蒙版，如图 6-11 所示。

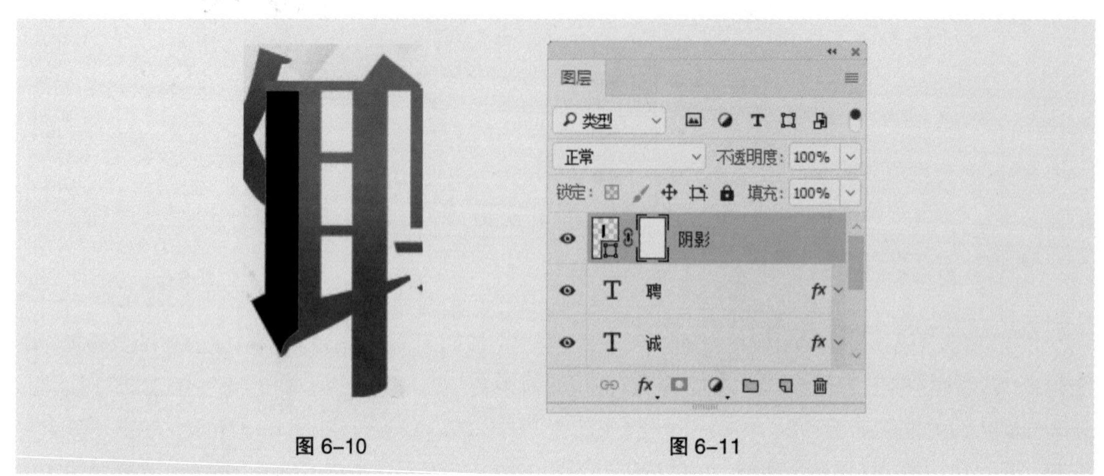


图 6-10　　图 6-11

（6）选择“渐变”工具，单击属性栏中的“点按可编辑渐变”按钮，弹出“渐变编辑器”对话框，将渐变色设为从黑色到白色，如图 6-12 所示，单击“确定”按钮。在图像窗口中从左到右拖曳渐变色，效果如图 6-13 所示。在“图层”控制面板中，将“阴影”图层拖曳到“聘”文字图层的下方，如图 6-14 所示，图像效果如图 6-15 所示。

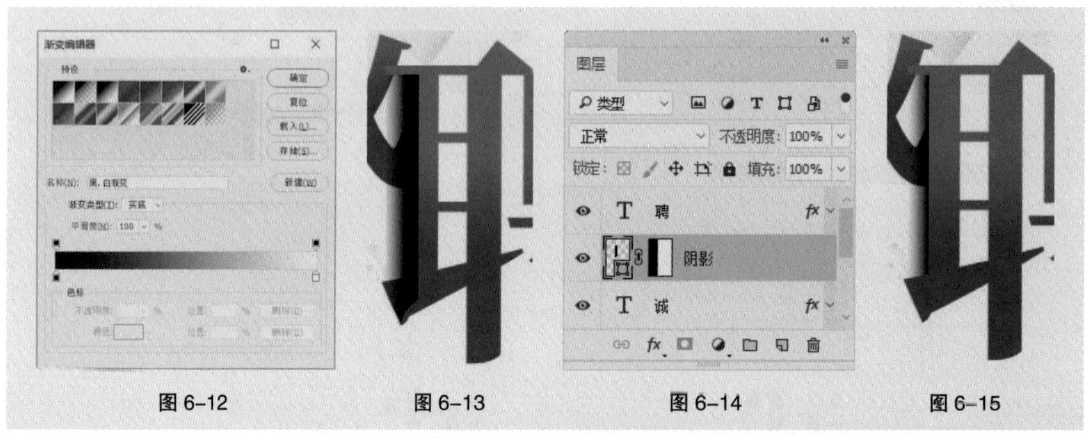


图 6-12　　图 6-13　　图 6-14　　图 6-15

（7）选择“横排文字”工具，在图像窗口中分别输入需要的文字并选取文字，在属性栏中分别选择合适的字体并设置大小，将“文本颜色”选项设为深蓝色（43、58、96），效果如图 6-16 所示，在“图层”控制面板中分别生成新的文字图层。选择“Art Design 文化…”文字，按 Alt+ → 组合键，适当调整文字的间距，效果如图 6-17 所示。

（8）选择“文件 > 置入嵌入对象”命令，弹出“置入嵌入的对象”对话框，分别选择云盘中的“Ch06 > 文化传媒行业企业招聘 H5 制作 > 视觉设计 > 素材 > 03”文件，单击“置入”按钮，将图片置入图像窗口中，将其拖曳到适当的位置并调整其大小，按 Enter 键确定操作，效果如图 6-18 所示，在“图层”控制面板中生成新图层并将其命名为“三角”。

（9）选择“横排文字”工具，在图像窗口中输入需要的文字并选取文字，在属性栏中选择合适的字体并设置大小，将“文本颜色”选项设为浅蓝色（168、174、194）。按 Alt+ → 组合键，适当调整文字的间距，文字效果如图 6–19 所示，在“图层”控制面板中生成新的文字图层。

图 6–16

图 6–17

图 6–18

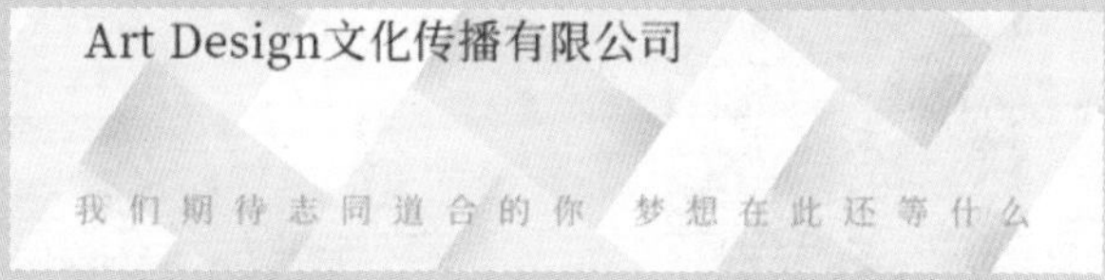

图 6–19

（10）在“图层”控制面板中，按住 Shift 键的同时，将“底图”图层和“我们期待…”文字图层之间的所有图层同时选取，按 Ctrl+G 组合键，编组图层并将其命名为“首页”，如图 6–20 所示，图像效果如图 6–21 所示。

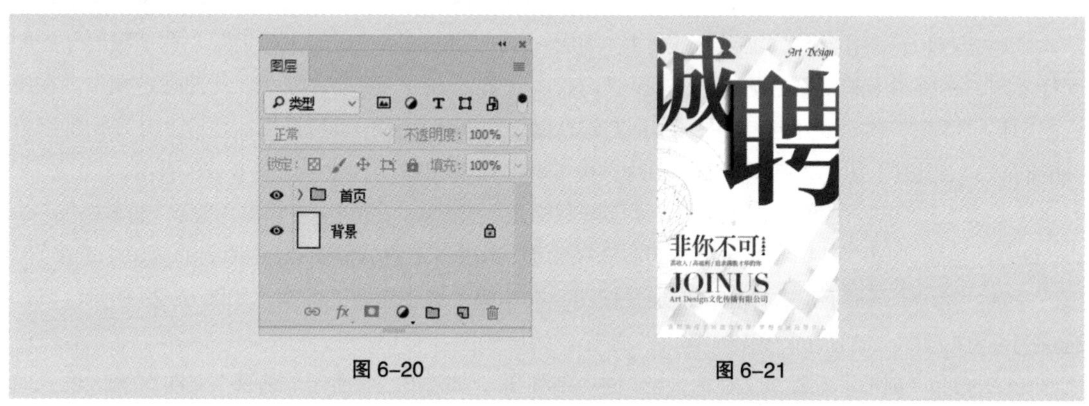


图 6–20

图 6–21

**2. 关于我们**

（1）在“图层”控制面板中，按 Ctrl+J 组合键，复制“首页”图层组，生成新的图层组“首页 拷贝”，如图 6–22 所示。按 Ctrl+E 组合键，合并图层组并将其命名为“图片”。单击“首页”图层组左侧的眼睛图标 ，将“首页”图层组隐藏，如图 6–23 所示。

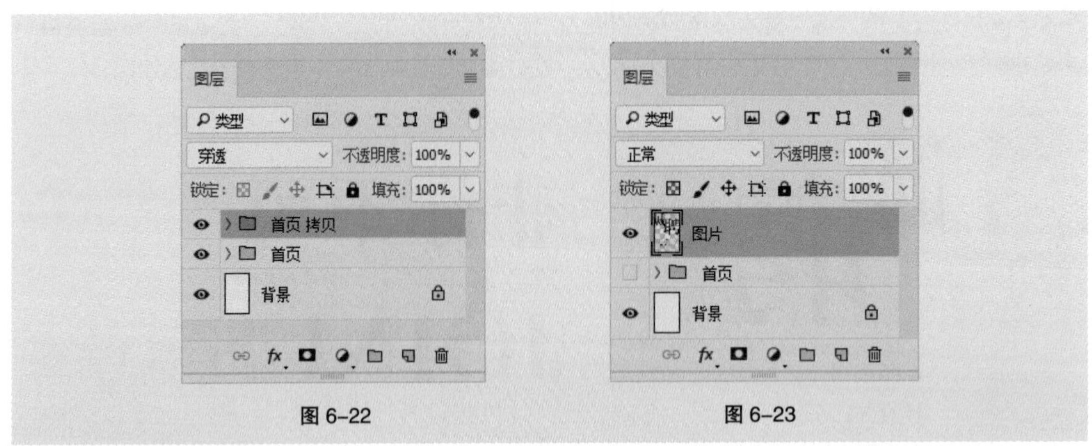


图 6-22　　图 6-23

（2）选择“矩形”工具▭，将属性栏中的“选择工具模式”选项设为“形状”，“填充”选项设为深蓝色（43、58、96），在图像窗口中绘制矩形，效果如图 6-24 所示，在“图层”控制面板中生成新图层“矩形 1”。在“图层”控制面板上方，将该图层的“不透明度”选项设为85%，如图 6-25 所示，按 Enter 键确定操作，效果如图 6-26 所示。

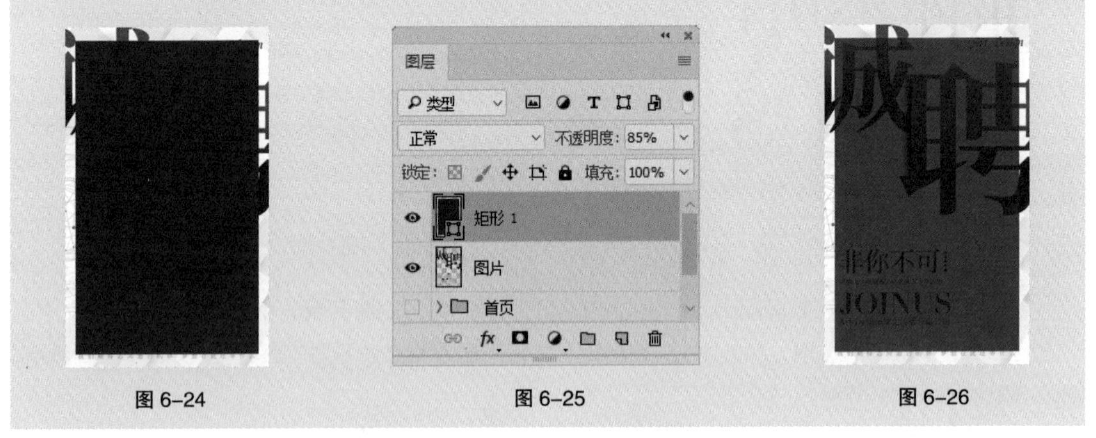


图 6-24　　图 6-25　　图 6-26

（3）按 Ctrl+J 组合键，复制“矩形 1”图层，生成新的图层“矩形 1 拷贝”。在“图层”控制面板上方，将该图层的“不透明度”选项设为 100%，如图 6-27 所示，按 Enter 键确定操作。在属性栏中将“填充”选项设为白色。按 Ctrl+T 组合键，在图像周围出现变换框，按住 Alt+Shift 组合键的同时，拖曳右下角的控制手柄缩小图片，按 Enter 键确定操作，效果如图 6-28 所示。

（4）单击“图层”控制面板下方的“添加图层样式”按钮fx，在弹出的菜单中选择“图案叠加”命令，弹出对话框，单击“图案”选项，弹出图案选择面板，单击右上方的按钮⚙，在弹出的菜单中选择“图案”命令，弹出提示对话框，单击“追加”按钮。在面板中选中需要的图案，如图 6-29 所示，其他选项的设置如图 6-30 所示，单击“确定”按钮，效果如图 6-31 所示。

（5）选择“矩形”工具▭，在图像窗口中绘制矩形，如图 6-32 所示。选择“文件 > 置入嵌入对象”命令，弹出“置入嵌入的对象”对话框，选择云盘中的“Ch06 > 文化传媒行业企业招聘 H5 制作 > 视觉设计 > 素材 > 04”文件，单击“置入”按钮，将图片置入到图像窗口中，将其拖曳到适当的位置并调整大小，按 Enter 键确定操作，效果如图 6-33 所示，在“图层”控制面板中生成新图层并将其命名为“楼房”。

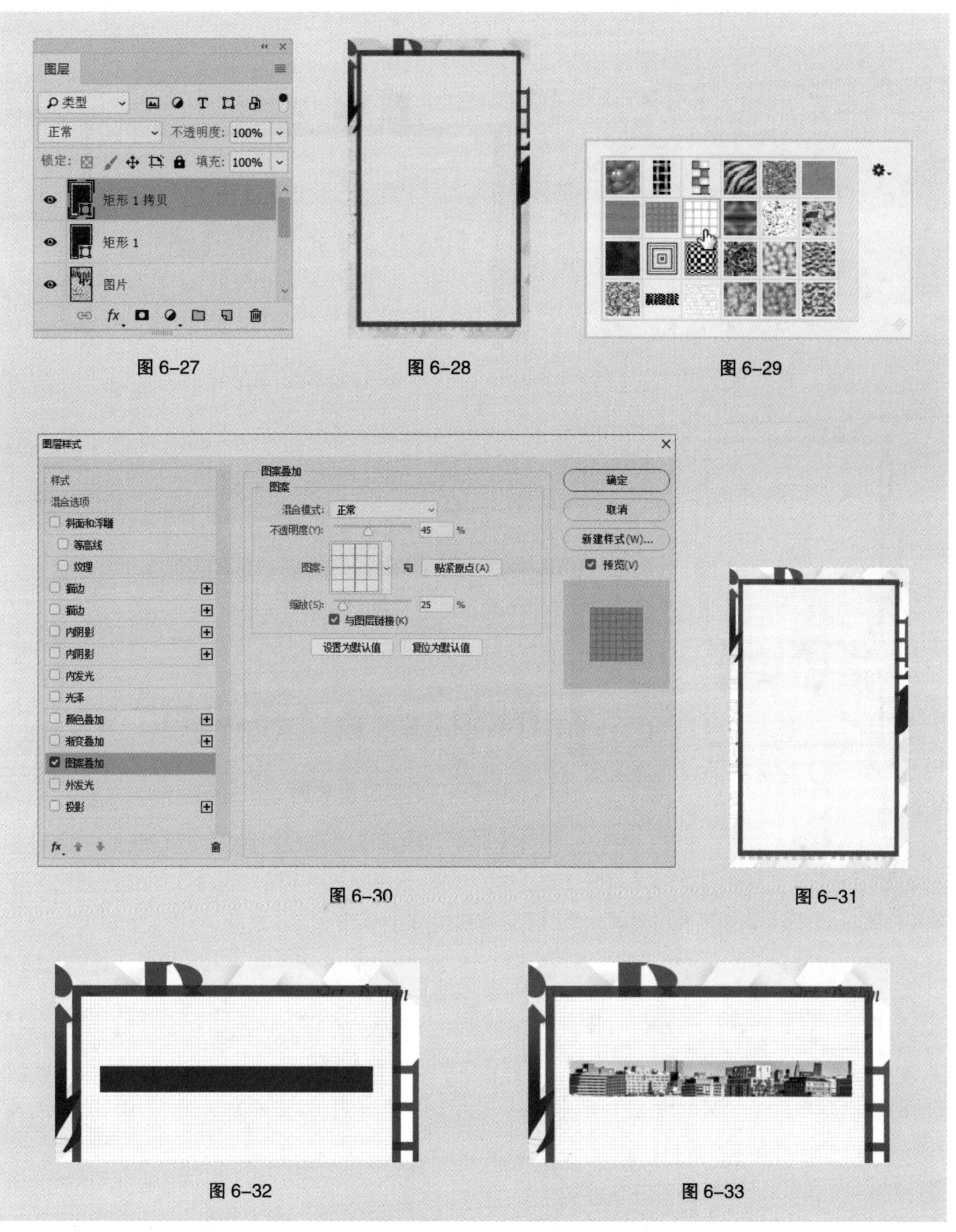


图 6-27　图 6-28　图 6-29

图 6-30　图 6-31

图 6-32　图 6-33

（6）按住 Alt 键的同时，将鼠标光标放在“楼房”图层和“矩形 2”图层的中间，鼠标光标变为↓□图标，如图 6-34 所示，单击鼠标左键，创建剪贴蒙版，图像效果如图 6-35 所示。用相同的方法置入图像并制作剪贴蒙版，效果如图 6-36 所示。

（7）选择“横排文字”工具 T，在适当的位置输入需要的文字并选取文字，在属性栏中选择合适的字体并设置大小，将“文本颜色”选项设为蓝色（75、87、120）。按 Alt+ → 组合键，适当调整文字的间距，效果如图 6-37 所示，在“图层”控制面板中生成新的文字图层。

图 6-34

图 6-35

图 6-36

图 6-37

（8）选择“椭圆”工具 ◯，按住 Shift 键的同时，在图像窗口中绘制圆形，效果如图 6-38 所示。选择“路径选择”工具 ▶，按住 Alt+Shift 组合键的同时，水平向右拖曳图形到适当的位置，复制图形，效果如图 6-39 所示。按需要再复制 4 个图形，效果如图 6-40 所示。

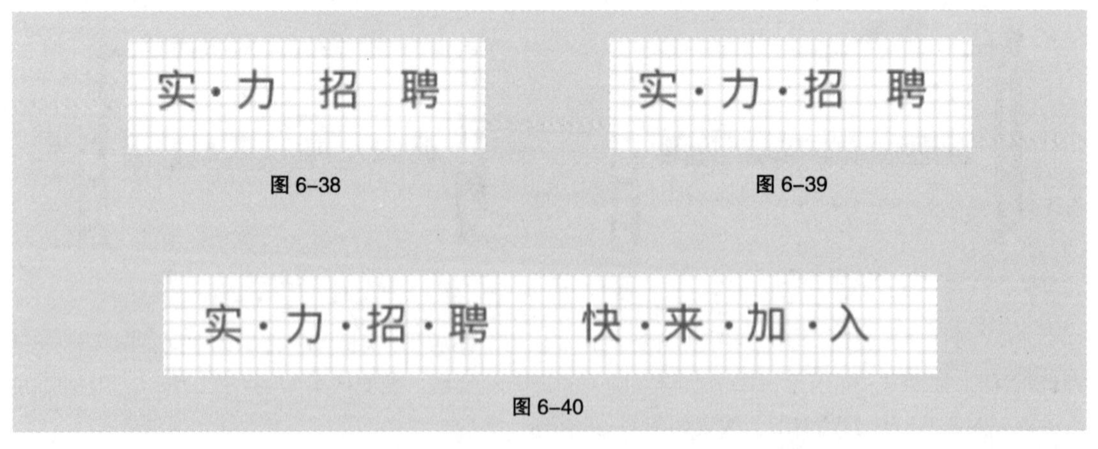

图 6-38

图 6-39

图 6-40

（9）选择“横排文字”工具 T，在适当的位置输入需要的文字并选取文字，在属性栏中选择合适的字体并设置大小，将“文本颜色”选项设为深蓝色（43、58、96）。按 Alt+ → 组合键，适当调整文字的间距，效果如图 6-41 所示，在“图层”控制面板中生成新的文字图层。

（10）选择“自定形状”工具，单击“形状”选项，弹出“形状”面板，单击面板右上方的按钮，在弹出的菜单中选择“自然”命令，弹出提示对话框，单击“确定”按钮。在“形状”面板中选中图形“波浪”，如图 6-42 所示。在属性栏中设置填充选项为深蓝色（43、58、96），在图像窗口中拖曳鼠标绘制图形，如图 6-43 所示，在图层控制面板中生成新图层“形状 1”。

（11）选择“移动”工具，按 Ctrl+J 组合键，复制“形状 1”图层，生成新的图层“形状 1 拷贝”。按住 Shift 键的同时，水平向右拖曳图形到适当的位置，效果如图 6-44 所示。

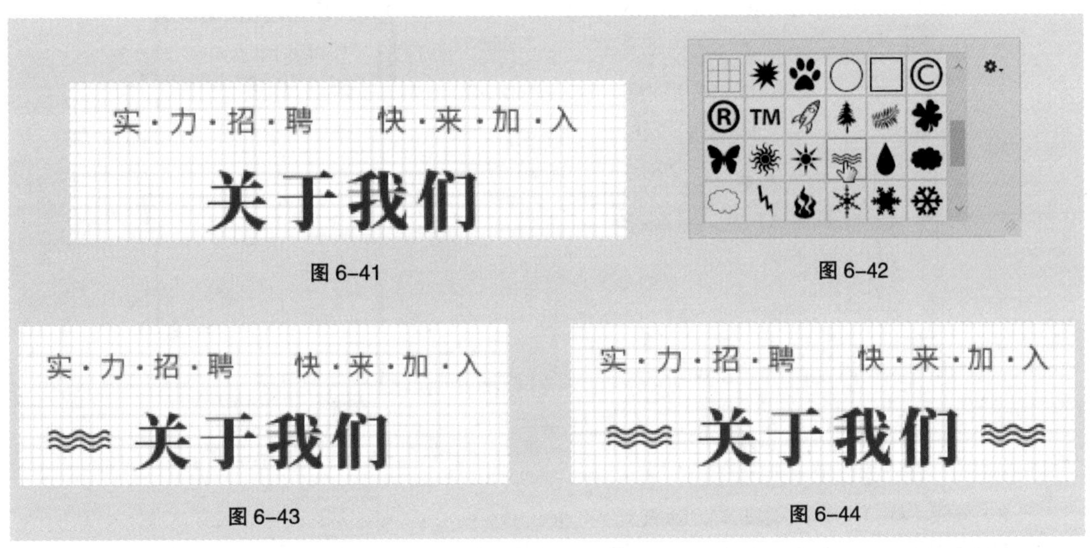


图 6-41　图 6-42

图 6-43　图 6-44

（12）选择“横排文字”工具，在属性栏中选择合适的字体并设置大小，在图像窗口中鼠标光标变为图标，单击并按住鼠标不放向右下方拖曳鼠标，松开鼠标，拖曳出一个段落文本框，如图 6-45 所示。在文本框中输入需要的文字并选取文字，按 Alt+ ↓ 组合键，适当调整文字的行距，效果如图 6-46 所示。

（13）选择“横排文字”工具，在适当的位置输入需要的文字并选取文字，在属性栏中选择合适的字体并设置大小，文字效果如图 6-47 所示，在“图层”控制面板中生成新的文字图层。

（14）在“图层”控制面板中，按住 Shift 键的同时，将“图片”图层和“JOIN US”文字图层之间的所有图层同时选取，按 Ctrl+G 组合键，编组图层并将其命名为“关于我们”。

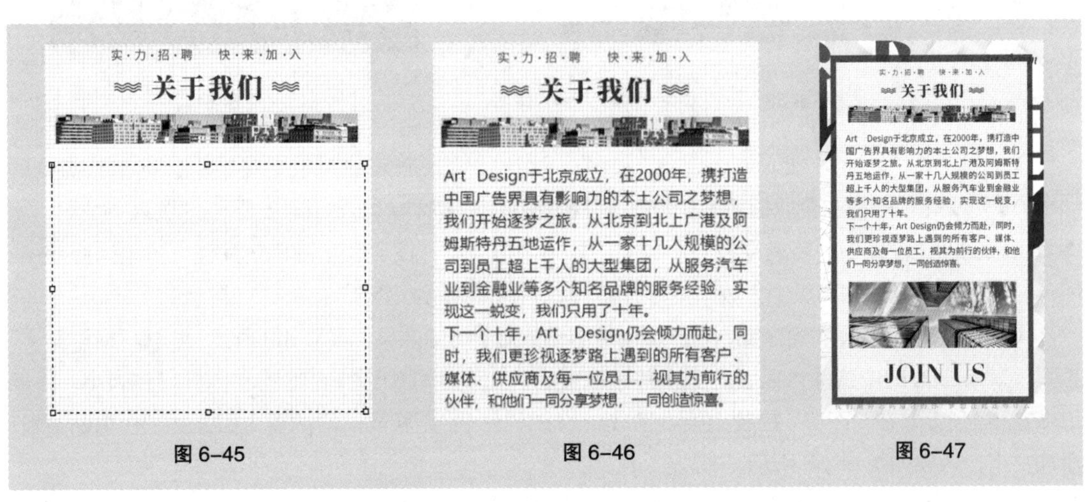


图 6-45　图 6-46　图 6-47

### 3. 工作环境

（1）在“图层”控制面板中，按 Ctrl+J 组合键，复制“关于我们”图层组，生成新的图层组并将其命名为“工作环境”。单击“关于我们”图层组左侧的眼睛图标，将其隐藏，如图 6–48 所示。单击展开“工作环境”图层组，按住 Ctrl 键的同时，选择“Art Design 于北京成立…”文字图层、“矩形 3”和“楼房 2”图层，按 Delete 键删除图层，效果如图 6–49 所示。

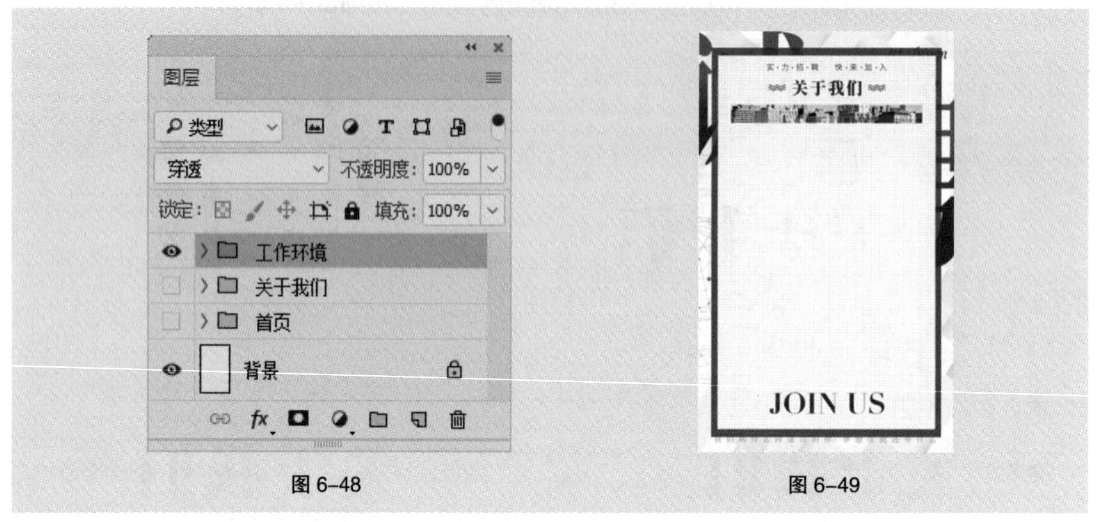


图 6–48　　图 6–49

（2）选择“横排文字”工具T，选取文字“关于我们”，输入需要的文字，效果如图 6–50 所示。选择“矩形”工具，在图像窗口中绘制矩形，如图 6–51 所示。

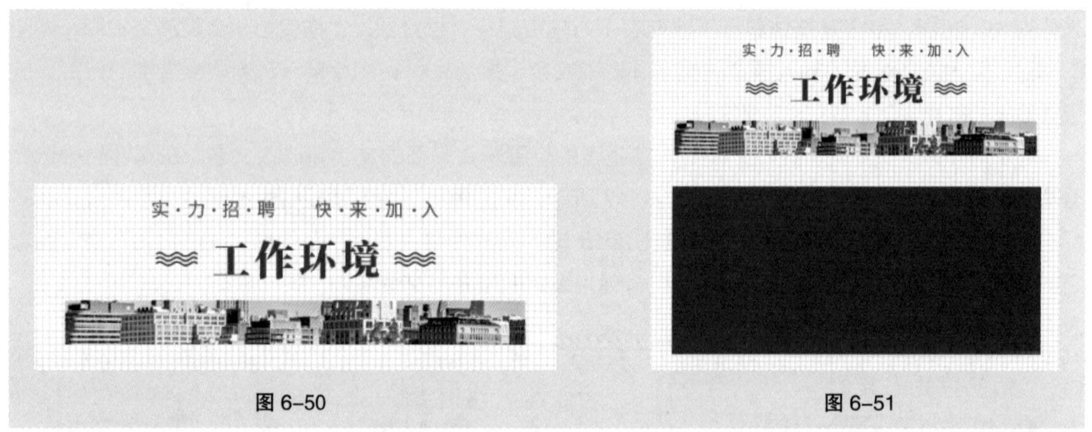


图 6–50　　图 6–51

（3）选择“文件 > 置入嵌入对象”命令，弹出“置入嵌入的对象”对话框，选择云盘中的“Ch06 > 文化传媒行业企业招聘 H5 制作 > 视觉设计 > 素材 > 06”文件，单击“置入”按钮，将图片置入到图像窗口中，将其拖曳到适当的位置并调整大小，按 Enter 键确定操作，效果如图 6–52 所示，在“图层”控制面板中生成新图层并将其命名为“综合办公区”。

（4）按 Alt+Ctrl+G 组合键，为图层创建剪贴蒙版，图像效果如图 6–53 所示。选择“横排文字”工具T，在适当的位置输入需要的文字并选取文字，在属性栏中选择合适的字体并设置大小，效果如图 6–54 所示，在“图层”控制面板中生成新的文字图层。用相同的方法置入图像并制作剪贴蒙版，添加文字，效果如图 6–55 所示。

图 6–52

图 6–53

图 6–54

图 6–55

**4. 福利待遇**

（1）在“图层”控制面板中，按 Ctrl+J 组合键，复制“工作环境”图层组，生成新的图层组并将其命名为“福利待遇”。单击“工作环境”图层组左侧的眼睛图标，将其隐藏，如图 6–56 所示。单击展开“福利待遇”图层组，按住 Shift 键的同时，将“休息区”文字图层和“矩形 4”图层之间的所有图层同时选取，按 Delete 键删除图层，效果如图 6–57 所示。

（2）选择“横排文字”工具 T，选取文字“工作环境”，输入需要的文字，效果如图 6–58 所示。

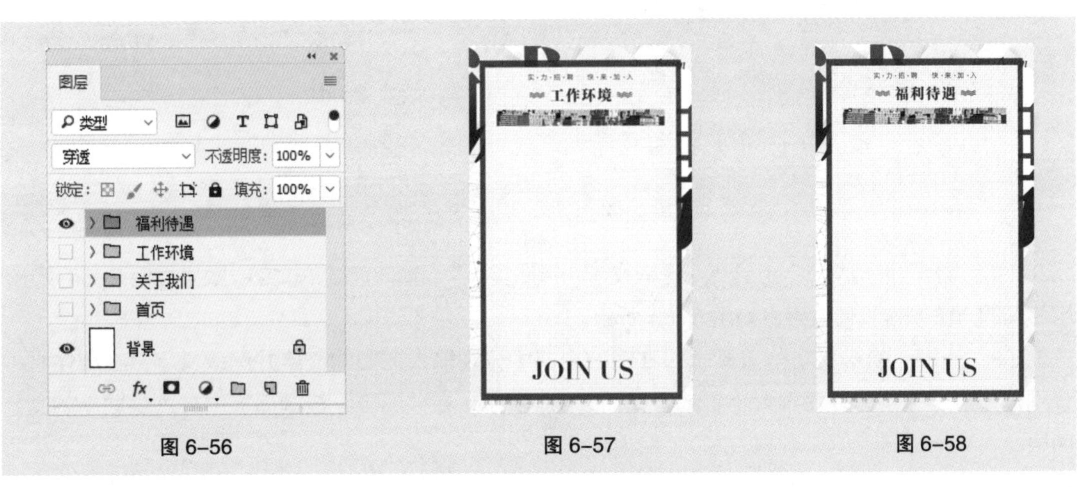


图 6–56　　图 6–57　　图 6–58

（3）选择“椭圆”工具 ○，在属性栏中将“填充”选项设为无，“描边”选项设为深蓝色（43、58、96），“描边宽度”选项设为 2 像素，“描边类型”选项设为虚线，按住 Shift 键的同时，在图像窗口中绘制圆形，图像效果如图 6-59 所示，在“图层”控制面板中生成新的形状图层“椭圆 2”。

（4）选择“横排文字”工具 T，在适当的位置输入需要的文字并选取文字，在属性栏中选择合适的字体并设置大小，按 Alt+ ↑ 组合键，适当调整文字的行距，文字效果如图 6-60 所示，在“图层”控制面板中生成新的文字图层。

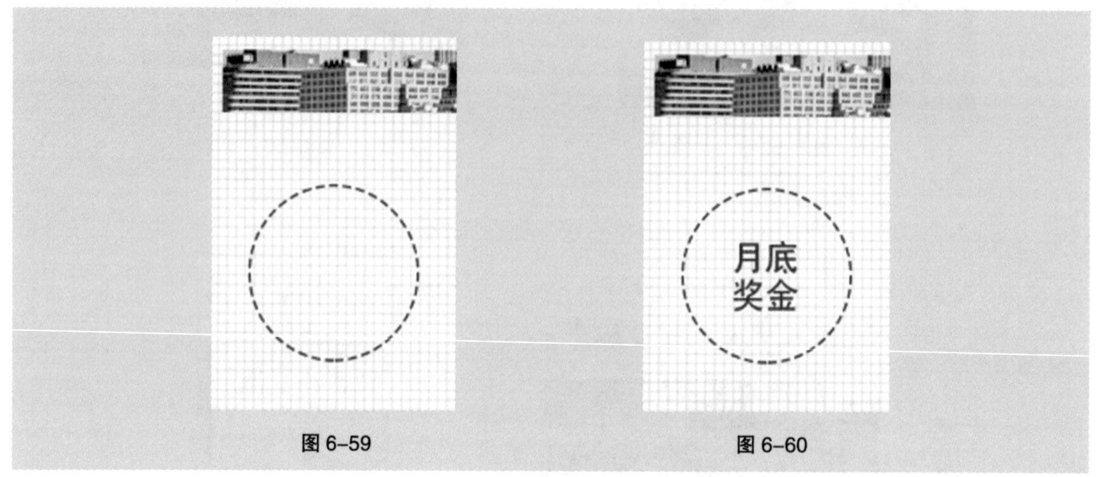

图 6-59　图 6-60

（5）在“图层”控制面板中，按住 Ctrl 键的同时，选择“椭圆 2”和“月底奖金”图层，如图 6-61 所示。按 Ctrl+G 组合键，编组图层并将其命名为“月底奖金”，如图 6-62 所示。

（6）选择“移动”工具 ✥，按住 Alt+Shift 组合键的同时，水平向右拖曳到适当的位置，复制图形和文字，效果如图 6-63 所示，在“图层”控制面板中生成新图层组并将其命名为“年终奖励”。

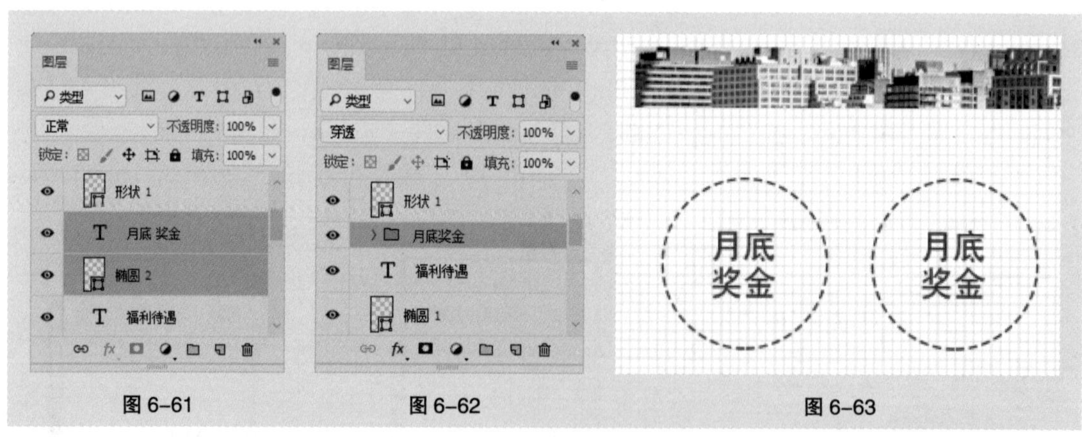

图 6-61　图 6-62　图 6-63

（7）选择“横排文字”工具 T，选取文字“月底奖金”，输入需要的文字，效果如图 6-64 所示。用相同的方法制作其他效果，如图 6-65 所示。

（8）选择“横排文字”工具 T，在图像窗口中分别输入需要的文字并选取文字，在属性栏中分别选择合适的字体并设置大小，效果如图 6-66 所示，在“图层”控制面板中分别生成新的文字图层。

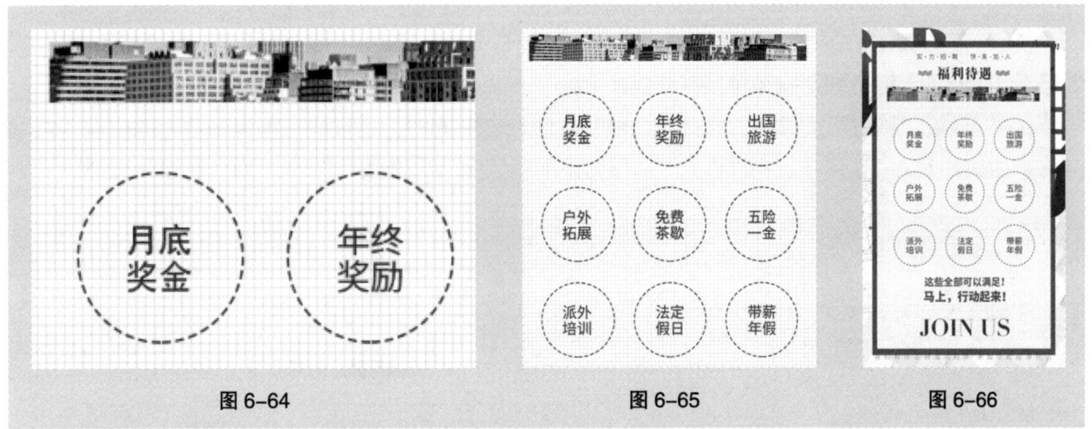


图 6-64　　图 6-65　　图 6-66

**5．招聘岗位**

（1）在“图层”控制面板中，按 Ctrl+J 组合键，复制“福利待遇”图层组，生成新的图层组并将其命名为“招聘岗位”。单击“福利待遇”图层组左侧的眼睛图标，将其隐藏，如图 6-67 所示。单击展开“招聘岗位”图层组，按住 Shift 键的同时，将“月底奖金”图层组和“马上，行动…”文字图层之间的所有图层同时选取，按 Delete 键删除图层，效果如图 6-68 所示。

（2）选择“横排文字”工具 T，选取文字“福利待遇”，输入需要的文字，效果如图 6-69 所示。

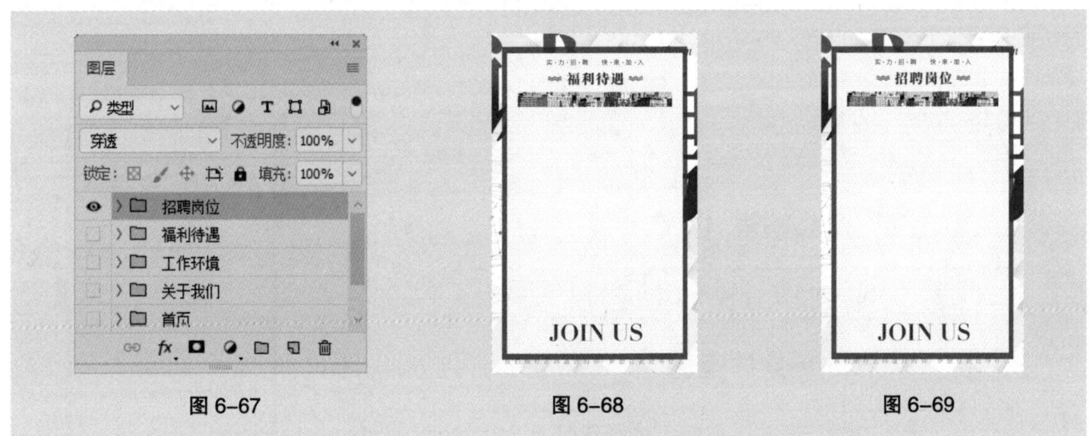


图 6-67　　图 6-68　　图 6-69

（3）选择“横排文字”工具 T，在图像窗口中分别输入需要的文字并选取文字，在属性栏中分别选择合适的字体并设置大小，效果如图 6-70 所示，在“图层”控制面板中生成新的文字图层。

（4）选择“圆角矩形”工具，在属性栏中将“填充”选项设为无，“描边”选项设为深蓝色（43、58、96），“描边宽度”选项设为 2 像素，“描边类型”选项设为虚线，“半径”选项设为 10 像素，在图像窗口中绘制圆角矩形，效果如图 6-71 所示，在图层控制面板中生成新图层“圆角矩形 1”。

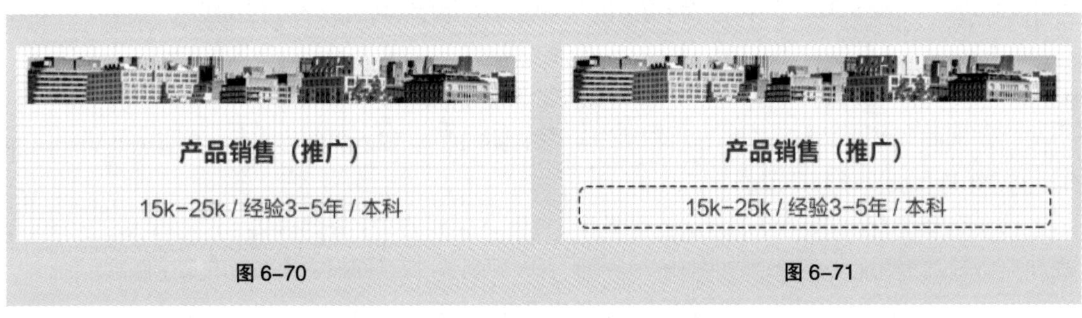


图 6-70　　图 6-71

（5）在“图层”控制面板中，按住 Ctrl 键的同时，选择“圆角矩形 1”和“产品销售（推广）”图层。按 Ctrl+G 组合键，编组图层并将其命名为“产品销售”，如图 6-72 所示。

（6）选择“移动”工具，按住 Alt+Shift 组合键的同时，垂直向下拖曳到适当的位置，复制图形，效果如图 6-73 所示，在“图层”控制面板中生成新图层组并将其命名为“新媒体运营”。

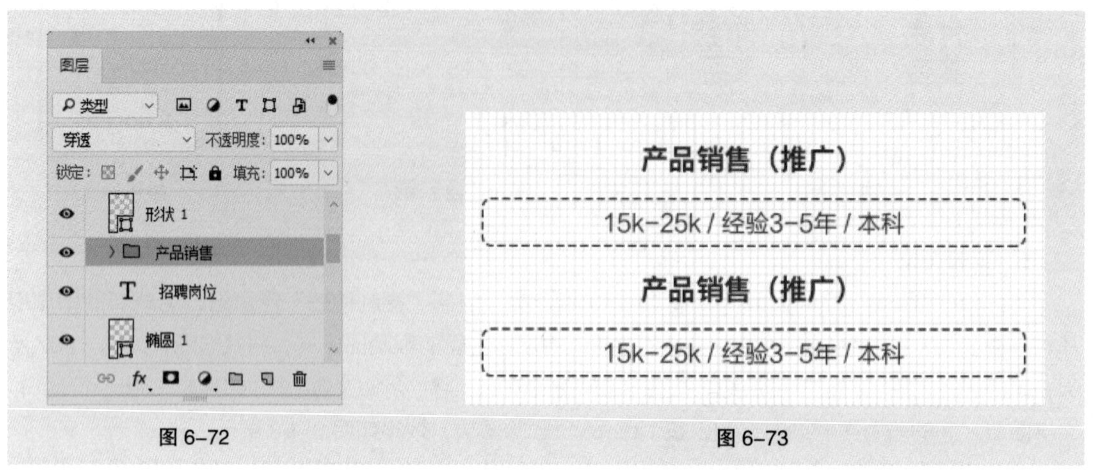


图 6-72　　图 6-73

（7）选择“横排文字”工具，分别选取并输入需要的文字，效果如图 6-74 所示。用相同的方法制作其他效果，如图 6-75 所示。

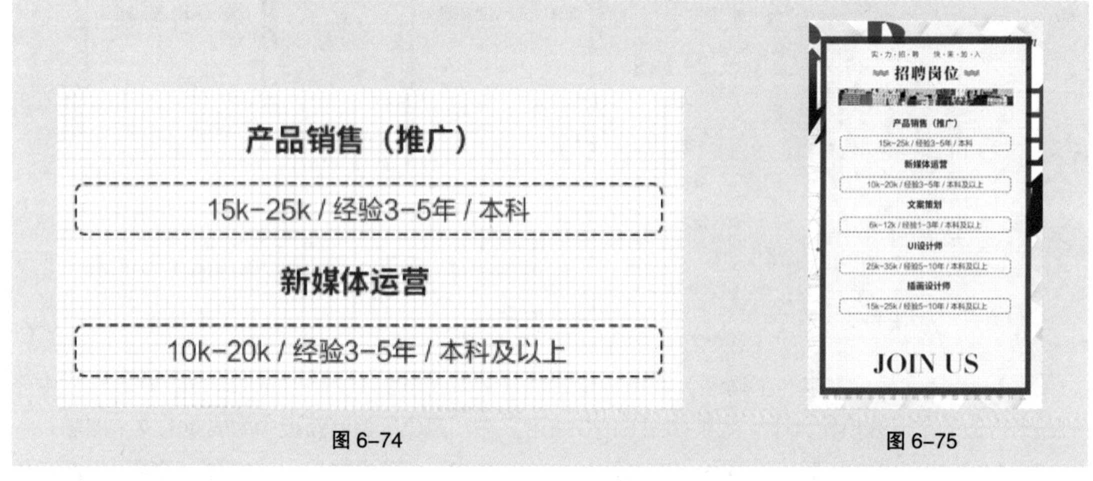


图 6-74　　图 6-75

**6. 招聘流程**

（1）在“图层”控制面板中，按 Ctrl+J 组合键，复制“招聘岗位”图层组，生成新的图层组并将其命名为“招聘流程”。单击“招聘岗位”图层组左侧的眼睛图标，将其隐藏，如图 6-76 所示。单击展开“招聘流程”图层组，按住 Shift 键的同时，将“插画设计师”图层组和“产品销售”图层组之间的所有图层同时选取，按 Delete 键删除图层，效果如图 6-77 所示。

（2）选择“横排文字”工具，选取文字“招聘岗位”，输入需要的文字，按 Enter 键确定操作，文字效果如图 6-78 所示。

（3）选择“横排文字”工具，在图像窗口中输入需要的文字并选取文字，在属性栏中选择合适的字体并设置大小，文字效果如图 6-79 所示，在“图层”控制面板中生成新的文字图层。

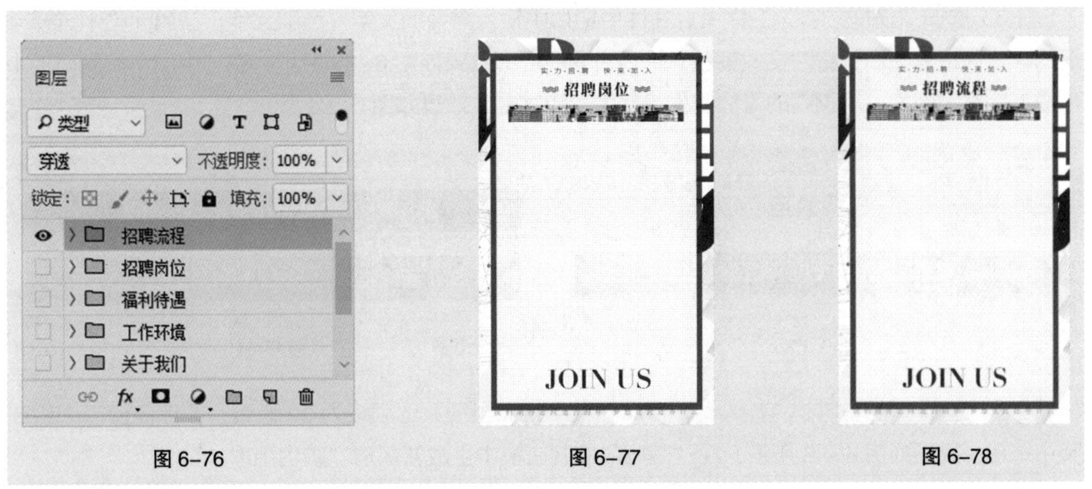


图 6–76　　图 6–77　　图 6–78

（4）选择“圆角矩形”工具，在属性栏中将“描边”选项设为深蓝色（160、164、180），在图像窗口中绘制圆角矩形，效果如图 6–80 所示，在“图层”控制面板中生成新图层“圆角矩形 2”。在“图层”控制面板中，按住 Ctrl 键的同时，选择“圆角矩形 2”和“网申报名”图层，按 Ctrl+G 组合键，编组图层并将其命名为“网申报名”。

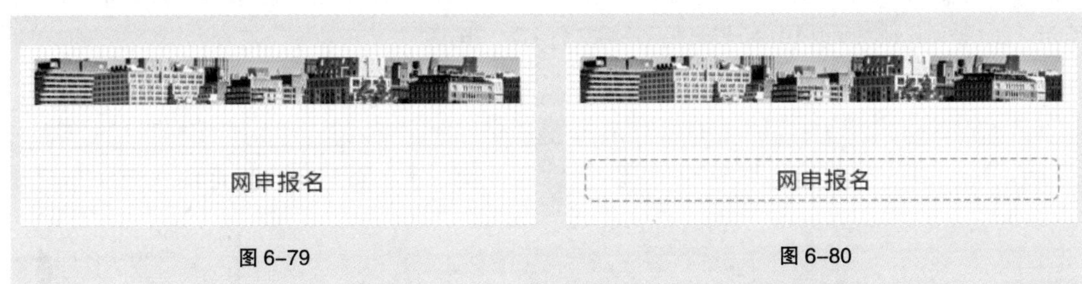


图 6–79　　图 6–80

（5）用相同的方法制作其他效果，效果如图 6–81 所示。选择“圆角矩形”工具，在属性栏中将“填充”选项设为深蓝色（43、58、96），“描边”选项设为无，在图像窗口中绘制圆角矩形，效果如图 6–82 所示，在“图层”控制面板中生成新图层“圆角矩形 3”。

网申报名
统一笔试
现场面试
体　检
签约录用

签约录用

图 6–81 　　图 6–82

（6）选择“横排文字”工具 T.，在图像窗口中输入需要的文字并选取文字，在属性栏中选择合适的字体并设置大小，将“文本颜色”选项设为白色，效果如图 6-83 所示，在“图层”控制面板中生成新的文字图层。用相同的方法制作其他图形和文字，效果如图 6-84 所示。

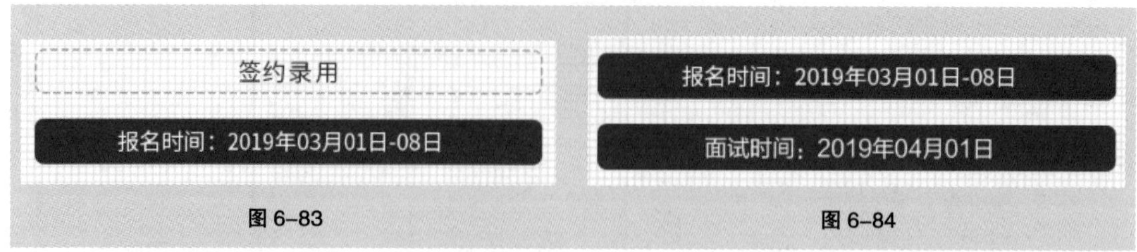


图 6-83　　图 6-84

（7）选择“圆角矩形”工具 ▢.，在属性栏中将“半径”选项设为 30 像素，在图像窗口中绘制圆角矩形，效果如图 6-85 所示，在“图层”控制面板中生成新图层“圆角矩形 4”。

（8）选择“横排文字”工具 T.，在图像窗口中输入需要的文字并选取文字，在属性栏中选择合适的字体并设置大小，效果如图 6-86 所示，在“图层”控制面板中生成新的文字图层。

（9）选择“文件 > 置入嵌入对象”命令，弹出“置入嵌入的对象”对话框，选择云盘中的“Ch06 > 文化传媒行业企业招聘 H5 制作 > 视觉设计 > 素材 > 09”文件，单击“置入”按钮，将图片置入到图像窗口中，将其拖曳到适当的位置并调整大小，按 Enter 键确定操作，效果如图 6-87 所示，在“图层”控制面板中生成新图层并将其命名为“电话”。

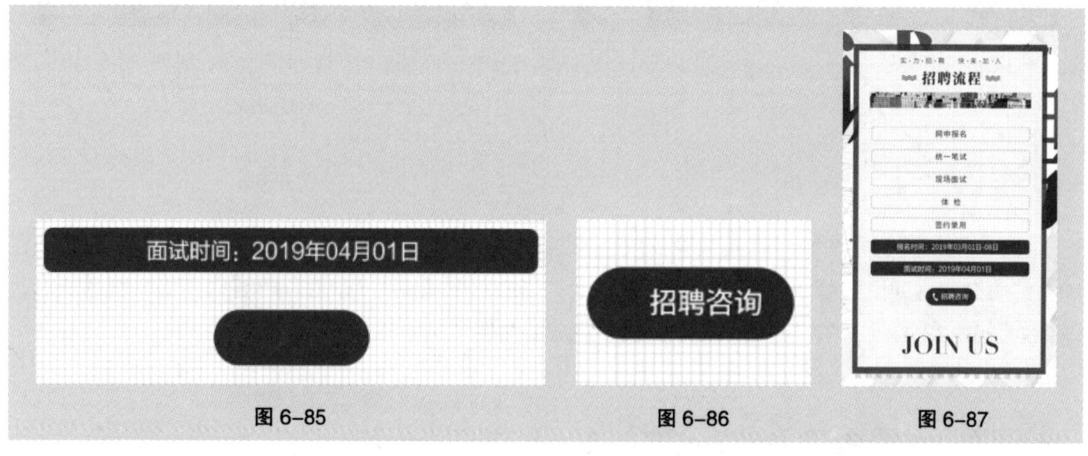


图 6-85　　图 6-86　　图 6-87

**7. 岗位申请**

（1）在“图层”控制面板中，按 Ctrl+J 组合键，复制“招聘流程”图层组，生成新图层组并将其命名为“岗位申请”。单击“招聘流程”图层组左侧的眼睛图标 ◉，将其隐藏。单击展开“岗位申请”图层组，按住 Shift 键的同时，将“网申报名”图层组和“电话”之间的所有图层同时选取，按 Delete 键删除图层。

（2）选择“横排文字”工具 T.，选取文字“招聘流程”，输入需要的文字，效果如图 6-88 所示。

（3）选择“横排文字”工具 T.，在图像窗口中分别输入需要的文字并选取文字，在属性栏中分别选择合适的字体并设置大小，效果如图 6-89 所示，在“图层”控制面板中分别生成新的文字图层。

（4）选择“文件 > 置入嵌入对象”命令，弹出“置入嵌入的对象”对话框，选择云盘中的“Ch06 > 文化传媒行业企业招聘 H5 制作 > 视觉设计 > 素材 > 10”文件，单击“置入”按钮，将图片置入到图像窗口中，将其拖曳到适当的位置并调整大小，按 Enter 键确定操作，效果如图 6–90 所示，在“图层”控制面板中生成新图层并将其命名为“公司二维码”。文化传媒行业企业招聘 H5 视觉效果制作完成。

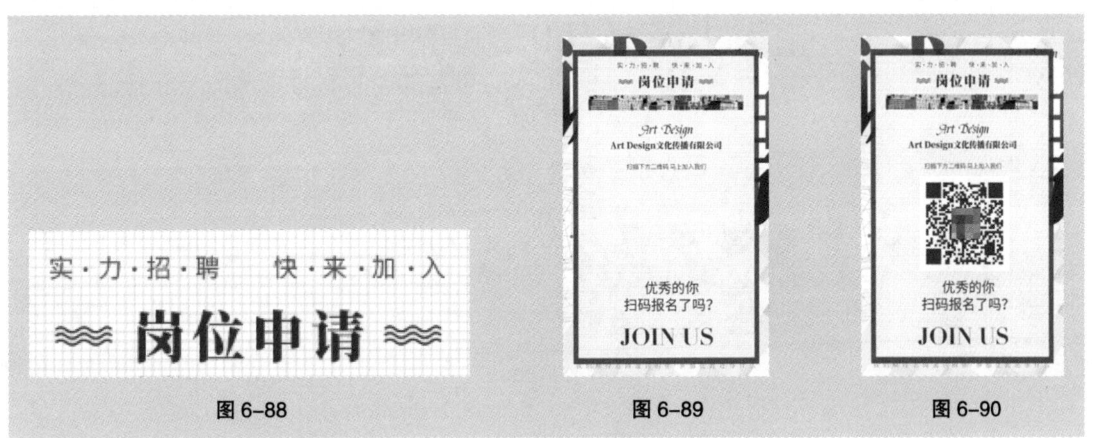


图 6–88　　图 6–89　　图 6–90

（5）在“图层”控制面板中，单击“岗位申请”图层组左侧的眼睛图标，将其隐藏。单击“首页”图层组左侧的眼睛图标，将其显示，单击展开“首页”图层组。

（6）选择“移动”工具，选取“底图”图层单击鼠标右键，在弹出的菜单栏中选择“快速导出为 PNG”选项，弹出“存储为”对话框，将“文件名”设为“01”，单击“保存”按钮，将图像保存。用相同的方法导出其他素材图片，如图 6–91 所示。

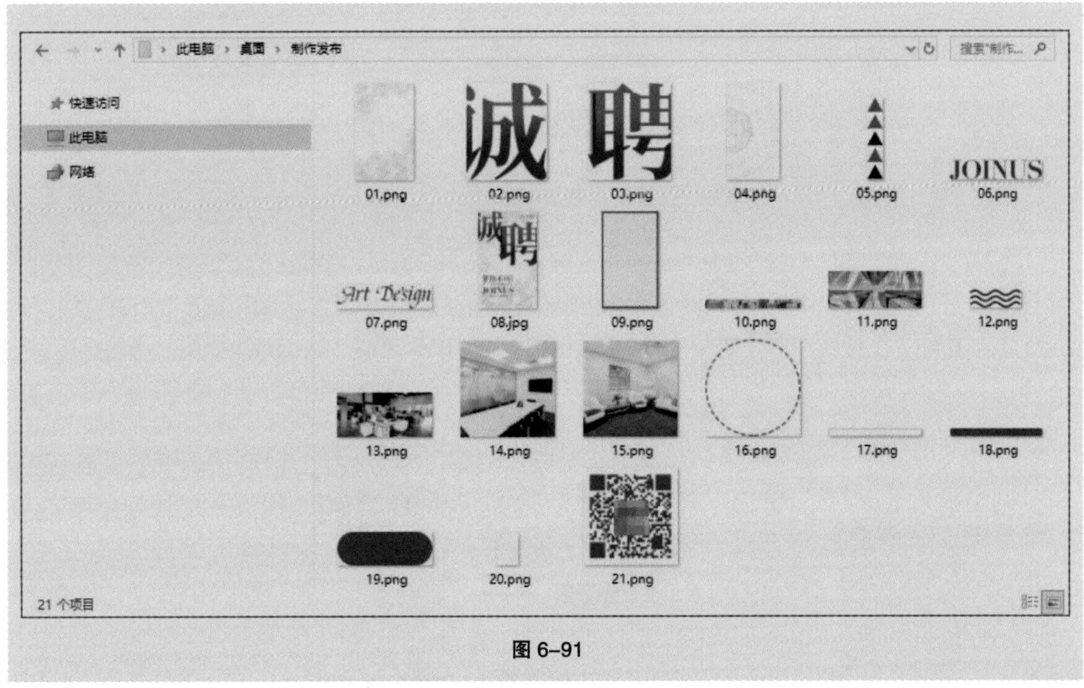


图 6–91

## 6.1.4　制作发布

（1）使用谷歌浏览器登录凡科官网。单击“凡科网附属产品”选项，如图 6–92 所示，在“未开通产品”中选择“微传单”，如图 6-93 所示，在弹出的面板中选择“免费开通”选项，进入“创建作品”页面，选择“从空白创建”，如图 6-94 所示。

图 6-92

图 6-93

图 6-94

（2）单击页面右侧“背景”面板中的空白区域，如图 6-95 所示。在弹出的对话框中单击“本地上传”按钮，分别选取云盘中的“Ch06 > 文化传媒行业企业招聘 H5 制作 > 制作发布”所有文件，单击“打开”按钮，上传图片，如图 6-96 所示。点击使用“01”素材，页面效果如图 6-97 所示。

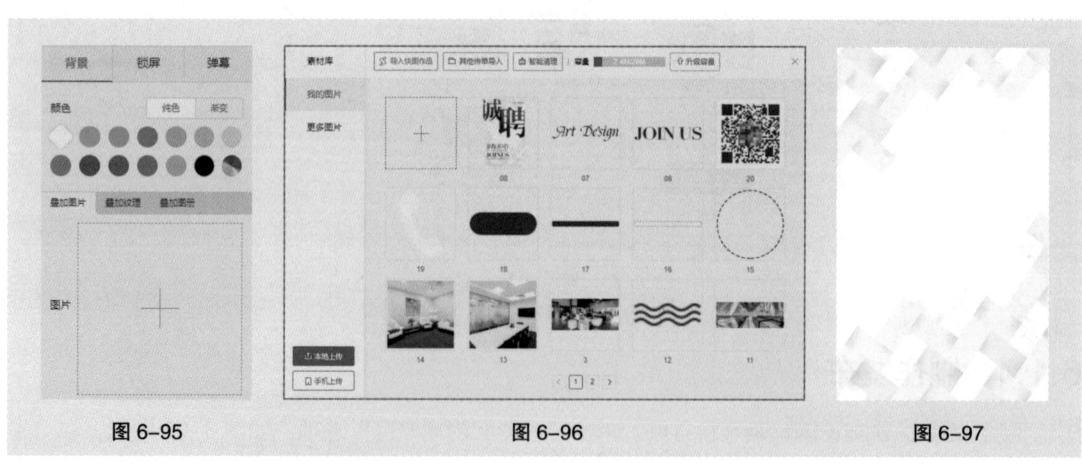

图 6-95　　图 6-96　　图 6-97

（3）单击页面上方的“素材”选项，在弹出的对话框中点击使用“02”素材，将其拖曳到适当的位置，在页面空白处单击鼠标，效果如图 6-98 所示。单击选取素材，将页面右侧的面板切换到“动画”，单击使用“向右飞入”入场动画，其他选项的设置如图 6-99 所示。用相同的方法添加其他素材，并为其添加动画，页面效果如图 6-100 所示。

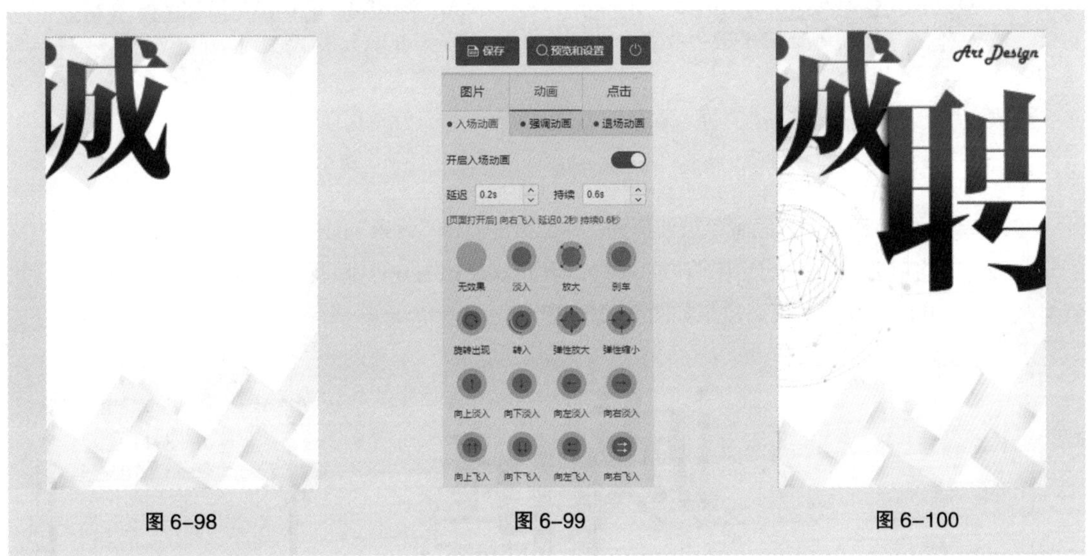

图 6-98　　图 6-99　　图 6-100

（4）单击“文本”选项，在弹出的菜单中选择“副标题”，输入需要的文字，选择合适的字体并设置文字大小，设置文字颜色为深蓝色，拖曳到适当的位置，如图 6-101 所示。将页面右侧的面板切换到“动画”，选择文字动画，单击使用“向上飞入”入场动画。用相同的方法输入其他文字并添加动画，页面效果如图 6-102 所示。

图 6-101　　图 6-102

（5）单击页面上方的“素材”选项，在弹出的对话框中选取需要的素材，分别将其拖曳到适当的位置并添加动画，在页面空白处单击鼠标，效果如图 6-103 所示。用上述方法输入文字并添加动画，将其拖曳到适当的位置，效果如图 6-104 所示。

图 6-103　　图 6-104

（6）单击效果右侧的“播放页面”按钮，即可观看页面效果，如图 6-105 所示。单击页面右上方的“保存”按钮，保存页面效果，如图 6-106 所示。

图 6-105　　图 6-106

（7）单击“页面 1”下方区域添加新页面。单击页面右侧“背景”面板中的空白区域，如图 6-107 所示，在弹出的对话框中单击使用“08”素材，页面效果如图 6-108 所示。用相同的方法添加其他素材及文字，并添加动画，页面效果如图 6-109 所示。

图 6-107　　图 6-108　　图 6-109

（8）单击“页面 2”下方的“复制”按钮，复制页面，如图 6-110 所示。双击选取并输入文字，选择合适的字体，效果如图 6-111 所示。

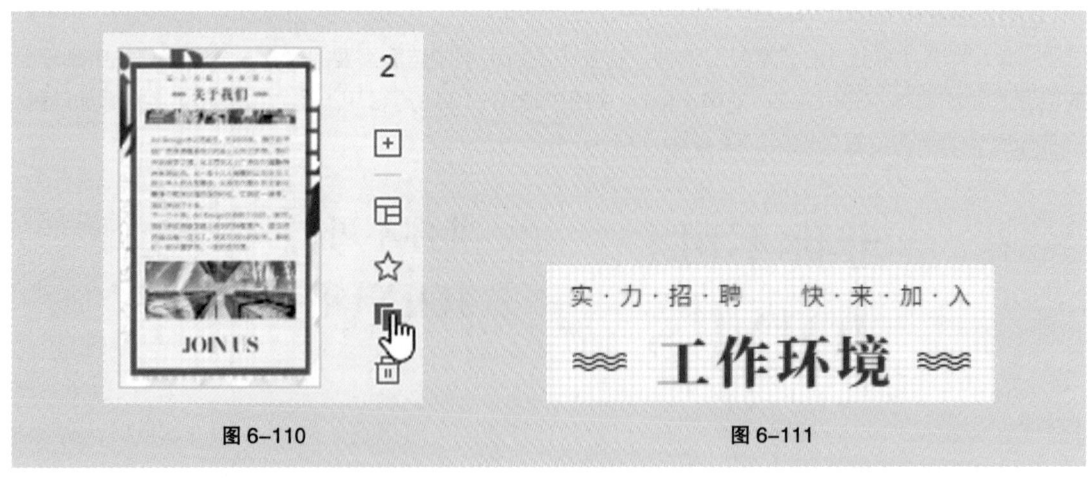


图 6-110　　图 6-111

（9） 单击选取文字，在弹出的属性栏中点击“删除”按钮，删除文字，如图 6-112 所示。用相同的方法删除下方图片，效果如图 6-113 所示。

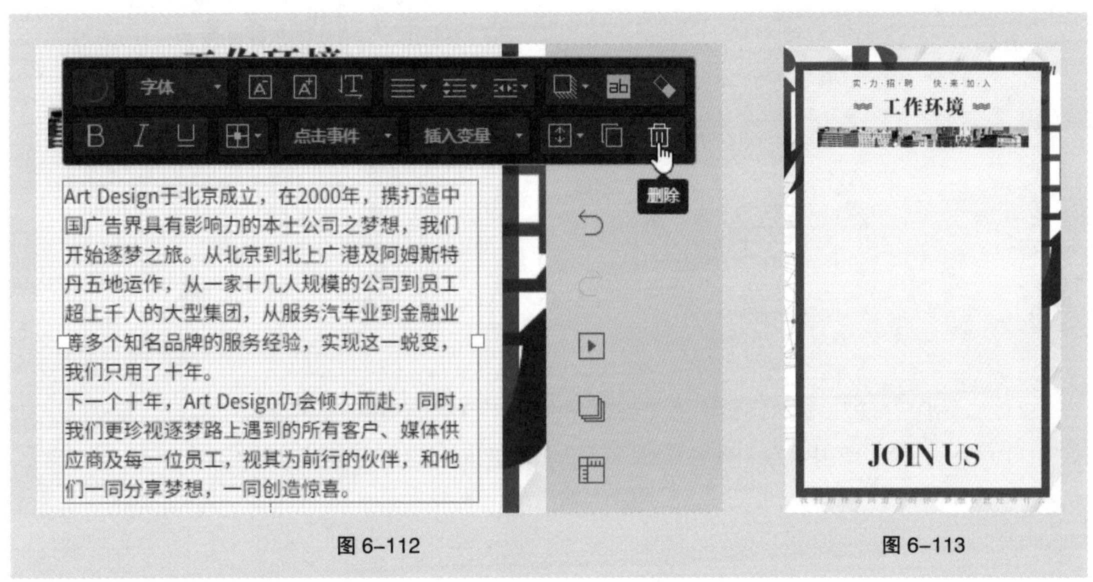


图 6-112　　图 6-113

（10）单击页面上方的“素材”选项，在弹出的对话框中单击使用“13”素材，将其拖曳到适当的位置，如图 6-114 所示。将页面右侧的面板切换到“动画”，单击使用“向左飞入”入场动画，其他选项的设置如图 6-115 所示。用相同的方法添加其他素材及文字，并为其添加动画，页面效果如图 6-116 所示。

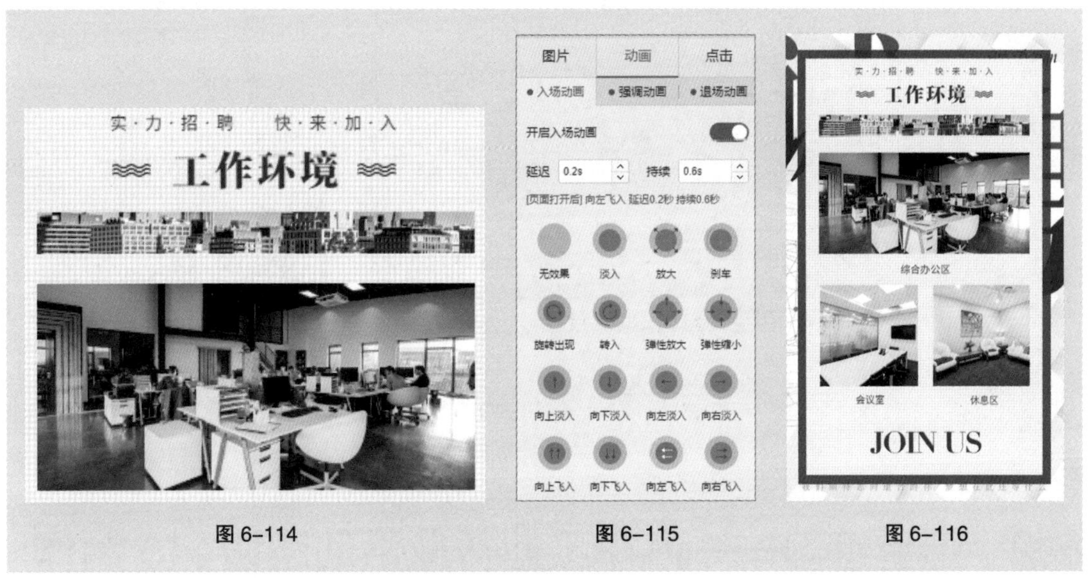


图 6-114　　图 6-115　　图 6-116

（11）用上述方法制作其他页面效果。单击页面右上方的“音乐”按钮，打开“背景音乐”选项，如图 6-117 所示，单击“选择音乐”按钮，在弹出的面板中选取背景音乐。单击页面右上方的“预览和设置”按钮，保存并预览效果，如图 6-118 所示。

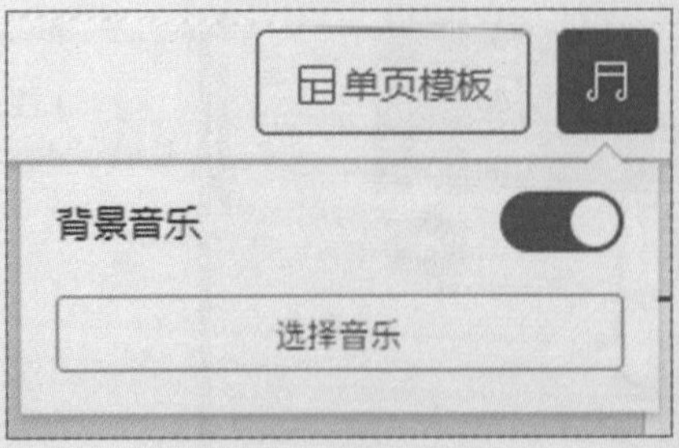

图 6-117

图 6-118

（12）单击“基础设置”面板中的“编辑分享样式”按钮，在弹出的面板中编辑分享样式，如图 6-119 所示。单击效果下方“手机预览”或“分享作品”按钮，扫描二维码即可分享作品。文化传媒行业企业招聘 H5 制作发布完成，扫码即可观看最终效果。

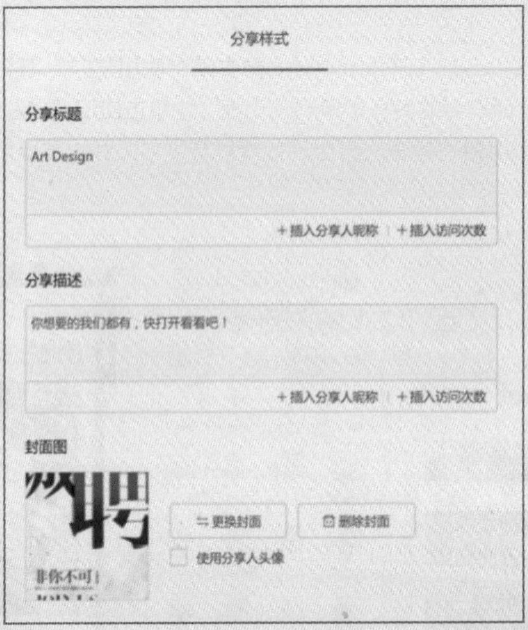

扫码观看
本案例 H5

图 6-119

## 6.2 课堂练习——汽车工业行业活动邀请 H5 制作

【练习知识要点】使用谷歌浏览器登录 iH5 官网，使用 Photoshop 软件制作页面的视觉效果，使用 iH5 的动效和翻页功能制作最终效果，效果如图 6-120 所示。

【效果所在位置】云盘 /Ch06/ 汽车工业行业活动邀请 H5 制作。

扫码观看
本案例

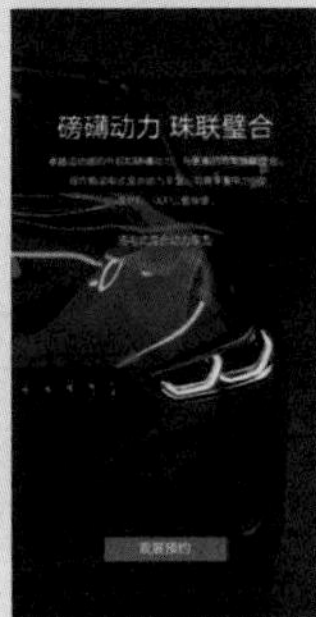

扫码观看
本案例视频

扫码观看
本案例视频

图 6-120

## 6.3 课后习题——教育咨询行业培训招生 H5 制作

【习题知识要点】使用谷歌浏览器登录凡科官网，使用凡科微传单制作教育咨询行业培训招生 H5，使用 Photoshop 软件制作各个页面的视觉效果，使用凡科微传单的翻页和趣味中的快闪功能制作最终效果，效果如图 6-121 所示。

【效果所在位置】云盘 /Ch06/ 教育咨询行业培训招生 H5 制作。

扫码观看
本案例视频

扫码观看
本案例视频

扫码观看
本案例视频

扫码观看
本案例

扫码观看
本案例 H5

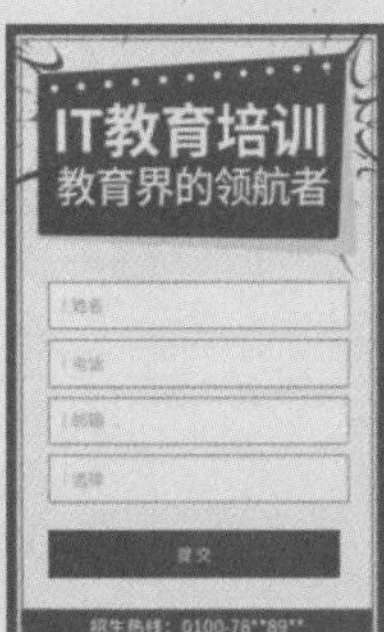


图 6-121

# 07 第7章 长页滑动 H5 制作

## 本章介绍

长页滑动 H5 的本质是一镜到底展示信息内容，其免去了用户翻页跳转的操作，可以更好地提高用户浏览体验。本章从实战角度对长页滑动 H5 的项目策划、交互设计、视觉设计以及制作发布进行系统讲解与演练。通过对本章的学习，读者可以对长页滑动 H5 有一个基本的认识，并快速掌握设计制作常用长页滑动 H5 的方法。

### 学习目标

- 了解食品餐饮行业产品介绍 H5 的项目策划
- 掌握食品餐饮行业产品介绍 H5 的交互设计

### 技能目标

- 掌握食品餐饮行业产品介绍 H5 的视觉设计
- 掌握食品餐饮行业产品介绍 H5 的制作发布

长页滑动 H5 制作

# 7.1 课堂案例——食品餐饮行业产品介绍 H5 制作

【案例学习目标】了解食品餐饮行业产品介绍 H5 项目策划及交互设计，掌握使用 Photoshop 软件制作 H5 页面视觉效果的方法。学习使用 iH5 制作页面效果，使用 iH5 的使用滚动条功能制作最终效果和发布的方法。

【案例知识要点】使用谷歌浏览器登录 iH5 官网，使用 iH5 制作食品餐饮行业产品介绍 H5，使用 Photoshop 软件制作页面的视觉效果。使用 iH5 的使用滚动条功能制作最终效果，效果如图 7-1 所示。

【效果所在位置】云盘 /Ch07/ 食品餐饮行业产品介绍 H5 制作。

## 7.1.1 项目策划

Tree Cake 是一家致力提供新鲜美味的线上蛋糕品牌，本次想借助 H5 推广店内热销蛋糕，达到用户关注品牌进行购买的目的。在内容上，将页面内容分为品牌介绍以及产品介绍两部分。在视觉上，以蛋糕图片为主，采用金色和白色，凸显蛋糕的新鲜度和高品质。在制作上，主要运用长页的表现形式提高用户浏览体验。

## 7.1.2 交互设计

通过前期基本的项目策划，对这支 H5 的原型进行了梳理，并运用 Axure 进行了绘制，如图 7-2 所示。

## 7.1.3 视觉设计

（1）打开 Photoshop 软件。按 Ctrl+N 组合键，新建一个文件，宽度为 640 像素，高度为 5244 像素，分辨率为 72 像素 / 英寸，背景内容为白色，如图 7-3 所示，单击“创建”按钮，完成文档新建。

（2）选择“矩形”工具▭，在页面中单击，弹出“创建矩形”对话框，设置如图 7-4 所示，单击“确定”按钮，创

图 7-1　　图 7-2

建矩形。选择“移动”工具，将其拖曳到适当的位置，效果如图 7-5 所示，在“图层”控制面板中生成新的形状图层“矩形 1”。

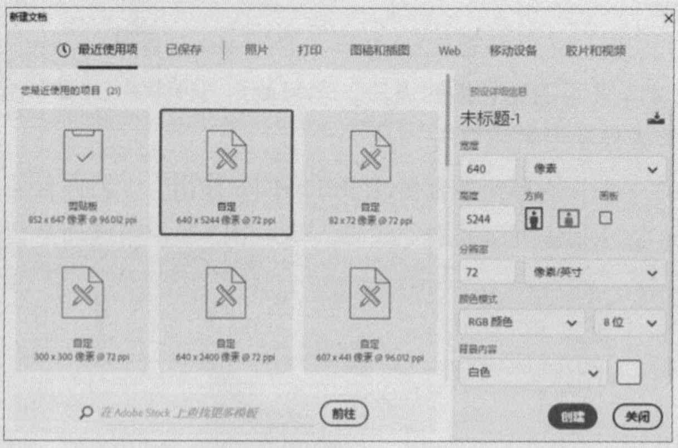

图 7-3

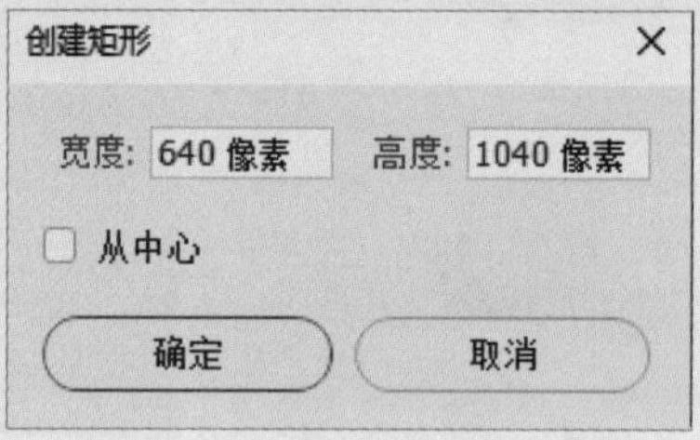

图 7-4

图 7-5





（3）选择“文件 > 置入嵌入对象”命令，弹出“置入嵌入的对象”对话框，选择云盘中的“Ch07 > 食品餐饮行业产品介绍 H5 制作 > 视觉设计 > 素材 > 01”文件，单击“置入”按钮，将图片置入到图像窗口中，将其拖曳到适当的位置并调整大小，按 Enter 键确定操作。按 Alt+Ctrl+G 组合键，为图层创建剪贴蒙版，效果如图 7-6 所示。

（4）选择“横排文字”工具，在适当的位置输入需要的文字并选取文字，在属性栏中选择合适的字体并设置大小，将“文本颜色”选项设为咖啡色（137、102、74）。按 Alt+ ↑ 组合键，适当调整文字的行距，效果如图 7-7 所示，在“图层”控制面板中生成新的文字图层。选取字母“B”，选择“窗口 > 字符”命令，在弹出的面板中进行设置，如图 7-8 所示，按 Enter 键确定操作，效果如图 7-9 所示。

图 7-6　　图 7-7

图 7-8　　图 7-9

（5）再次分别输入需要的文字并选取文字，在“字符”面板中进行设置，如图 7-10 所示，按 Enter 键确定操作，效果如图 7-11 所示，在“图层”控制面板中分别生成新的文字图层。

图 7-10　　图 7-11

（6）选择“直线”工具，将属性栏中的“选择工具模式”选项设为“形状”，将“填充”选项设为咖啡色（137、102、74），“描边”选项设为无，“H”选项设为 1 像素。按住 Shift 键的同时，在图像窗口中绘制直线，如图 7-12 所示，在“图层”控制面板中生成新的形状图层“形状 1”。选择“路径选择”工具，选取图形，按住 Alt+Shift 组合键的同时，水平向右拖曳到适当的位置，复制图形，效果如图 7-13 所示。

图 7-12　　图 7-13

（7）按 Ctrl + O 组合键，打开云盘中的“Ch07 > 食品餐饮行业产品介绍 H5 制作 > 视觉设计 > 素材 > 02”文件，选择“移动”工具，将“蛋糕”图形拖曳到图像窗口中适当的位置，效果如图 7–14 所示，在“图层”控制面板中生成新的形状图层“蛋糕”。按住 Shift 键的同时，单击“矩形 1”形状图层，将需要的图层同时选取，按 Ctrl+G 组合键，群组图层并将其命名为“首屏”。

（8）选择“自定形状”工具，单击属性栏中的“形状”选项，弹出“形状”面板，单击面板右上方的按钮，在弹出的菜单中选择“装饰”命令，弹出提示对话框，单击“确定”按钮。在“形状”面板中选中图形“装饰 5”，如图 7–15 所示，在图像窗口中绘制图形，效果如图 7–16 所示。

图 7–14　　图 7–15

图 7–16

（9）选择“横排文字”工具，在适当的位置输入需要的文字并选取文字，在属性栏中选择合适的字体并设置大小，按 Alt+ → 组合键，适当调整文字的字距，效果如图 7–17 所示，在“图层”控制面板中生成新的文字图层。

（10）选择“直线”工具，按住 Shift 键的同时，在图像窗口中绘制直线，如图 7–18 所示，在“图层”控制面板中生成新的形状图层“形状 3”。选择“路径选择”工具，选取图形，按住 Alt+Shift 组合键的同时，水平向右拖曳到适当的位置，复制图形，效果如图 7–19 所示。

图 7–17　　图 7–18　　图 7–19

（11）选择“矩形”工具，在适当的位置绘制矩形，如图 7–20 所示，在“图层”控制面板中生成新的形状图层“矩形 2”。

（12）选择“文件 > 置入嵌入对象”命令，弹出“置入嵌入的对象”对话框，选择云盘中的

“Ch07 > 食品餐饮行业产品介绍 H5 制作 > 视觉设计 > 素材 > 03”文件，单击“置入”按钮，将图片置入到图像窗口中，将其拖曳到适当的位置并调整其大小，按 Enter 键确定操作，在“图层”控制面板中生成新的图层并将其命名为“图 1”。按 Alt+Ctrl+G 组合键，为图层创建剪贴蒙版，效果如图 7-21 所示。

图 7-20　　图 7-21

（13）选择“横排文字”工具 T，在适当的位置输入需要的文字并选取文字，在属性栏中选择合适的字体并设置大小，按 Alt+ → 组合键，适当调整文字的字距，效果如图 7-22 所示，在“图层”控制面板中生成新的文字图层。用相同的方法输入其他文字，效果如图 7-23 所示。

（14）选择“直线”工具 ／，按住 Shift 键的同时，在图像窗口中绘制直线，如图 7-24 所示，在“图层”控制面板中生成新的形状图层“形状 4”。

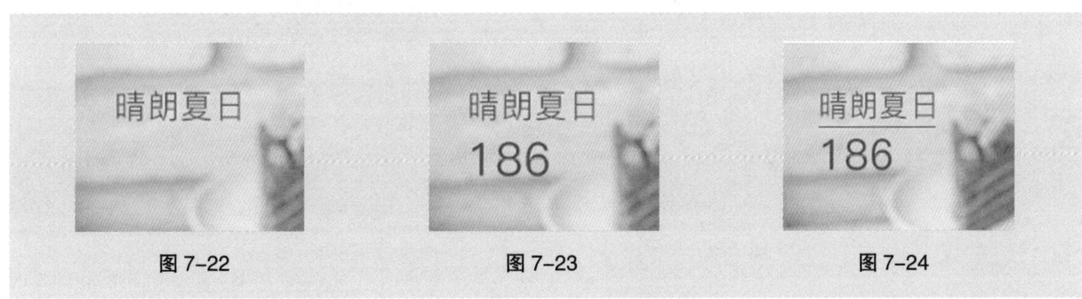


图 7-22　　图 7-23　　图 7-24

（15）选择“直排文字”工具 IT，在适当的位置输入需要的文字并选取文字，在属性栏中选择合适的字体并设置大小，如图 7-25 所示，效果如图 7-26 所示，在“图层”控制面板中生成新的文字图层。按住 Shift 键的同时，单击“矩形 2”图层，将需要的图层同时选取。按 Ctrl+G 组合键，群组图层并将其命名为“晴朗夏日”。

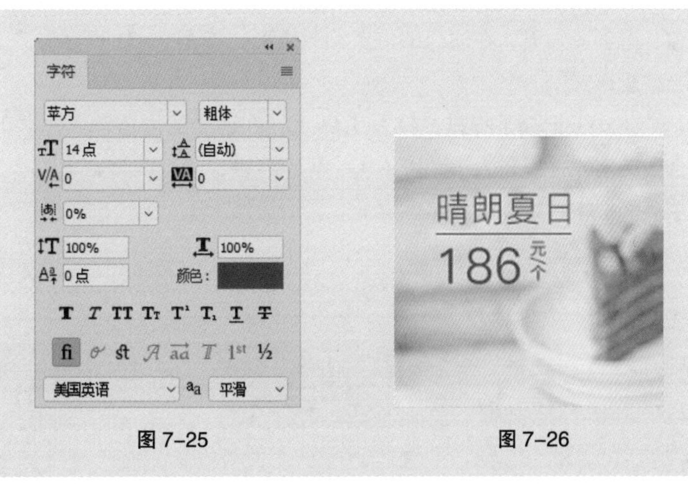


图 7-25　　图 7-26

（16）用相同的方法制作其他图形，“图层”控制面板如图 7–27 所示。按住 Shift 键的同时，将“形状 2”和“美之旋律”图层组之间的所有图层同时选取，按 Ctrl+G 组合键，群组图层并将其命名为“系列蛋糕”，如图 7–28 所示。

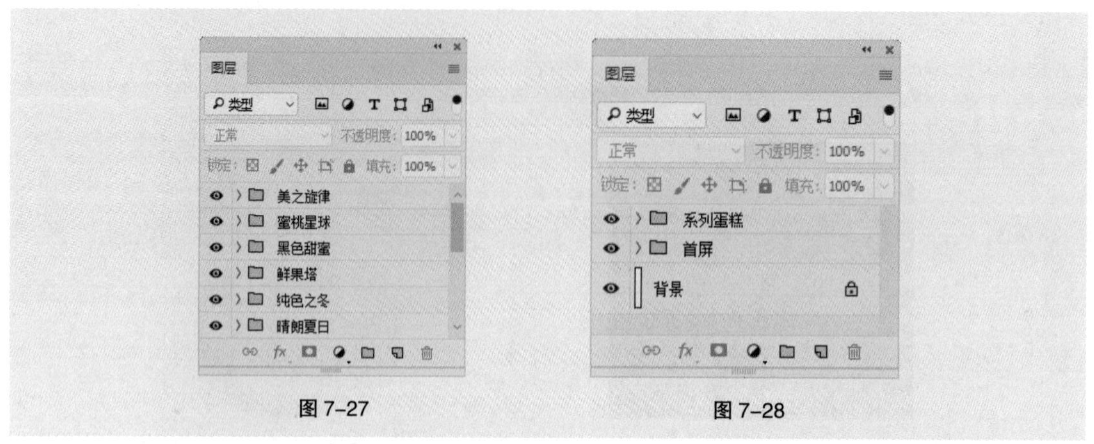

图 7–27　　图 7–28

（17）在 02 图像窗口中，选择“移动”工具，选取“二维码”，将其拖曳到图像窗口中适当的位置，效果如图 7–29 所示，在“图层”控制面板中生成新的形状图层“二维码”。

（18）选择“横排文字”工具T，在适当的位置输入需要的文字并选取文字，在属性栏中选择合适的字体并设置大小，效果如图 7–30 所示，在“图层”控制面板中生成新的文字图层。

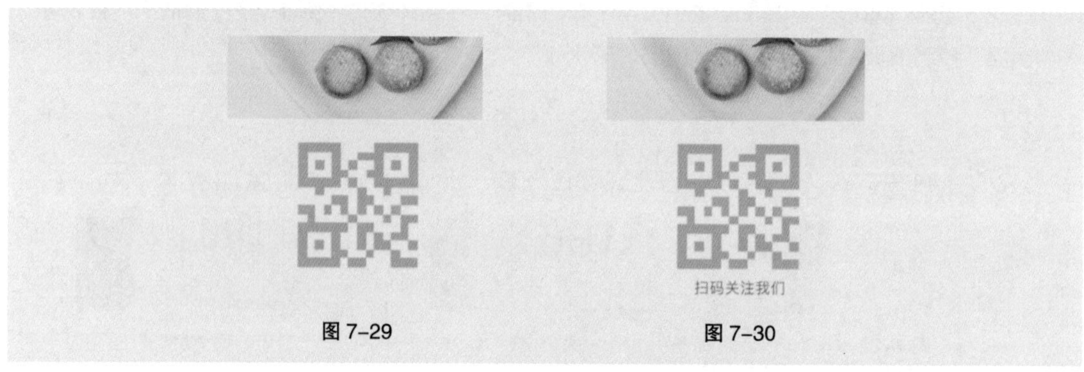

图 7–29　　图 7–30

（19）选择“矩形”工具，在属性栏中将“填充”选项设为浅灰色（209、192、165），“描边”选项设为无，在适当的位置绘制矩形，如图 7–31 所示，在“图层”控制面板中生成新的形状图层“矩形 3”。

（20）选择“横排文字”工具T，在适当的位置输入需要的文字并选取文字，在属性栏中选择合适的字体并设置大小，按 Alt+ → 组合键，适当调整文字的字距，效果如图 7–32 所示，在“图层”控制面板中生成新的文字图层。

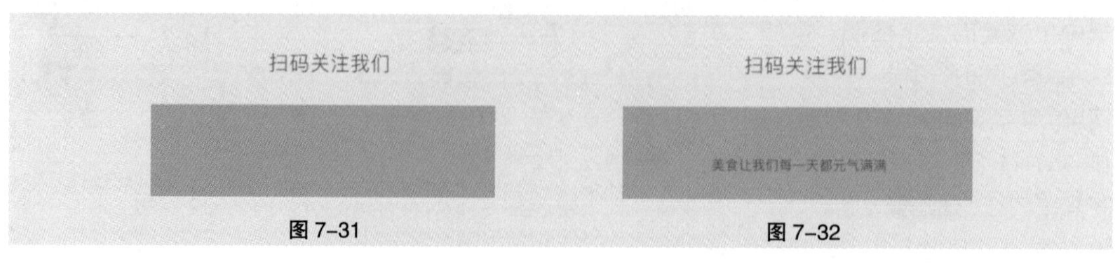

图 7–31　　图 7–32

（21）选择“直线”工具，在属性栏中将“填充”选项设为棕色（137、102、74），按住Shift键的同时，在图像窗口中绘制直线，如图7–33所示，在“图层”控制面板中生成新的形状图层“形状5”。选择“路径选择”工具，选取图形，按住Alt+Shift组合键的同时，水平向右拖曳到适当的位置，复制图形，效果如图7–34所示。

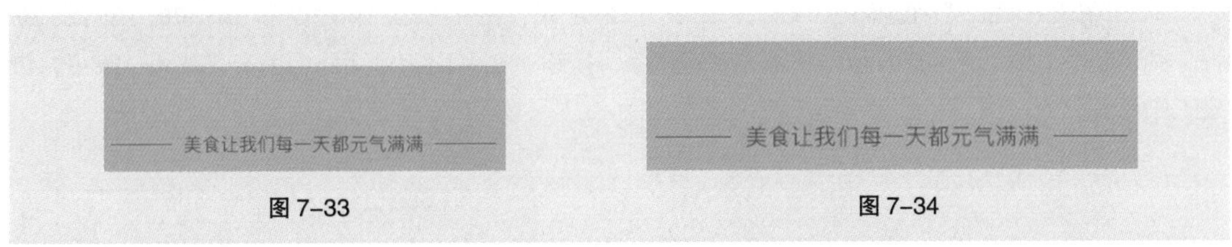

图7–33　　图7–34

（22）选择“自定形状”工具，在图像窗口中绘制图形，效果如图7–35所示，在“图层”控制面板中生成新的形状图层“形状6”。按住Shift键的同时，单击“二维码”图层，将需要的图层同时选取，按Ctrl+G组合键，群组图层并将其命名为“信息”。

图7–35

（23）选择“切片”工具，在图像窗口中拖曳鼠标绘制选区，如图7–36所示，效果如图7–37所示。用相同的方法制作其他切片效果。

图7–36　　图7–37

（24）选择“文件 > 导出 > 存储为Web所用格式”命令，弹出“存储为Web所用格式”对话框，保存为PNG–8格式。单击“存储…”按钮，弹出“将优化结果存储为”对话框，单击“保存”按钮，将图片保存，并分别为其重命名。

### 7.1.4　制作发布

（1）使用谷歌浏览器打开iH5官网（https：//www.ih5.cn），单击右侧的“注册”按钮，如图7–38所示，注册并登录。

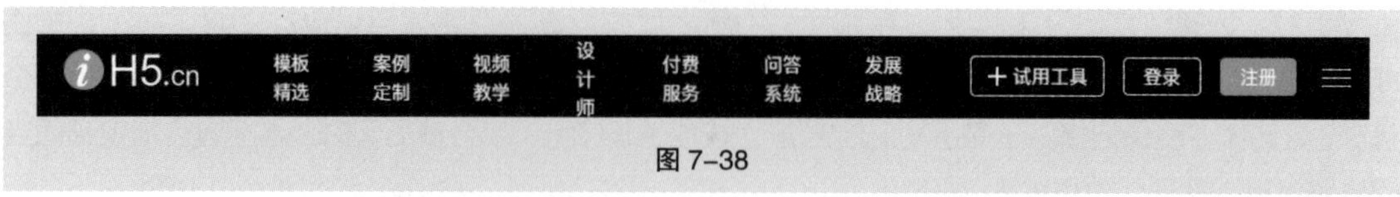


图 7-38

（2）单击右侧的“创建作品”按钮，如图 7-39 所示，在弹出的“新建作品”对话框中选择“新版工具”选项，如图 7-40 所示，单击“创建作品”按钮，在弹出的对话框中单击“关闭”按钮，进入工作页面。

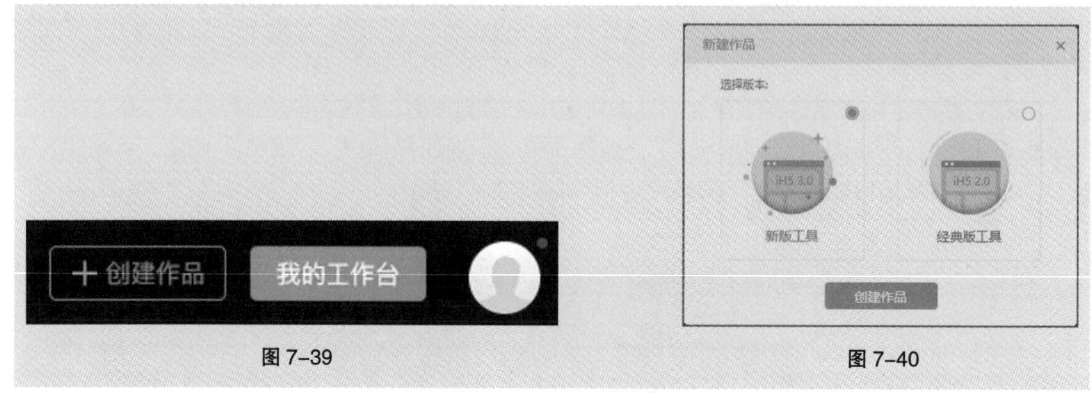


图 7-39　　图 7-40

（3）单击右侧“对象树”控制面板下方的“页面”按钮，生成新的图层“页面 1”，如图 7-41 所示。选择“页面 1”图层，选取云盘中的“Ch07 > 食品餐饮行业产品介绍 H5 制作 > 制作发布 > 01~09”文件，分别将其拖曳到图像窗口中适当的位置，效果如图 7-42 所示，在“对象树”控制面板中生成新的图片图层，如图 7-43 所示。

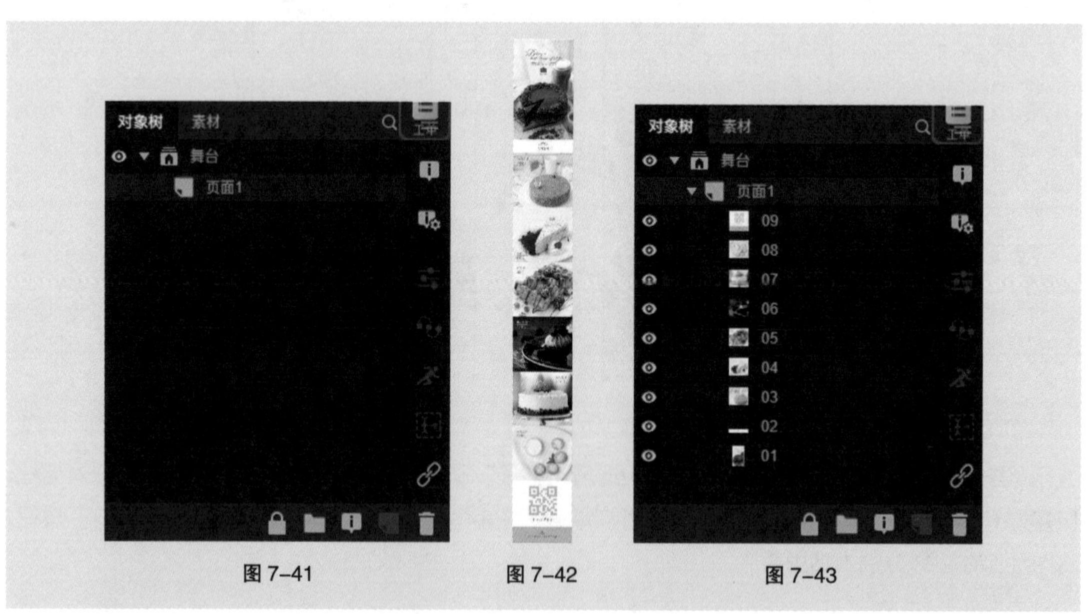


图 7-41　　图 7-42　　图 7-43

（4）单击“页面 1 的属性”面板中的“剪切”选项，在弹出的下拉列表中选择“使用滚动条”选项，如图 7-44 所示。在“对象树”控制面板中单击选取“01”图层，在页面上方的菜单栏中选择“动效”命令，在弹出的下拉菜单中单击选取“飞入（从上）”选项，如图 7-45 所示。

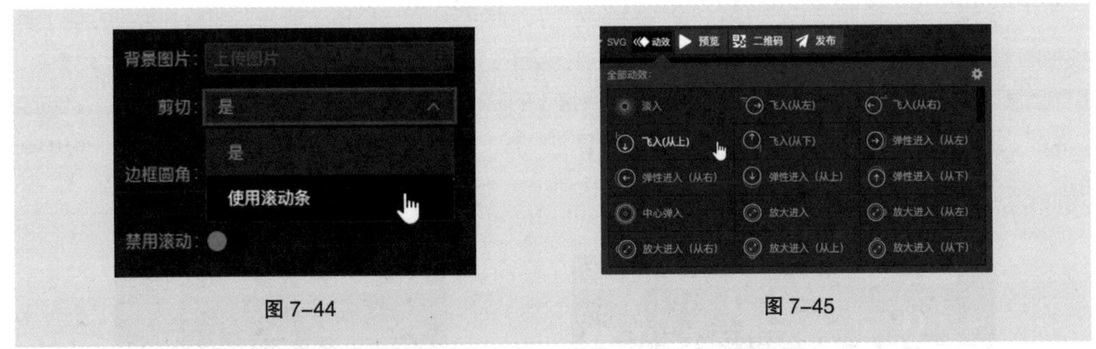


图 7-44　　图 7-45

（5）在“对象树”控制面板中单击选取“02”图层，选择“动效”命令，在弹出的下拉菜单中单击选取“飞入（从左）”选项，如图 7-46 所示。在“对象树”控制面板中单击选取“飞入（从左）”图层，在左侧“飞入（从左）的属性”面板中将“启动延时”选项设为 1，其他选项的设置如图 7-47 所示。

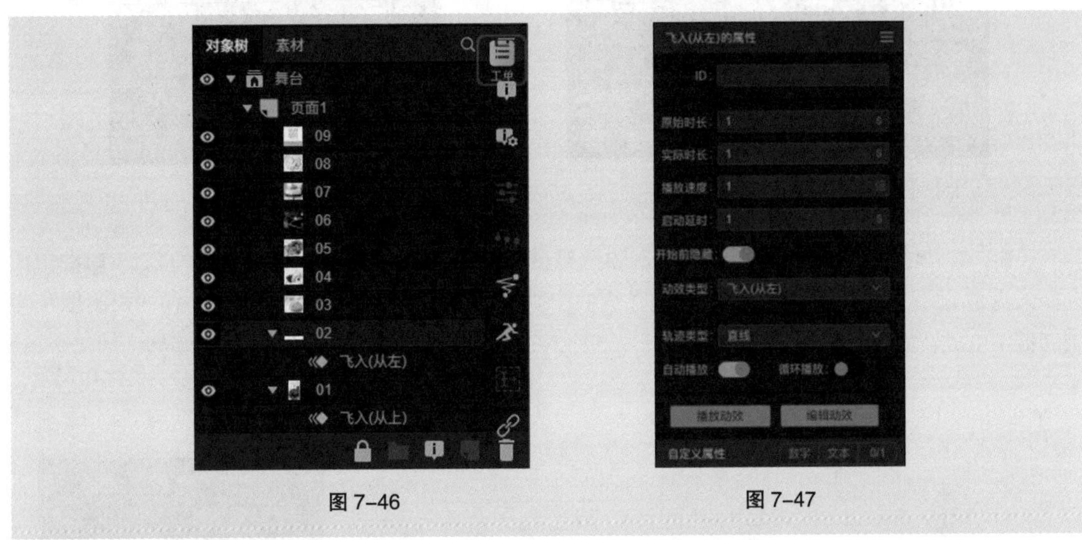


图 7-46　　图 7-47

（6）在“对象树”控制面板中单击选取“03”图层，选择“动效”命令，在弹出的下拉菜单中单击选取“飞入（从右）”选项，如图 7-48 所示。在“对象树”控制面板中单击选取“飞入（从右）”图层，在左侧“飞入（从右）的属性”面板中将“启动延时”选项设为 2，如图 7-49 所示。

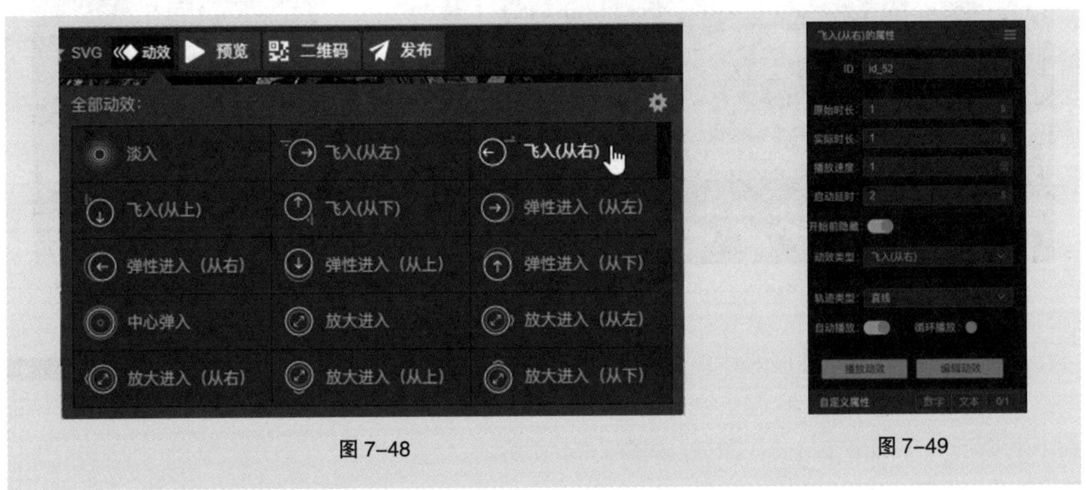


图 7-48　　图 7-49

（7）用上述方法制作其他动效。在“对象树”控制面板中单击选取“舞台”图层，单击左侧工具栏中的“微信”按钮，在“对象树”控制面板中生成新的“微信 1”图层，如图 7-50 所示。在“对象树”控制面板中单击选取“微信 1”图层，在左侧“微信 1 的属性”面板中，在“标题”文本框中输入“Tree Cake”，在“描述”文本框中输入“一起来品尝吧！”，单击“分享截图”选项，在弹出的面板中选取云盘中的“Ch07 > 食品餐饮行业产品介绍 H5 制作 > 制作发布 > 01”文件，如图 7-51 所示。

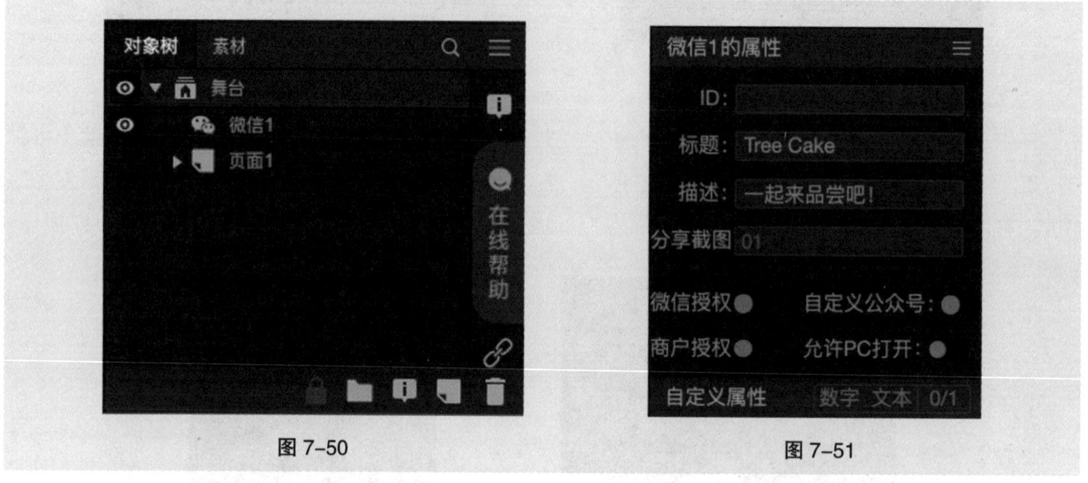


图 7-50

图 7-51

（8）在“对象树”控制面板中单击选取“舞台”图层，单击左侧工具栏中的“音频”按钮，选择云盘中的“Ch07 > 品餐饮行业产品介绍 H5 制作 > 制作发布 > 配乐”文件，在“对象树”控制面板中生成新的音乐图层“配乐.mp3”，如图 7-52 所示。在“属性”面板中进行设置，如图 7-53 所示。

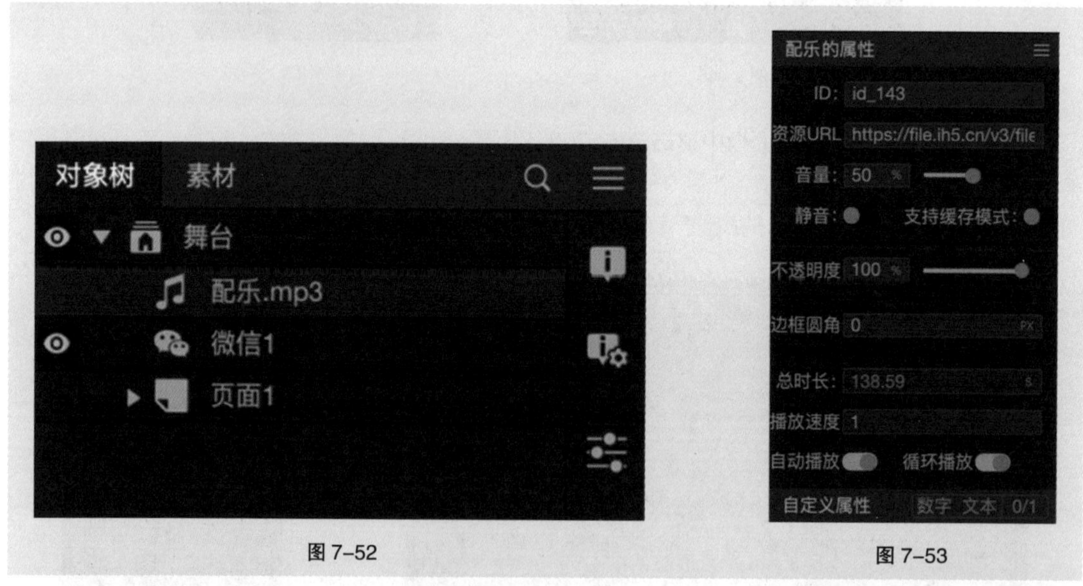


图 7-52

图 7-53

（9）在“对象树”控制面板中单击选取“舞台”图层，将鼠标移动至页面上方的“小模块”按钮上，在弹出面板中选择“音乐控制”并挑选合适的按钮，如图 7-54 所示，在“对象树”控制面板中生成新的“音乐控制 3-1”图层，如图 7-55 所示。

图 7-54

图 7-55

（10）在“对象树”控制面板中单击选取“音乐控制 3–1”图层，单击面板右上方的“事件”按钮，添加事件，在弹出的面板中进行设置，如图 7–56 所示。

图 7–56

（11）在“对象树”控制面板中单击选取“页面 1”图层，将鼠标移动至页面上方的“小模块”按钮上，在弹出面板中选择“全部”并挑选合适的按钮，如图 7–57 所示，在“对象树”控制面板中生成新的“向上滑动 2–1”图层，如图 7–58 所示。

（12）单击菜单栏中的“发布”按钮，弹出提示“请先进行实名认证再发布作品”，提交实名认证后，即可成功发布作品，并生成二维码和小程序链接，如图 7–59 所示。

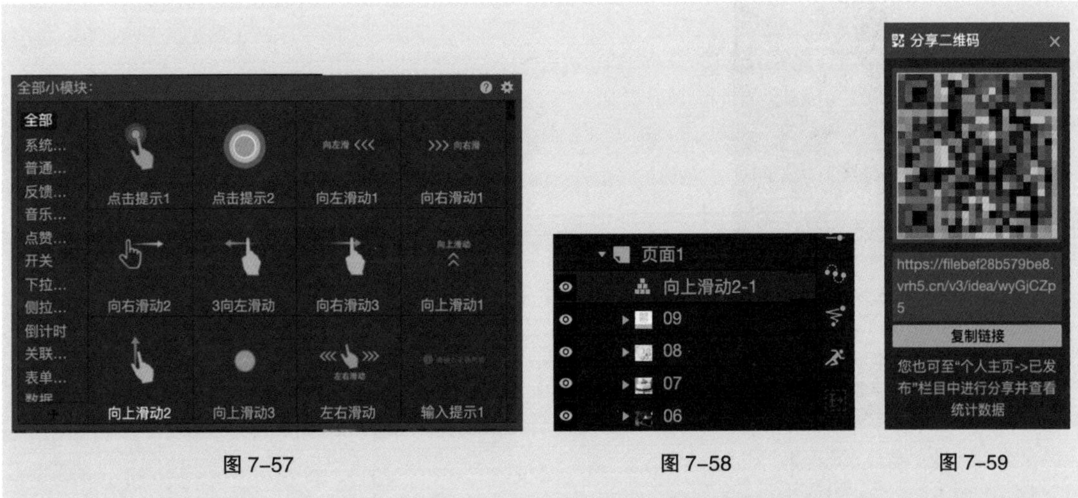


图 7–57　　图 7–58　　图 7–59

# 7.2 课堂练习——文化传媒行业活动邀请 H5 制作

【练习知识要点】使用谷歌浏览器登录 iH5 官网，使用 iH5 制作文化传媒行业活动邀请 H5，使用 Photoshop 软件制作页面的视觉效果，使用 iH5 的使用滚动条功能、事件功能制作最终效果，效果如图 7–60 所示。

【效果所在位置】云盘 /Ch07/ 文化传媒行业活动邀请 H5 制作。

图 7–60

扫码观看
本案例

扫码观看
本案例视频

扫码观看
本案例视频

## 7.3 课后习题——服装饰品行业产品营销 H5 制作

【习题知识要点】使用谷歌浏览器登录 iH5 官网，使用 iH5 制作服装饰品行业产品营销 H5，使用 Photoshop 软件制作页面的视觉效果，使用 iH5 的使用滚动条功能制作最终效果，效果如图 7-61 所示。

【效果所在位置】云盘 /Ch07/ 服装饰品行业产品营销 H5 制作。

扫码观看
本案例视频

扫码观看
本案例视频

图 7-61

扫码观看
本案例

08

# 第 8 章

# 画中画 H5 制作

## 本章介绍

画中画 H5 本质是一镜到底展示信息内容，其表现形式较普通的翻页效果更为有趣。本章从实战角度对画中画 H5 的项目策划、交互设计、视觉设计以及制作发布进行系统讲解与演练。通过对本章的学习，读者可以对画中画 H5 有一个基本的认识，并快速掌握设计制作常用画中画 H5 的方法。

### 学习目标

- 了解 IT 互联网行业活动邀请 H5 的项目策划
- 掌握 IT 互联网行业活动邀请 H5 的交互设计

### 技能目标

- 掌握 IT 互联网行业活动邀请 H5 的视觉设计
- 掌握 IT 互联网行业活动邀请 H5 的制作发布

画中画 H5 制作

# 8.1 课堂案例——IT 互联网行业活动邀请 H5 制作

【案例学习目标】了解 IT 互联网行业活动邀请 H5 项目策划及交互设计，掌握使用 Photoshop 软件制作 H5 页面视觉效果的方法，学习使用凡科微传单制作 H5 效果和发布的方法。

【案例知识要点】使用谷歌浏览器登录凡科官网，使用凡科微传单制作 IT 互联网行业活动邀请 H5，使用 Photoshop 软件制作首页、会议简介、会议嘉宾、会议安排等页面的视觉效果，使用凡科微传单趣味功能中的画中画功能制作 H5 页面动画，效果如图 8-1 所示。

扫码观看
本案例视频

扫码观看
本案例视频

扫码观看
本案例视频

扫码观看
本案例

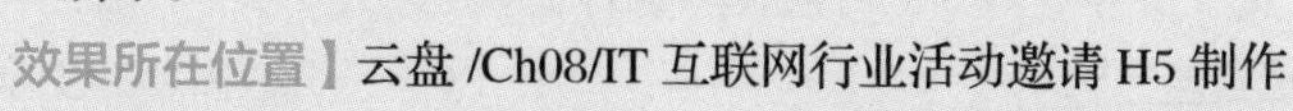

【效果所在位置】云盘 /Ch08/IT 互联网行业活动邀请 H5 制作。

图 8-1

## 8.1.1 项目策划

2019 年互联网人才会议在召开之际，需要策划制作一款 H5 邀请函，通过网络让更多互联网人士参与本会。在内容上，此邀请函包含首页、会议简介、会议嘉宾以及会议安排 4 部分。在视觉上，采用蓝色字报的形式彰显科技感。在制作上，主要运用画中画的表现形式体现趣味性。

## 8.1.2 交互设计

通过前期基本的项目策划，对这支 H5 的原型进行了梳理，并运用 Axure 进行了绘制，如图 8-2 所示。

图 8-2

## 8.1.3 视觉设计

**1. 首页**

（1）打开 Photoshop 软件。按 Ctrl+N 组合键，新建一个文件，设置宽度为 750 像素，高度为 1206 像素，分辨率为 72 像素 / 英寸，背景内容为云杉绿（41、48、36）；单击“创建”按钮，完成文档新建，如图 8-3 所示。

（2）选择“文件 > 置入嵌入对象”命令，弹出“置入嵌入的对象”对话框，选择云盘中的“Ch08 > IT 互联网行业活动邀请 H5 制作 > 视觉设计 > 素材 > 01”文件，单击“置入”按钮，将图片置入到图像窗口中，拖曳到适当的位置并调整大小，按 Enter 键确定操作，效果如图 8-4 所示，在“图层”控制面板生成新图层并将其命名为“底图”。

（3）选择“横排文字”工具 T，在适当的位置输入需要的文字并选取文字，在属性栏中选择合适的字体并设置大小，将“文本颜色”选项设为苍绿色（88、114、89），选取需要的文字，在字符面板中设置基线偏移，如图 8-5 所示，效果如图 8-6 所示，在“图层”控制面板中生成新的文字图层。

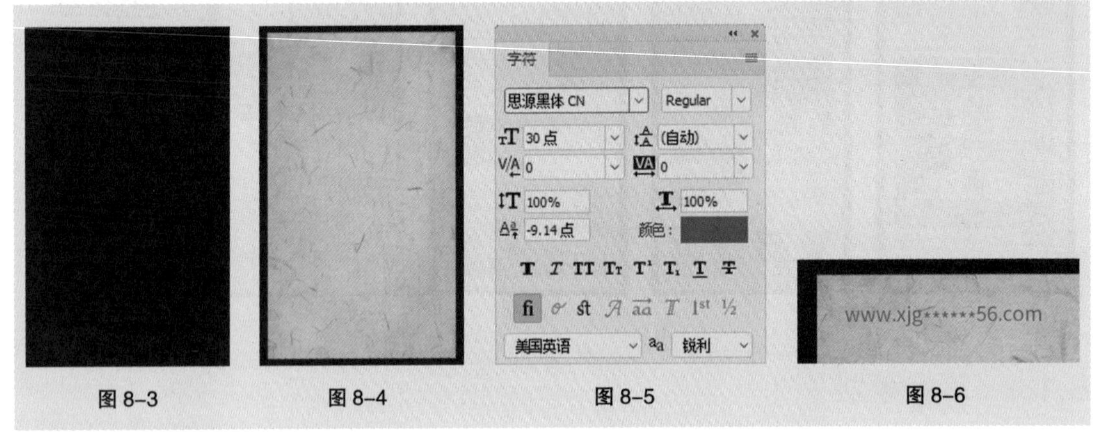


图 8-3　图 8-4　图 8-5　图 8-6

（4）选择“直线”工具 ，将属性栏中的“选择工具模式”选项设为“形状”，“填充”选项设为无，“描边”选项设为苍绿色（88、114、89），“粗细”选项设为 2 像素，按住 Shift 键的同时，在图像窗口中绘制直线，效果如图 8-7 所示，在“图层”控制面板中生成新的形状图层“形状 1”。

（5）选择“路径选择”工具 ，按住 Alt+Shift 组合键的同时，垂直向下拖曳图形到适当的位置，复制图形，效果如图 8-8 所示。

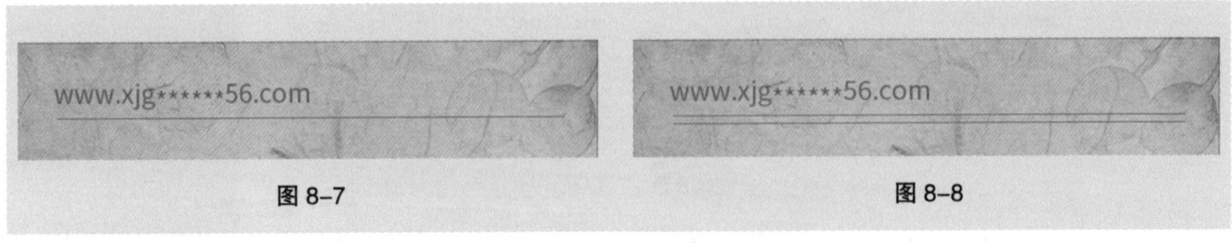


图 8-7　图 8-8

（6）选择“矩形”工具 ，在图像窗口中拖曳鼠标绘制矩形，在属性栏中将“填充”选项设为苍绿色（88、114、89），效果如图 8-9 所示，在“图层”控制面板中生成新的形状图层“矩形 1”。

（7）选择“文件 > 置入嵌入对象”命令，弹出“置入嵌入的对象”对话框，选择云盘中的“Ch08 > IT 互联网行业活动邀请 H5 制作 > 视觉设计 > 素材 > 02”文件，单击“置入”按钮，将图片置入到图像窗口中，拖曳到适当的位置并调整大小，按 Enter 键确定操作，效果如图 8-10 所示，在“图层”控制面板中生成新图层并将其命名为“喇叭”。

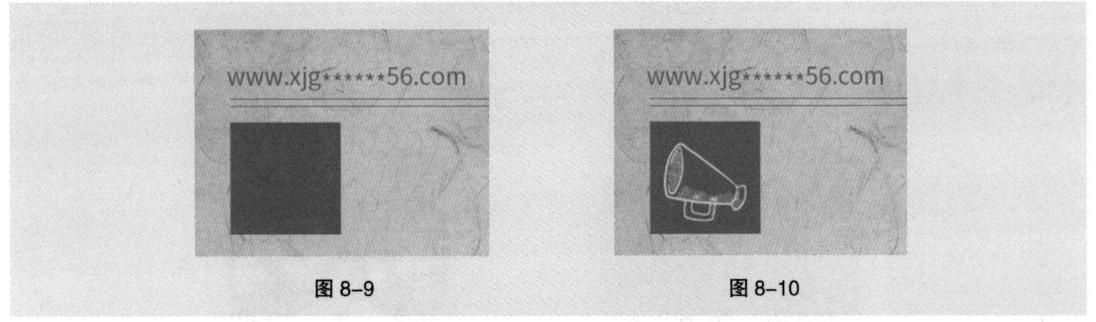

图 8-9　　图 8-10

（8）选择“矩形”工具▭，在图像窗口中绘制矩形，如图 8-11 所示，在“图层”控制面板中生成新的形状图层“矩形 2”。选择“横排文字”工具T，在适当的位置输入需要的文字并选取文字，在属性栏中选择合适的字体及文字大小，将“文本颜色”选项设为浅肤色（237、221、186），效果如图 8-12 所示，在“图层”控制面板中生成新的文字图层。

（9）选择“矩形”工具▭，在属性栏中将“填充”选项设为无，“描边”选项设为苍绿色（88、114、89），“描边宽度”选项设为 2 像素，在图像窗口中绘制矩形，效果如图 8-13 所示，在“图层”控制面板中生成新的形状图层“矩形 3”。

图 8-11　　图 8-12　　图 8-13

（10）选择“横排文字”工具T，在图像窗口中分别输入需要的文字并选取文字，在属性栏中选择合适的字体及文字大小，将“文本颜色”选项设为苍绿色（88、114、89），效果如图 8-14 所示，在“图层”控制面板中分别生成新的文字图层。选择“INVITATION”文字，按 Alt+ → 组合键，适当调整文字的间距，文字效果如图 8-15 所示。

（11）选择“矩形”工具▭，在属性栏中将“填充”选项设为苍绿色（88、114、89），“描边”选项设为无，在图像窗口中绘制矩形，效果如图 8-16 所示，在“图层”控制面板中生成新的形状图层“矩形 4”。

图 8-14　　图 8-15　　图 8-16

（12）选择“矩形”工具▭，在图像窗口中绘制矩形，如图 8-17 所示，在“图层”控制面板中生成新的形状图层“矩形 5”。选择“文件 > 置入嵌入对象”命令，弹出“置入嵌入的对象”对话框，选择云盘中的“Ch08 > IT 互联网行业活动邀请 H5 制作 > 视觉设计 > 素材 > 03”文件，单击“置入”按钮，将图片置入到图像窗口中，将其拖曳到适当的位置并调整大小，按 Enter 键确定操作，效果如图 8-18 所示，在“图层”控制面板中生成新图层并将其命名为“图 1”。

图 8-17　　图 8-18

（13）按 Alt+Ctrl+G 组合键，为图层创建剪贴蒙版，图像效果如图 8-19 所示。在“图层”控制面板上方，将该图层的混合模式选项设为“柔光”，如图 8-20 所示，图像效果如图 8-21 所示。

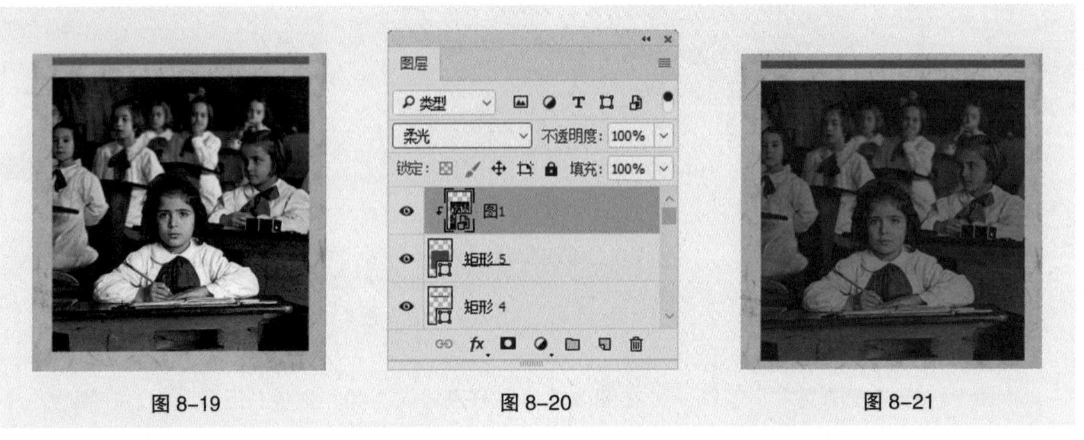


图 8-19　　图 8-20　　图 8-21

（14）选择“矩形”工具▭，在图像窗口中绘制矩形，如图 8-22 所示，在“图层”控制面板中生成新的形状图层“矩形 6”。选择“横排文字”工具T，在适当的位置输入需要的文字并选取文字，在属性栏中选择合适的字体及文字大小，将“文本颜色”选项设为浅肤色（237、221、186），效果如图 8-23 所示，在“图层”控制面板中生成新的文字图层。

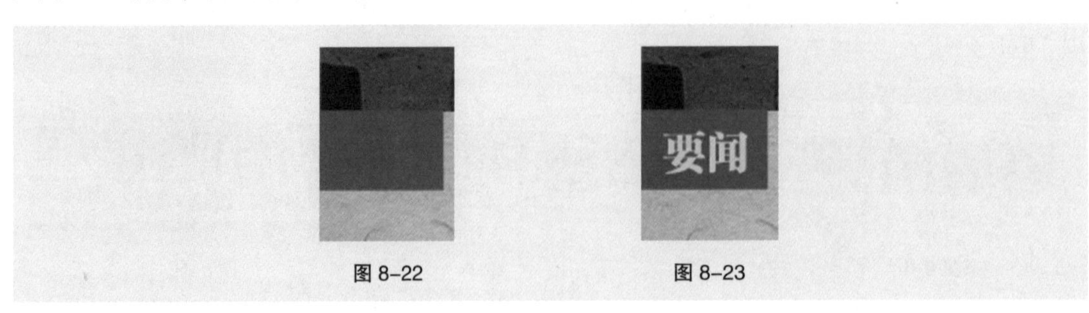


图 8-22　　图 8-23

（15）选择“矩形”工具▢，在属性栏中将“填充”选项设为无，“描边”选项设为苍绿色（88、114、89），“描边宽度”选项设为 2 像素，在图像窗口中绘制矩形，效果如图 8-24 所示，在“图层”控制面板中生成新的形状图层“矩形 7”。

（16）选择“横排文字”工具T，在适当的位置输入需要的文字并选取文字，在属性栏中选择合适的字体并设置大小，将“文本颜色”选项设为苍绿色（88、114、89），效果如图 8-25 所示，在“图层”控制面板中生成新的文字图层。

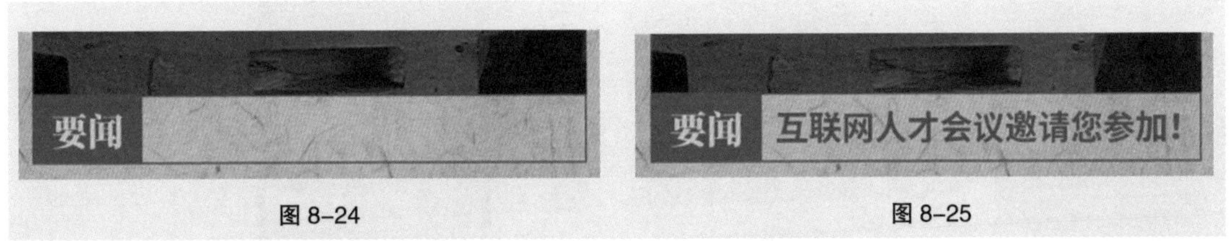


图 8-24　　图 8-25

（17）选择“直线”工具╱，按住 Shift 键的同时，在图像窗口中绘制直线，效果如图 8-26 所示，在“图层”控制面板中生成新的形状图层“形状 2”。在属性栏中将“粗细”选项设为 4 像素，按住 Shift 键的同时，在图像窗口中绘制直线，效果如图 8-27 所示，在“图层”控制面板中生成新的形状图层“形状 3”。

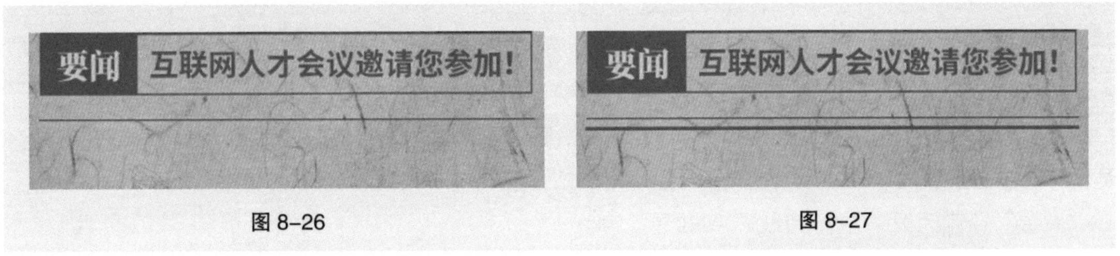


图 8-26　　图 8-27

（18）选择“横排文字”工具T，在适当的位置输入需要的文字并选取文字，在属性栏中选择合适的字体并设置大小，按 Alt+ → 组合键，适当调整文字的间距，文字效果如图 8-28 所示，在“图层”控制面板中生成新的文字图层。

（19）在“图层”控制面板中，按住 Shift 键的同时，将“底图”图层和“北京互联网……”文字图层之间的所有图层同时选取，按 Ctrl+G 组合键，编组图层并将其命名为“首页”，如图 8-29 所示，图像效果如图 8-30 所示。

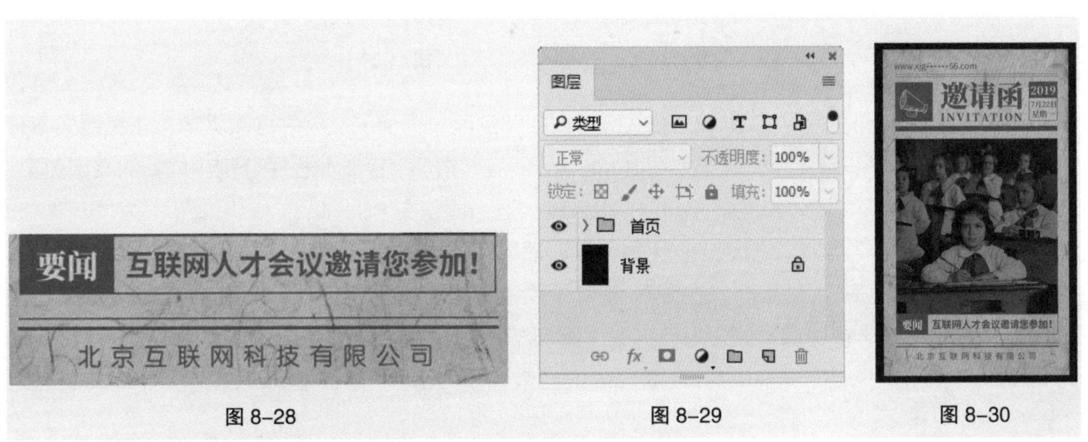


图 8-28　　图 8-29　　图 8-30

## 2. 会议简介

（1）在“图层”控制面板中，按 Ctrl+J 组合键，复制“首页”图层组，生成新图层组并将其命名为“会议简介”。单击“首页”图层组左侧的眼睛图标，将其隐藏，如图 8-31 所示。单击展开“会议简介”图层组，按住 Shift 键的同时，将“矩形 1”图层和“北京互联网……”文字图层之间的所有图层同时选取，按 Delete 键删除图层，效果如图 8-32 所示。

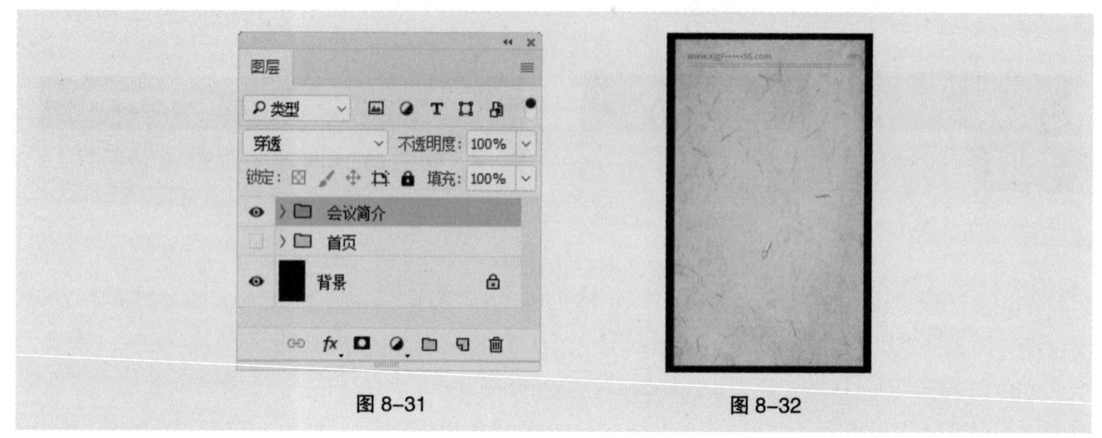


图 8-31　　图 8-32

（2）选择“矩形”工具，在图像窗口中拖曳鼠标绘制矩形，在属性栏中将“填充”颜色设为苍绿色（88、114、89），“描边”选项设为无，效果如图 8-33 所示，在“图层”控制面板中生成新的形状图层“矩形 8”。

（3）选择“直排文字”工具，在适当的位置输入需要的文字并选取文字，在属性栏中选择合适的字体并设置大小，将“文本颜色”选项设为浅肤色（237、221、186），效果如图 8-34 所示，在“图层”控制面板中生成新的文字图层。

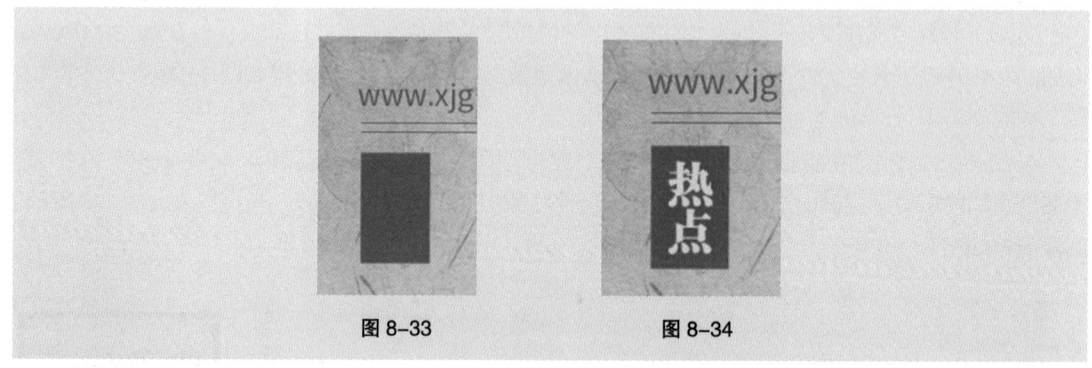


图 8-33　　图 8-34

（4）选择“横排文字”工具，在图像窗口中分别输入需要的文字并选取文字，在属性栏中分别选择合适的字体并设置大小，效果如图 8-35 所示，在“图层”控制面板中分别生成新的文字图层。选择“互联网人才……”文字，按 Alt+ ← 组合键，适当调整文字的间距，效果如图 8-36 所示。选择“BIG SHOT……”文字，按 Alt+ → 组合键，适当调整文字的间距，效果如图 8-37 所示。

（5）选择“矩形”工具，在图像窗口中绘制矩形，效果如图 8-38 所示，在“图层”控制面板中生成新的形状图层“矩形 9”。在“图层”控制面板中，按住 Shift 键的同时，将“矩形 8”图层和“矩形 9”图层之间的所有图层同时选取，按 Ctrl+G 组合键，编组图层并将其命名为“标题”。

图 8-35

图 8-36

图 8-37

图 8-38

（6）选择“矩形”工具，在图像窗口中绘制矩形，如图 8-39 所示，在“图层”控制面板中生成新的形状图层“矩形 10”。选择“文件 > 置入嵌入对象”命令，弹出“置入嵌入的对象”对话框，选择云盘中的“Ch08 > IT 互联网行业活动邀请 H5 制作 > 视觉设计 > 素材 > 04”文件，单击“置入”按钮，将图片置入到图像窗口中，拖曳到适当的位置并调整大小，按 Enter 键确定操作，效果如图 8-40 所示，在“图层”控制面板中生成新的图层并将其命名为“图 3”。

（7）按 Alt+Ctrl+G 组合键，为图层创建剪贴蒙版，图像效果如图 8-41 所示。在“图层”控制面板上方，将该图层的混合模式选项设为“强光”，图像效果如图 8-42 所示。

图 8-39　图 8-40　图 8-41　图 8-42

（8）选择“横排文字”工具，在图像窗口中分别输入需要的文字并选取文字，在属性栏中分别选择合适的字体并设置大小，效果如图 8-43 所示，在“图层”控制面板中分别生成新的文字图层。选择“MEETING……”文字，按 Alt+ ← 组合键，适当调整文字的间距，效果如图 8-44 所示。

图 8-43

图 8-44

（9）选择“横排文字”工具，在属性栏中选择合适的字体并设置大小，在图像窗口中拖曳出一个段落文本框，如图 8–45 所示。在文本框中输入需要的文字，效果如图 8–46 所示，在“图层”控制面板中生成新的文字图层。按住 Shift 键的同时，将“矩形 10”图层和“本届大会以……”文字图层之间的所有图层同时选取，按 Ctrl+G 组合键，编组图层并将其命名为“会议背景”。用相同的方法置入图片并输入文字，效果如图 8–47 所示。

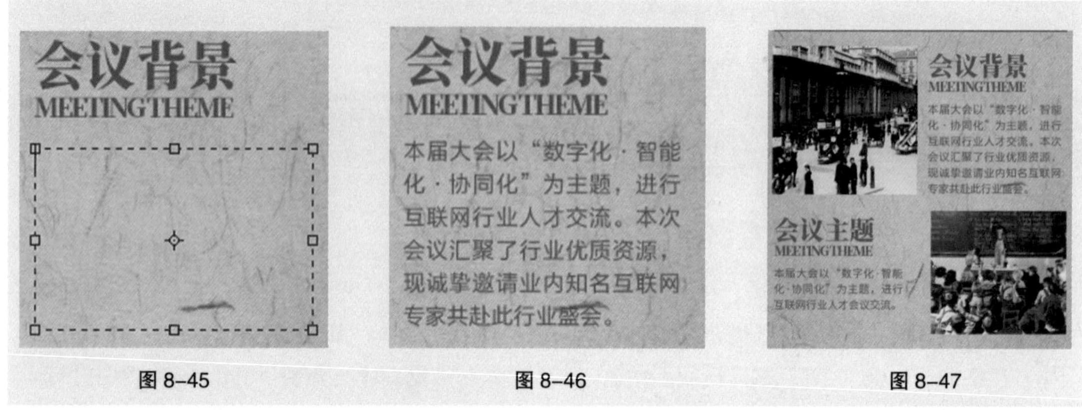


图 8–45　　图 8–46　　图 8–47

（10）选择“直线”工具，在属性栏中将“粗细”选项设为 2 像素，按住 Shift 键的同时，在图像窗口中绘制直线，效果如图 8–48 所示，在“图层”控制面板中生成新的形状图层“形状 4”。

（11）选择“路径选择”工具，按住 Alt+Shift 组合键的同时，水平向右拖曳图形到适当的位置，复制图形，效果如图 8–49 所示。

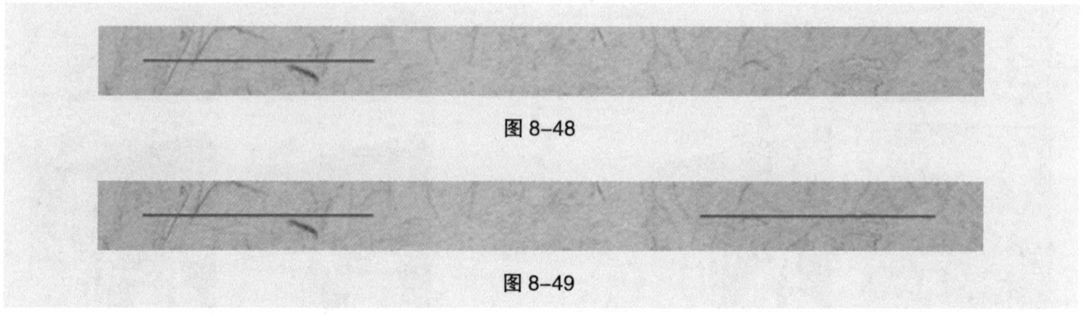

图 8–48

图 8–49

（12）选择“横排文字”工具，在适当的位置输入需要的文字并选取文字，在属性栏中选择合适的字体并设置大小，效果如图 8–50 所示，在“图层”控制面板中生成新的文字图层。

图 8–50

（13）选择“矩形”工具，在图像窗口中绘制矩形，如图 8–51 所示，在“图层”控制面板中生成新的形状图层“矩形 11”。选择“文件 > 置入嵌入对象”命令，弹出“置入嵌入的对象”对话框，选择云盘中的“Ch08 > IT 互联网行业活动邀请 H5 制作 > 视觉设计 > 素材 > 06”文件，单击“置入”按钮，将图片置入到图像窗口中，拖曳到适当的位置并调整大小，按 Enter 键确定操作，效果如图 8–52 所示，在“图层”控制面板中生成新图层并将其命名为“图 5”。

（14）按 Alt+Ctrl+G 组合键，为图层创建剪贴蒙版，图像效果如图 8-53 所示。在“图层”控制面板上方，将“图 5”图层的混合模式选项设为“柔光”，图像效果如图 8-54 所示。

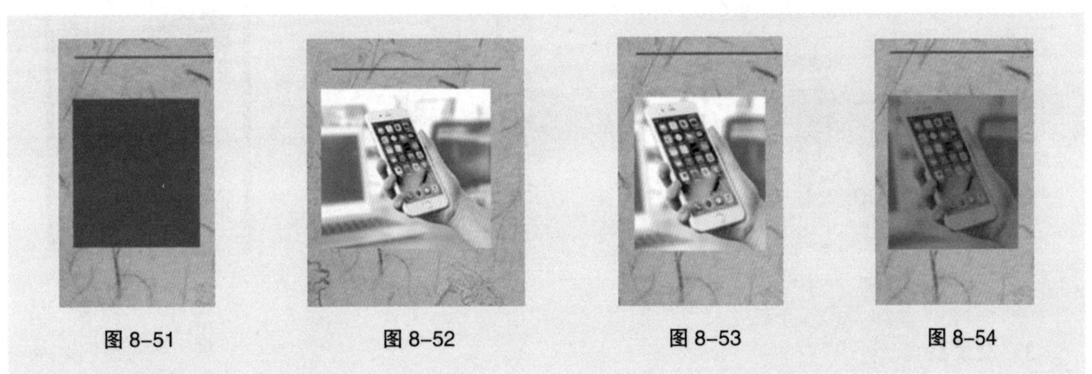

图 8-51　　图 8-52　　图 8-53　　图 8-54

（15）选择“文件 > 置入嵌入对象”命令，弹出“置入嵌入的对象”对话框，选择云盘中的“Ch08 > IT 互联网行业活动邀请 H5 制作 > 视觉设计 > 素材 > 09”文件，单击“置入”按钮，将图片置入到图像窗口中，拖曳到适当的位置并调整大小，按 Enter 键确定操作，效果如图 8-55 所示，在“图层”控制面板中生成新图层并将其命名为“禁止符号”。

（16）选择“矩形”工具，在属性栏中将“填充”选项设为无，“描边”选项设为苍绿色（88、114、89），“描边宽度”选项设为 2 像素，在图像窗口中绘制矩形，效果如图 8-56 所示，在“图层”控制面板中生成新的形状图层“矩形 12”。

（17）选择“横排文字”工具，在图像窗口中输入需要的文字并选取文字，在属性栏中选择合适的字体并设置大小，效果如图 8-57 所示，在“图层”控制面板中生成新的文字图层。按住 Shift 键的同时，将“矩形 11”图层和“手机调静音！……”文字图层之间的所有图层同时选取，按 Ctrl+G 组合键，编组图层并将其命名为“静音”。

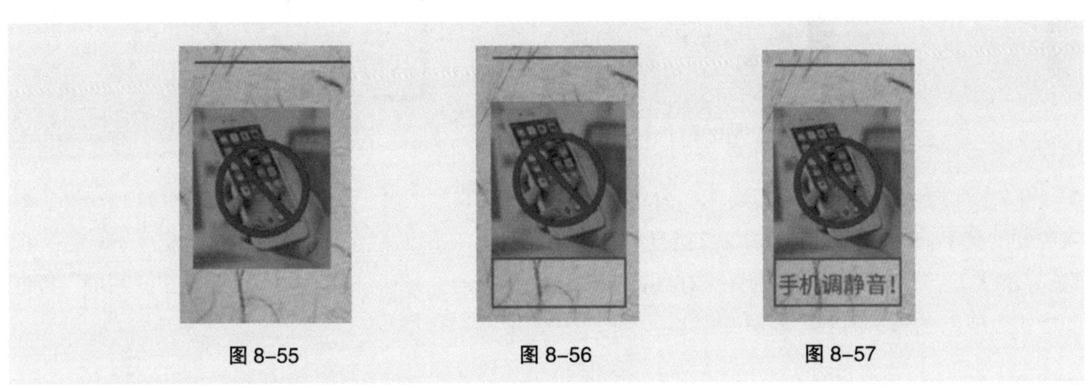


图 8-55　　图 8-56　　图 8-57

（18）用相同的方法置入图片并输入文字，效果如图 8-58 所示。选择“矩形”工具，在属性栏中将“填充”选项设为苍绿色（41、48、36），“描边”选项设为无，在图像窗口中绘制矩形，如图 8-59 所示，在“图层”控制面板中生成新的形状图层“矩形 13”。

（19）在“图层”控制面板中，单击选取“首页”图层组，按 Ctrl+J 组合键，复制“首页”图层组，生成新图层组“首页 拷贝”。单击“首页 拷贝”图层组左侧的眼睛图标，将其显示，按 Ctrl+E 组合键，合并图层组并将其命名为“缩略图”，将其拖曳到“杂志”图层组上方，调整其大小和位置，效果如图 8-60 所示。

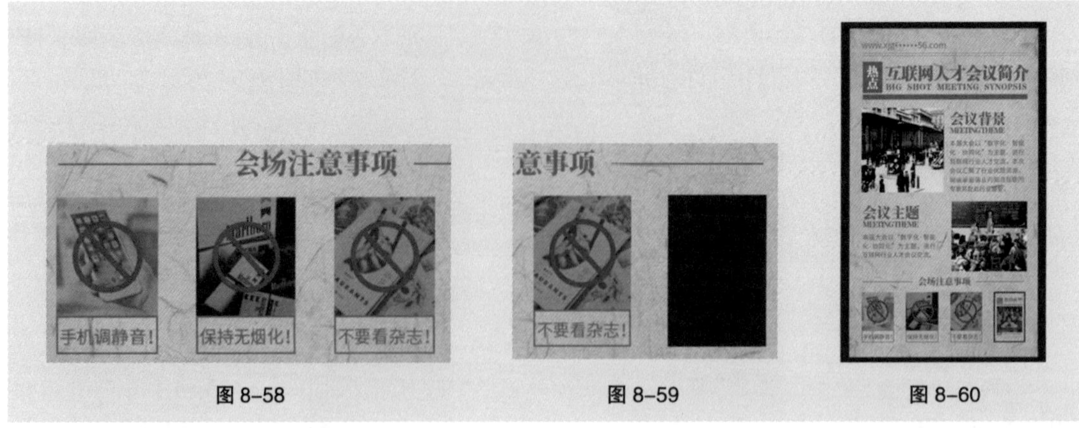


图 8-58　　图 8-59　　图 8-60

### 3. 会议嘉宾

（1）在“图层”控制面板中，按 Ctrl+J 组合键，复制“会议简介”图层组，生成新图层组并将其命名为“会议嘉宾”。单击“会议简介”图层组左侧的眼睛图标，将其隐藏，如图 8-61 所示。单击展开“会议嘉宾”图层组，按住 Shift 键的同时，将“缩略图”图层和“会议背景”图层组之间的所有图层同时选取，按 Delete 键删除图层，效果如图 8-62 所示。

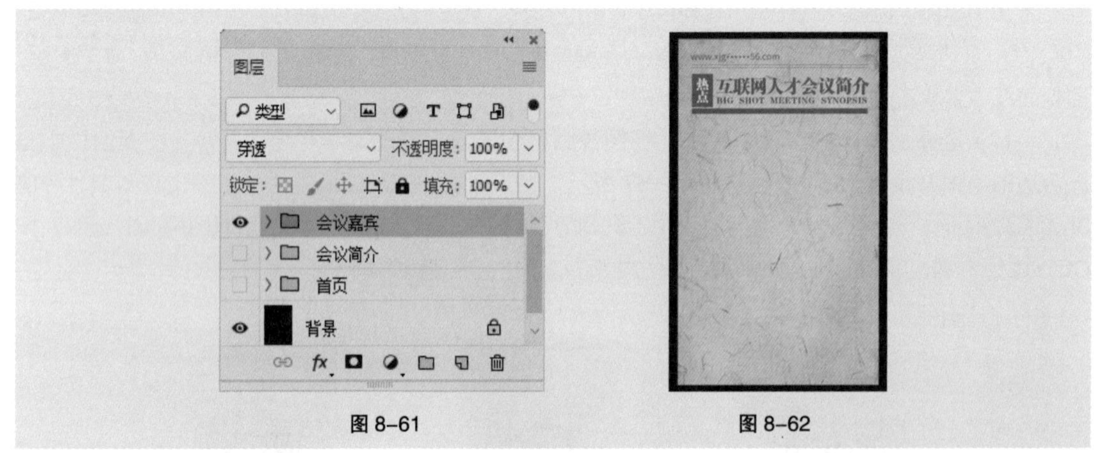


图 8-61　　图 8-62

（2）选择“横排文字”工具 T，分别选取文字“互联网人才……”和“BIG SHOT……”，输入需要的文字，效果如图 8-63 所示。选择“矩形”工具 □，在属性栏中将“填充”选项设为苍绿色（88、114、89），“描边”选项设为无，在图像窗口中绘制矩形，效果如图 8-64 所示，在“图层”控制面板中生成新的形状图层“矩形 14”。

图 8-63　　图 8-64

（3）选择“文件 > 置入嵌入对象”命令，弹出“置入嵌入的对象”对话框，选择云盘中的“Ch08 > IT 互联网行业活动邀请 H5 制作 > 视觉设计 > 素材 > 10”文件，单击“置入”按钮，将图片置入到图像窗口中，将其拖曳到适当的位置并调整大小，按 Enter 键确定操作，效果如图 8-65 所示，在“图层”控制面板中生成新图层并将其命名为“人物 1”。

（4）按 Alt+Ctrl+G 组合键，为图层创建剪贴蒙版，效果如图 8-66 所示。在“图层”控制面板上方，将“人物 1”图层的混合模式选项设为“柔光”，图像效果如图 8-67 所示。

图 8-65　　图 8-66　　图 8-67

（5）选择“横排文字”工具 T，在图像窗口中分别输入需要的文字并选取文字，在属性栏中选择合适的字体并设置大小，如图 8-68 所示，在“图层”控制面板中分别生成新的文字图层。选择“Google X 联合……”文字，在字符面板中进行设置，如图 8-69 所示，效果如图 8-70 所示。

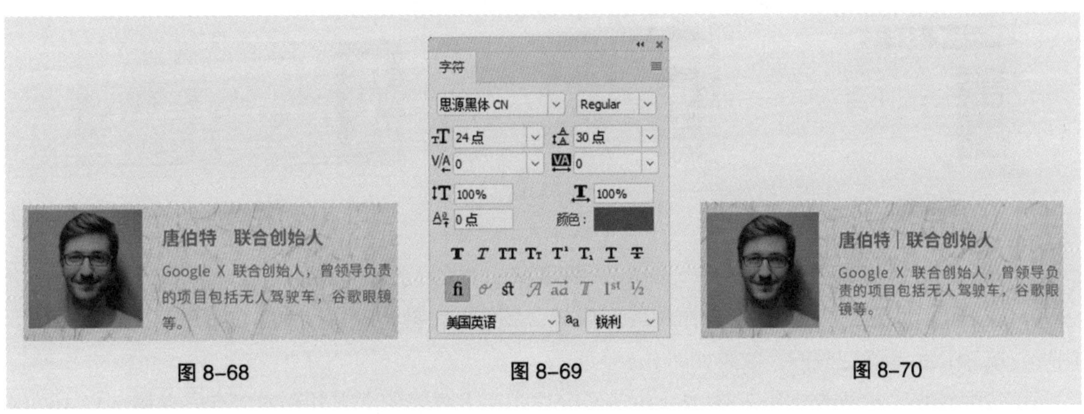


图 8-68　　图 8-69　　图 8-70

（6）选择“直线”工具 ／，在属性栏中将“填充”选项设为苍绿色（88、114、89），“描边”选项设为无，将“粗细”选项设为 2 像素，按住 Shift 键的同时，在图像窗口中绘制直线，效果如图 8-71 所示，在“图层”控制面板中生成新的形状图层“形状 5”。

（7）用相同的方法在适当的位置绘制直线，效果如图 8-72 所示，在“图层”控制面板中生成新的形状图层“形状 6”。在“图层”控制面板中，按住 Shift 键的同时，将“形状 6”图层和“矩形 14”图层之间的所有图层同时选取，按 Ctrl+G 组合键，编组图层并将其命名为“唐伯特”，如图 8-73 所示。

图 8-71　　图 8-72

（8）用相同的方法置入图片并输入文字，效果如图 8-74 所示。选择“矩形”工具，在图像窗口中绘制矩形，效果如图 8-75 所示，在“图层”控制面板中生成新的形状图层“矩形 15”。

（9）选择“直排文字”工具，在适当的位置输入需要的文字并选取文字，在属性栏中选择合适的字体并设置大小，将“文本颜色”选项设为浅肤色（237、221、186），效果如图 8-76 所示，在“图层”控制面板中生成新的文字图层。

（10）选择“矩形”工具，在属性栏中将“填充”选项设为无，“描边”选项设为苍绿色（88、114、89），“描边粗细”选项设为 2 像素，在图像窗口中绘制矩形，效果如图 8-77 所示，在“图层”控制面板中生成新的形状图层“矩形 16”。

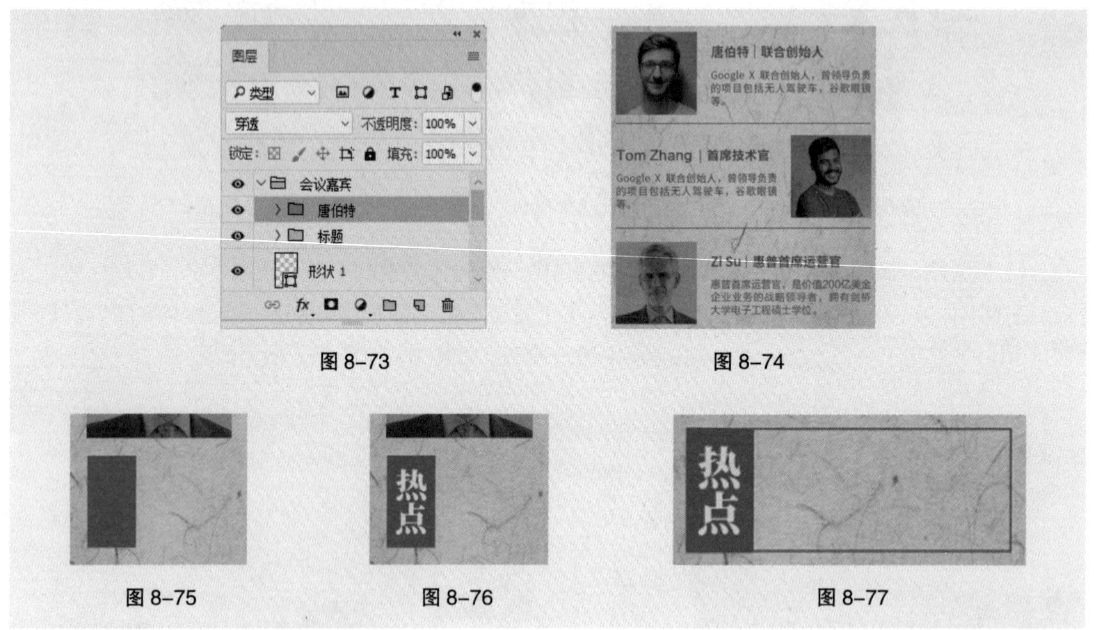

图 8-73　图 8-74

图 8-75　图 8-76　图 8-77

（11）按 Ctrl+J 组合键，复制“矩形 16”图层，在“图层”控制面板中生成新的图层“矩形 16 拷贝”。按 Ctrl+T 组合键，在图像周围出现变换框，按住 Alt 键的同时，拖曳右下角的控制手柄缩小图片，按 Enter 键确定操作，效果如图 8-78 所示。

（12）选择“横排文字”工具，在图像窗口中输入需要的文字并选取文字，在属性栏中选择合适的字体并设置大小，如图 8-79 所示，将“文本颜色”选项设为苍绿色（88、114、89），效果如图 8-80 所示，在“图层”控制面板中生成新的文字图层。

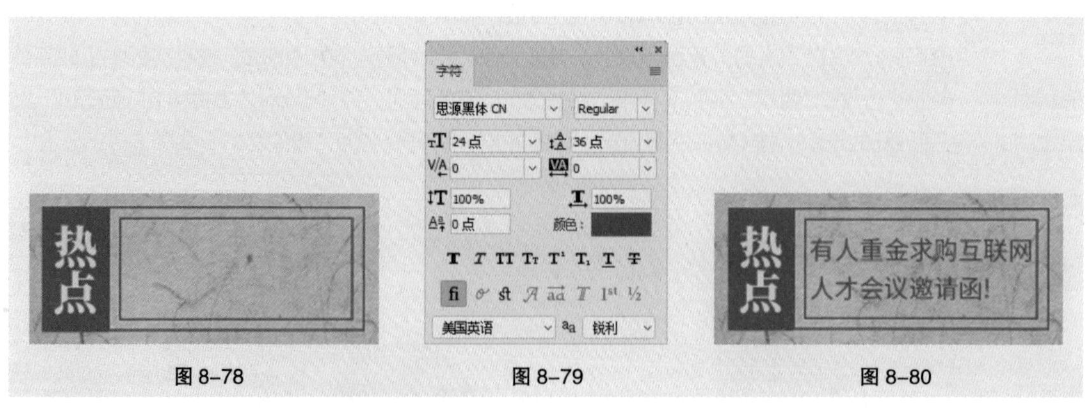

图 8-78　图 8-79　图 8-80

（13）选择“矩形”工具▭，在属性栏中将“填充”选项设为苍绿色（88、114、89），“描边”选项设为无，在图像窗口中绘制矩形，效果如图 8-81 所示，在“图层”控制面板中生成新的形状图层“矩形 17”。

（14）选择“移动工具”✥，在“图层”控制面板中，单击选取“会议简介”图层组，按 Ctrl+J 组合键，复制“会议简介”图层组，单击“会议简介 拷贝”图层组左侧的眼睛图标👁，将其显示，按 Ctrl+E 组合键，合并图层组。拖曳到适当的位置并调整大小，并将其拖曳到“矩形 17”形状图层上方。

（15）按 Alt+Ctrl+G 组合键，为图层创建剪贴蒙版，图像效果如图 8-82 所示。在“图层”控制面板上方，将“会议简介 拷贝”图层的混合模式选项设为“柔光”，图像效果如图 8-83 所示。

图 8-81　　图 8-82　　图 8-83

（16）用相同的方法制作其他图片，效果如图 8-84 所示。在“图层”控制面板中，按住 Shift 键的同时，将“矩形 15”图层和“城市”图层之间的所有图层同时选取，按 Ctrl+G 组合键，编组图层并将其命名为“热点”，如图 8-85 所示。

图 8-84　　图 8-85

#### 4. 会议安排

（1）在“图层”控制面板中，按 Ctrl+J 组合键，复制“会议嘉宾”图层组，生成新图层组并将其命名为“会议安排”。单击“会议嘉宾”图层组左侧的眼睛图标👁，将其隐藏，如图 8-86 所示。单击展开“会议安排”图层组，按住 Shift 键的同时，将“热点”图层组和“唐伯特”图层组之间的所有图层同时选取，按 Delete 键删除图层，效果如图 8-87 所示。

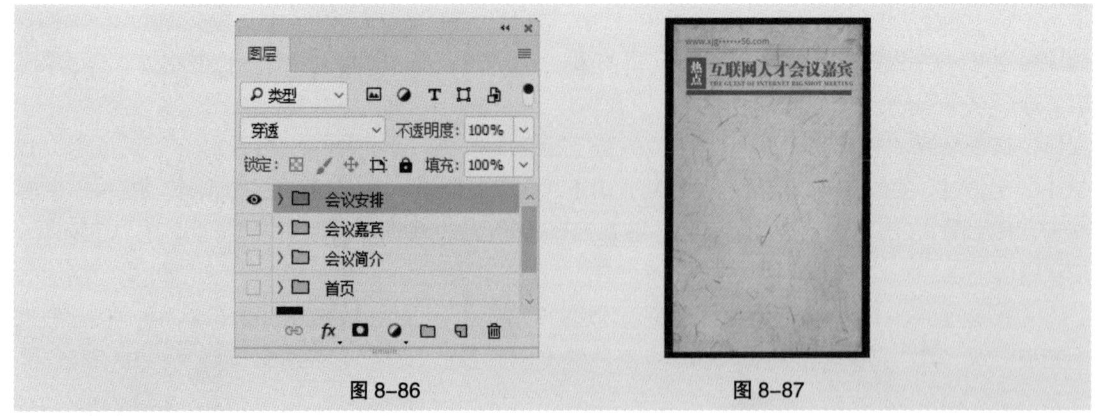

图 8-86　　图 8-87

（2）选择“横排文字”工具 T，分别选取文字“互联网人才……”和“THE GUEST OF……”，输入需要的文字，效果如图 8-88 所示。

（3）选择“矩形”工具 □，在图像窗口中绘制矩形，效果如图 8-89 所示，在“图层”控制面板中生成新的形状图层“矩形 18”。

图 8-88　　图 8-89

（4）选择“文件 > 置入嵌入对象”命令，弹出“置入嵌入的对象”对话框，选择云盘中的“Ch08 > IT 互联网行业活动邀请 H5 制作 > 视觉设计 > 素材 > 14”文件，单击“置入”按钮，将图片置入到图像窗口中，拖曳到适当的位置并调整大小，按 Enter 键确定操作，在“图层”控制面板中生成新图层并将其命名为“照片”。

（5）按 Alt+Ctrl+G 组合键，为图层创建剪贴蒙版，图像效果如图 8-90 所示。在“图层”控制面板上方，将“照片”图层的混合模式选项设为“柔光”，图像效果如图 8-91 所示。

图 8-90　　图 8-91

（6）选择“横排文字”工具 T，在图像窗口中分别输入需要的文字并选取文字，在属性栏中分别选择合适的字体并设置大小，效果如图 8-92 所示，在“图层”控制面板中分别生成新的文字图层。

选择“7 月 22……”文字，按 Alt+ ← 组合键，适当调整文字的间距，文字效果如图 8–93 所示。选择“互联网人才……”文字，按 Alt+ ↑ 组合键，适当调整文字的行距，文字效果如图 8–94。

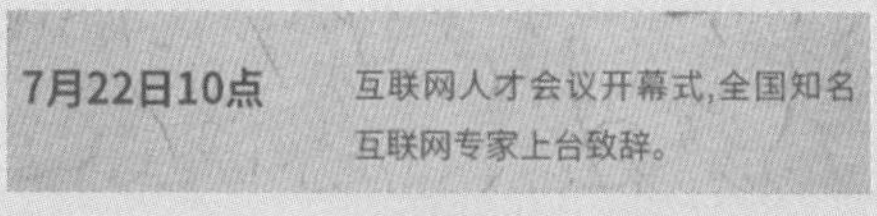

图 8–92 　　图 8–93 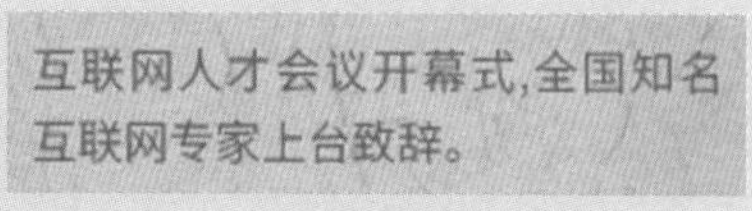　　图 8–94

（7）选择“椭圆”工具○，在属性栏中将“填充”选项设为苍绿色（88、114、89），“描边”选项设为无，按住 Shift 键的同时，在图像窗口中绘制圆形，效果如图 8–95 所示，在“图层”控制面板中生成新的形状图层“椭圆 1”。

（8）选择“直线”工具／，按住 Shift 键的同时，在图像窗口中绘制直线，效果如图 8–96 所示，在“图层”控制面板中生成新的形状图层“形状 7”。

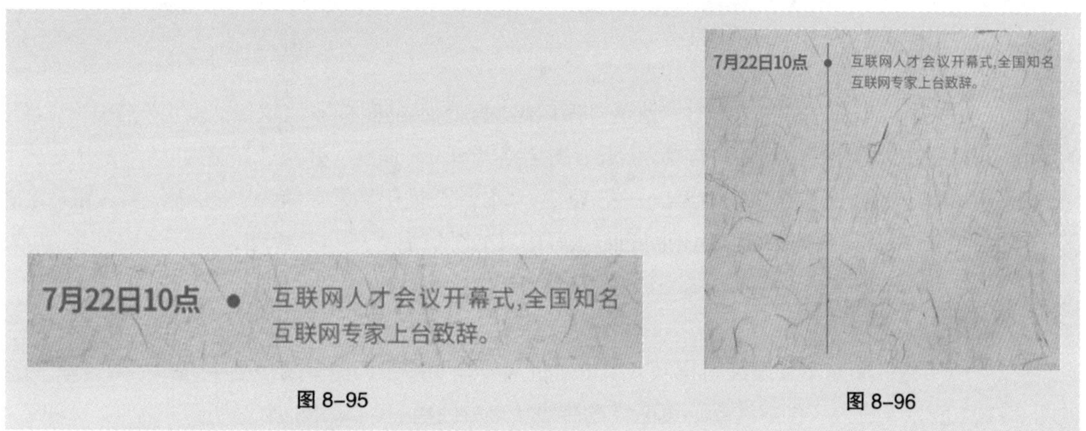


图 8–95　　图 8–96

（9）在“图层”控制面板中，按住 Shift 键的同时，将“椭圆 1”图层和“互联网人才……”文字图层之间的所有图层同时选取，按 Ctrl+G 组合键，编组图层并将其命名为“致辞”，如图 8–97 所示。

（10）选择“移动”工具✥，按住 Alt+Shift 组合键的同时，垂直向下拖曳到适当的位置，复制图形和文字，效果如图 8–98 所示，在“图层”控制面板中生成新图层组并将其命名为“互动”。

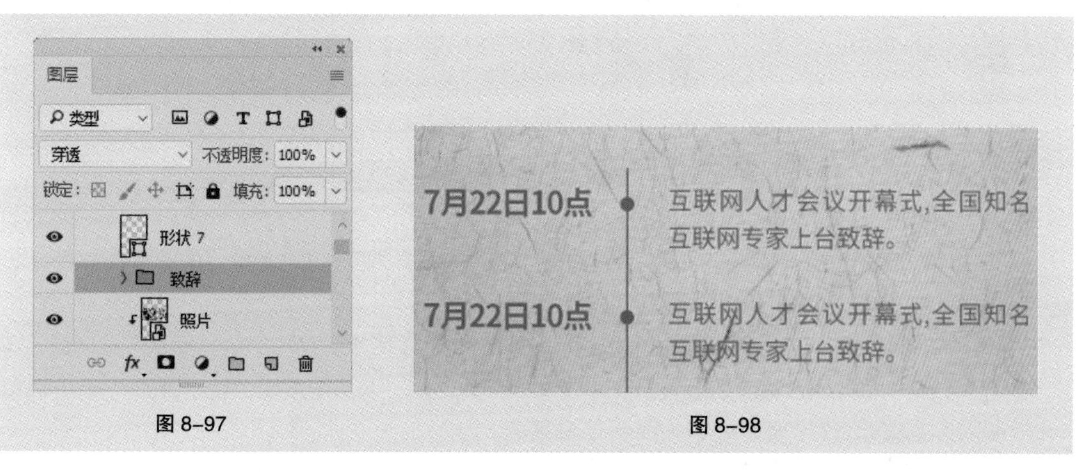


图 8–97　　图 8–98

（11）选择“横排文字”工具T，在图像窗口中分别选取并输入需要的文字，效果如图 8-99 所示。用相同的方法复制并修改文字，效果如图 8-100 所示。

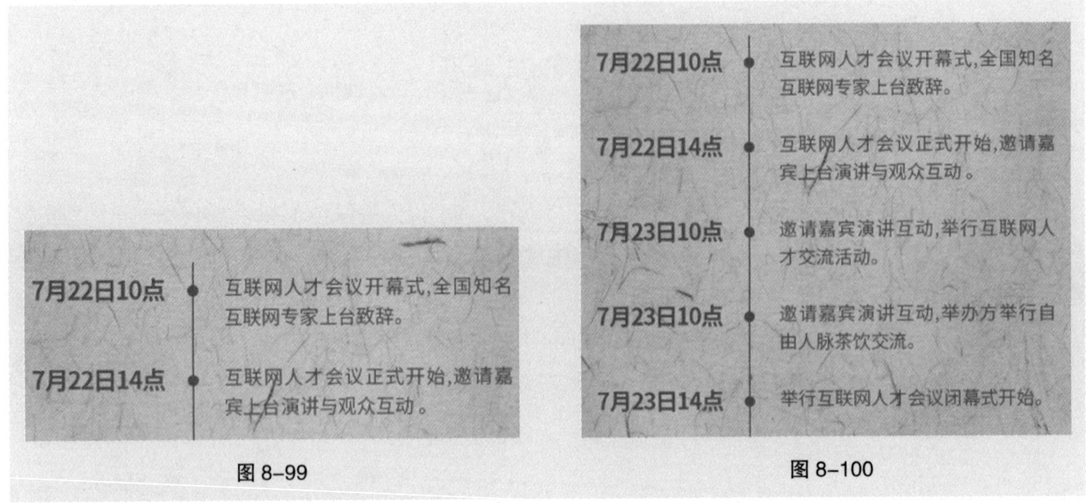


图 8-99　　图 8-100

（12）按住 Alt 键的同时，单击“首页”图层组左侧的眼睛图标，隐藏“首页”图层组以外的所有图层。选择“文件 > 导出 > 存储为 Web 所用格式……”命令，弹出“存储为 Web 所用格式”对话框，存储为 JPEG 格式，单击“存储……”按钮，弹出“将优化结果存储为”对话框，将其重命名，单击“保存”按钮，将图像保存。用相同的方法导出其他图层组。

## 8.1.4　制作发布

（1）使用谷歌浏览器登录凡科官网。单击“进入管理”按钮，在常用产品中选择“微传单”，如图 8-101 所示，进入“创建活动”页面，选择“从空白创建”，如图 8-102 所示。

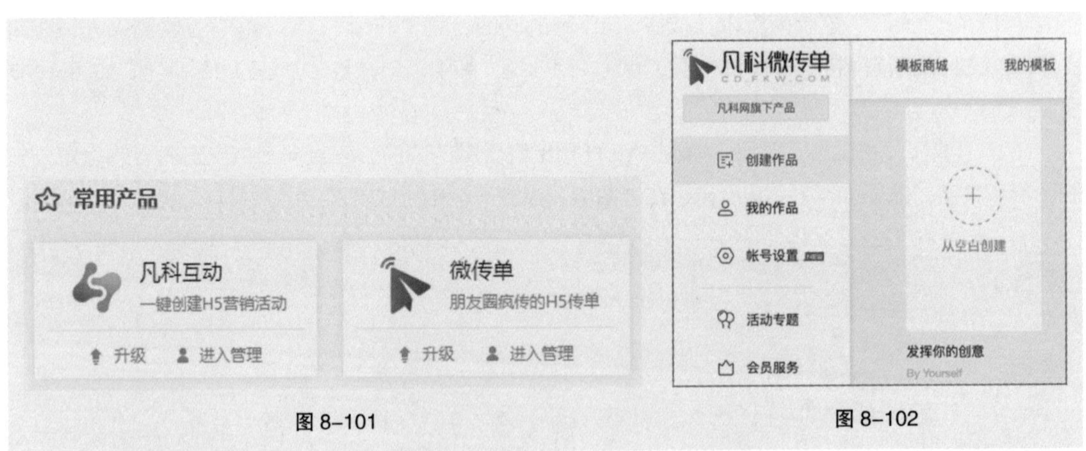


图 8-101　　图 8-102

（2）单击页面上方的“趣味”选项，在弹出的菜单中选择“画中画”功能，如图 8-103 所示。在弹出的窗口中单击“添加”按钮，页面创建完成。

（3）单击“页面 1”右侧的“删除”按钮，如图 8-104 所示。弹出“信息提示”对话框，单击“确定”按钮，删除空白页面，效果如图 8-105 所示。选取“长按”按钮，在右侧的“按钮样式”面板中展开“高级样式”调整大小，如图 8-106 所示。

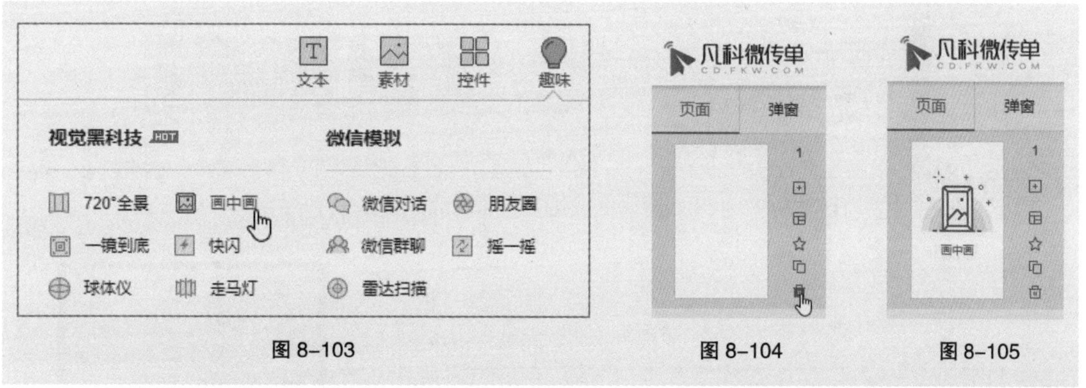


图 8-103　　图 8-104　　图 8-105

（4）单击页面上方的“素材”选项，如图 8-107 所示，在弹出的“对话框”中单击“本地上传”按钮，选择云盘中的“Ch08 > IT 互联网行业活动邀请 H5 制作 > 制作发布 > 01 ~ 04”文件，单击“打开”按钮置入图片，如图 8-108 所示。点击使用“01”素材，页面效果如图 8-109 所示。

图 8-106 　　图 8-107

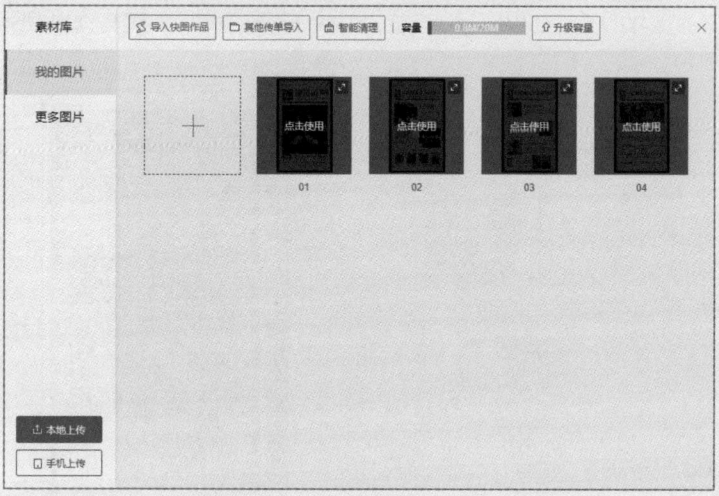

图 8-108 　　图 8-109

（5）单击图像右侧的“生成”按钮，如图 8-110 所示，生成画中画元素，单击页面右上方的“保存”按钮，如图 8-111 所示，保存页面效果，在页面空白处单击取消选取。

（6）在“画中画”面板中单击选取“第 2 幕”，如图 8-112 所示，再次单击选取素材，单击选取上一个页面的缩略图并将其拖曳到适当的位置，效果如图 8-113 所示。

图 8-110

图 8-111

图 8-112

图 8-113

（7）用相同的方法制作其他页面效果。单击页面右上方的“音乐”按钮，打开“背景音乐”选项，如图 8-114 所示，单击“选择音乐”按钮，在弹出的面板中选取背景音乐。单击底图右侧的“生成”按钮，生成画中画效果。单击页面右上方的“预览和设置”按钮，保存并预览效果，如图 8-115 所示。

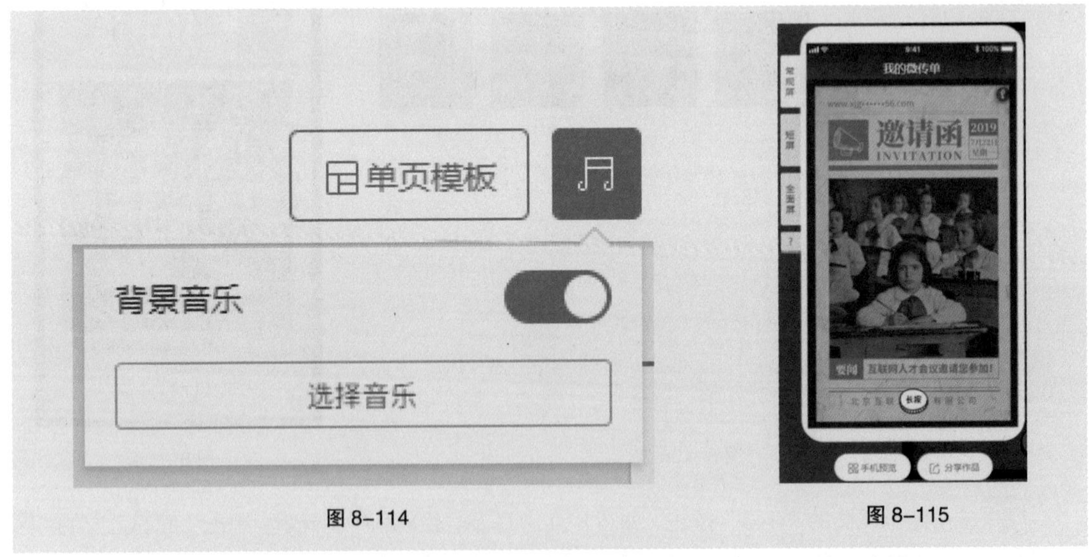


图 8-114

图 8-115

（8）单击“基础设置”面板中的“编辑分享样式”按钮，在弹出的面板中编辑分享样式，如图 8-116 所示。单击效果下方“手机预览”或“分享作品”按钮，扫描二维码即可分享作品，如图 8-117 所示。IT 互联网行业活动邀请 H5 制作发布完成。

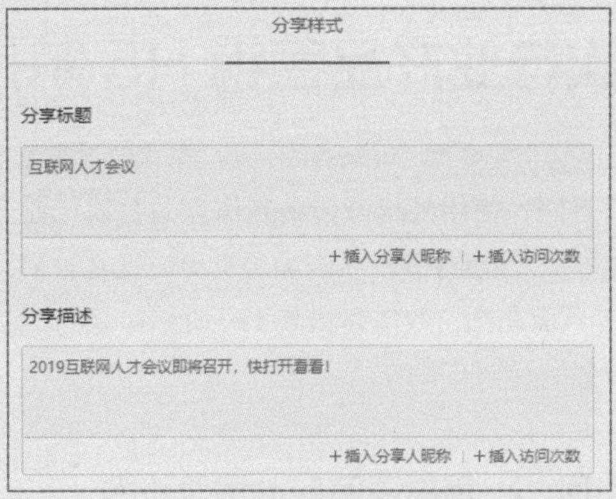

分享样式

分享标题

互联网人才会议

＋插入分享人昵称 ｜ ＋插入访问次数

分享描述

2019互联网人才会议即将召开，快打开看看！

＋插入分享人昵称 ｜ ＋插入访问次数

图 8–116

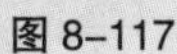

图 8–117

扫码观看
本案例 H5

## 8.2 课堂练习——设计服务公司招聘 H5 制作

【练习知识要点】使用谷歌浏览器登录凡科官网，使用凡科微传单制作文化传媒行业企业招聘 H5，使用 Photoshop 软件制作首页、公司简介、程序开发猿、品牌设计狮和新媒体运营等页面的视觉效果，使用凡科微传单趣味功能中的画中画功能制作 H5 页面动画，效果如图 8–118 所示。

【效果所在位置】云盘 /Ch08/ 设计服务公司招聘 H5 制作。

扫码观看
本案例

扫码观看
本案例 H5

扫码观看
本案例视频

扫码观看
本案例视频

图 8–118

# 8.3 课后习题——食品餐饮行业产品营销 H5 制作

【习题知识要点】使用谷歌浏览器登录凡科官网，使用凡科微传单制作食品餐饮行业产品营销 H5，使用 Photoshop 软件制作首页、优惠活动、优惠券和优惠产品等页面的视觉效果，使用凡科微传单趣味功能中的画中画功能制作 H5 页面动画，效果如图 8–119 所示。

【效果所在位置】云盘 /Ch08/ 食品餐饮行业产品营销 H5 制作。

扫码观看
本案例视频

扫码观看
本案例视频

扫码观看
本案例视频

扫码观看
本案例

扫码观看
本案例 H5

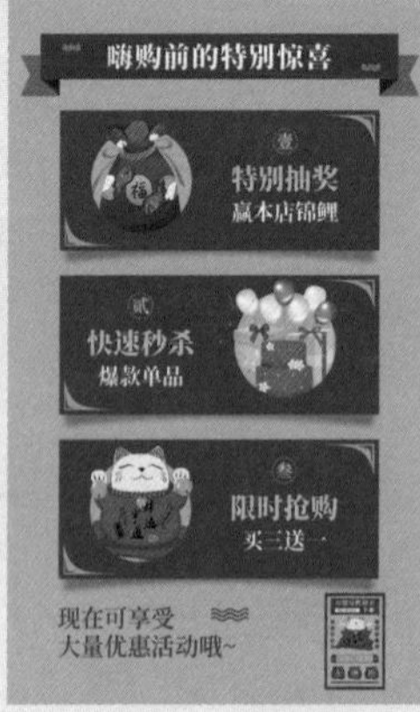

图 8–119

09

# 第 9 章

# 3D/ 全景 H5 制作

## 本章介绍

3D/ 全景 H5 可以将产品的每个角度都淋漓尽致地展现，令用户有身临其境的感觉。本章从实战角度对 3D/ 全景 H5 的项目策划、交互设计、视觉设计以及制作发布进行系统讲解与演练。通过对本章的学习，读者可以对 3D/ 全景 H5 有一个基本的认识，并快速掌握设计制作常用 3D/ 全景 H5 的方法。

### 学习目标

- 了解金融理财行业节日祝福 H5 的项目策划
- 掌握金融理财行业节日祝福 H5 的交互设计

### 技能目标

- 掌握金融理财行业节日祝福 H5 的视觉设计
- 掌握金融理财行业节日祝福 H5 的制作发布

3D/ 全景 H5 制作

# 9.1 课堂案例——金融理财行业节日祝福 H5 制作

【案例学习目标】了解金融理财行业节日祝福 H5 项目策划及交互设计，掌握使用 Photoshop 软件制作 H5 页面视觉效果的方法，学习使用凡科微传单制作 H5 效果和发布的方法。

扫码观看
本案例视频

扫码观看
本案例视频

【案例知识要点】使用谷歌浏览器登录凡科官网，使用凡科微传单制作金融理财行业节日祝福 H5，使用 Photoshop 软件制作首页、尊享一生、步步高升、关爱一生、岁岁平安、悦享一生、恭喜发财等页面的视觉效果，使用凡科微传单趣味功能中的走马灯功能制作最终效果，效果如图 9–1 所示。

【效果所在位置】云盘 /Ch09/ 金融理财行业节日祝福 H5 制作。

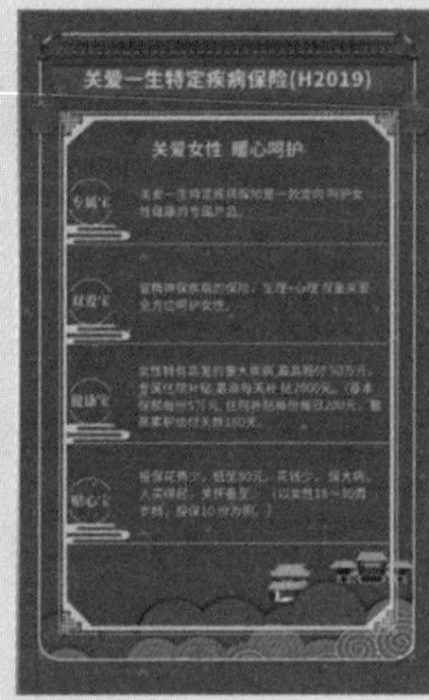

扫码观看
本案例

图 9–1

## 9.1.1 项目策划

金融理财保险公司在新春佳节之际，想策划一款 H5，既达到节日祝福又起到宣传品牌的作用。在内容上，将页面分成首尾祝福页、3 款险种介绍页以及穿插在险种介绍之间的祝福页。在视觉上，采用红色剪纸的形式营造春节气氛。在制作上，运用走马灯的表现形式进一步体现春节的喜庆。

## 9.1.2 交互设计

通过前期基本的项目策划，对这支 H5 的原型进行了梳理，并运用 Axure 进行了绘制，如图 9-2 所示。

图 9-2

## 9.1.3 视觉设计

**1. 首页**

（1）打开 Photoshop 软件。按 Ctrl+N 组合键，新建一个文件，宽度为 750 像素，高度为 1206 像素，分辨率为 72 像素 / 英寸，单击“创建”按钮，完成文档新建。

（2）选择“文件 > 置入嵌入对象”命令，弹出“置入嵌入的对象”对话框，选择云盘中的“Ch09 > 金融理财行业节日祝福 H5 制作 > 视觉设计 > 素材 > 01”文件，单击“置入”按钮，将图片置入到图像窗口中，拖曳到适当的位置并调整大小，按 Enter 键确定操作，效果如图 9-3 所示，在“图层”控制面板生成新图层并将其命名为“底图”，如图 9-4 所示。

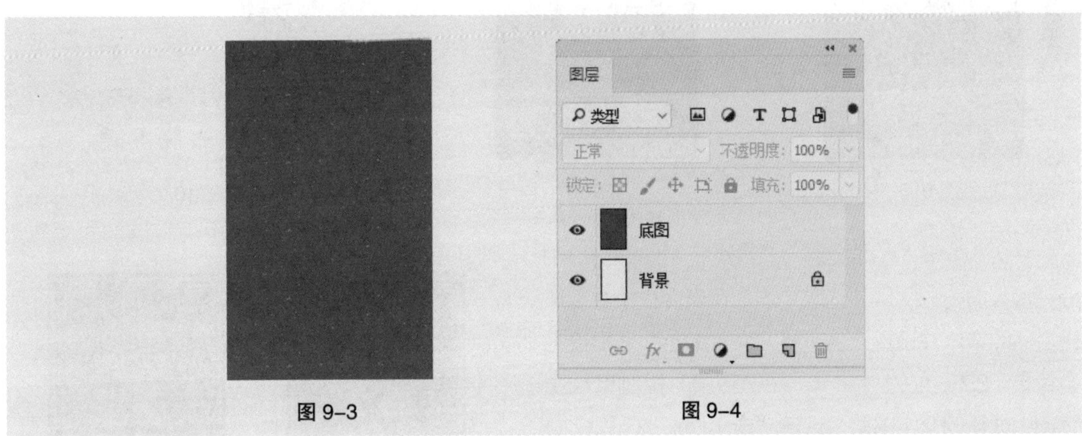

图 9-3　　图 9-4

（3）选择“矩形”工具，在页面中单击鼠标左键，弹出“创建矩形”对话框，选项的设置如图 9-5 所示，单击“确定”按钮，选择“移动”工具，将图形拖曳到适当的位置，在“图层”控制面板生成新的形状图层“矩形 1”。在属性栏中将“填充”选项设为无，单击“描边”选项，在弹出的面板中选择“渐变”按钮，选择“橙，黄，橙渐变”预设，如图 9-6 所示，将“描边宽度”选项设为 8 像素，效果如图 9-7 所示。

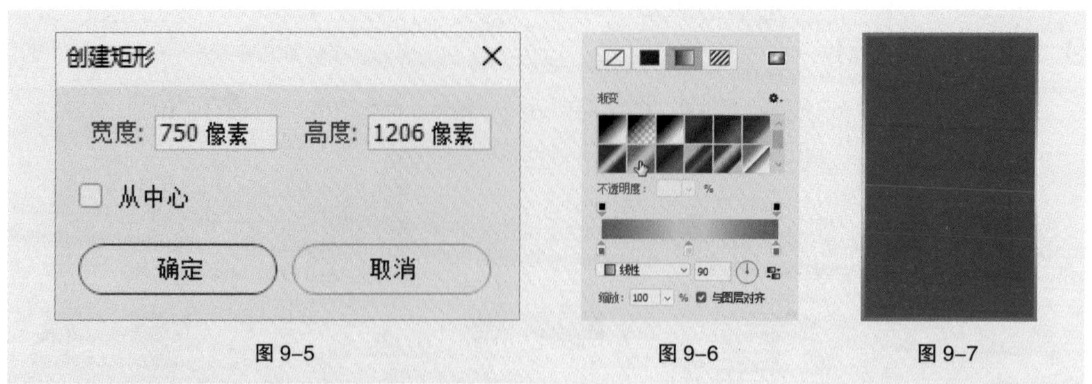


图 9-5　　图 9-6　　图 9-7

（4）选择“圆角矩形”工具，在属性栏中将“半径”选项设为 40 像素，在图像窗口中绘制圆角矩形，设置“描边”颜色设为金黄色（255、207、126），“描边宽度”选项设为 4 像素，如图 9-8 所示，在“图层”控制面板生成新的形状图层“圆角矩形 1”。

（5）选择“文件 > 置入嵌入对象”命令，弹出“置入嵌入的对象”对话框，分别选择云盘中的“Ch09 > 金融理财行业节日祝福 H5 制作 > 视觉设计 > 素材 > 02、03、04”文件，单击“置入”按钮，将图片置入到图像窗口中，并分别调整其位置和大小，按 Enter 键确定操作，效果如图 9-9 所示，在“图层”控制面板分别生成新图层并将其分别命名为“云彩”“梅花”和“文字框”。

（6）在“图层”控制面板中，按住 Shift 键的同时，将“云彩”图层和“矩形 1”图层之间的所有图层同时选取，按 Ctrl+G 组合键，编组图层并将其命名为“边框”，如图 9-10 所示。

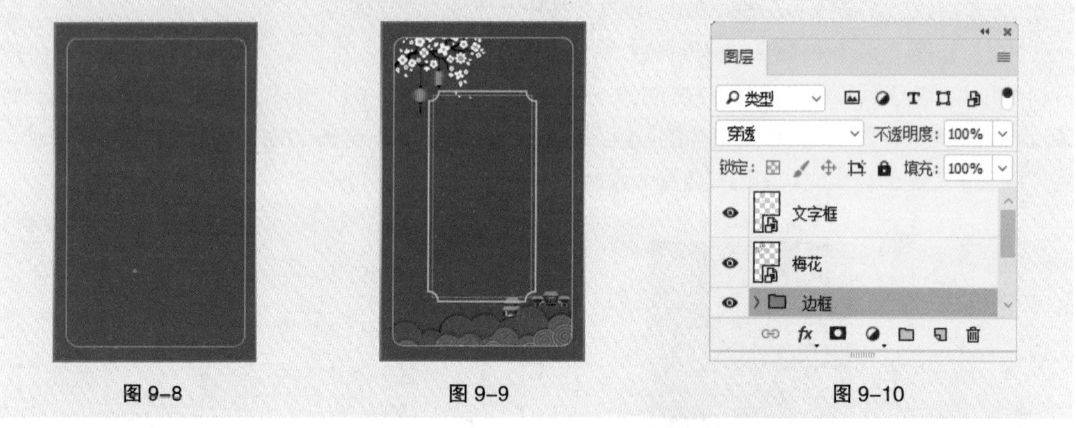


图 9-8　　图 9-9　　图 9-10

（7）选择“直排文字”工具，在图像窗口中分别输入需要的文字并选取文字，在属性栏中分别选择合适的字体并设置大小，将“文本颜色”选项设为金黄色（255、207、126），在“图层”控制面板中分别生成新的文字图层。选择“新年福……”文字，按 Alt+ ↑ 组合键，适当调整文字的行距。按 Alt+ → 组合键，适当调整文字的字距，效果如图 9-11 所示。

（8）选择“横排文字”工具，在适当的位置输入需要的文字并选取文字，在属性栏中选择合适的字体并设置大小，效果如图 9-12 所示，在“图

图 9-11　　图 9-12

层”控制面板中生成新的文字图层。

（9）选取“新年福来临……”文字图层，单击“图层”控制面板下方的“添加图层样式”按钮 fx，在弹出的菜单中选择“投影”命令，在弹出的对话框中进行设置，如图 9-13 所示，单击“确定”按钮，效果如图 9-14 所示。

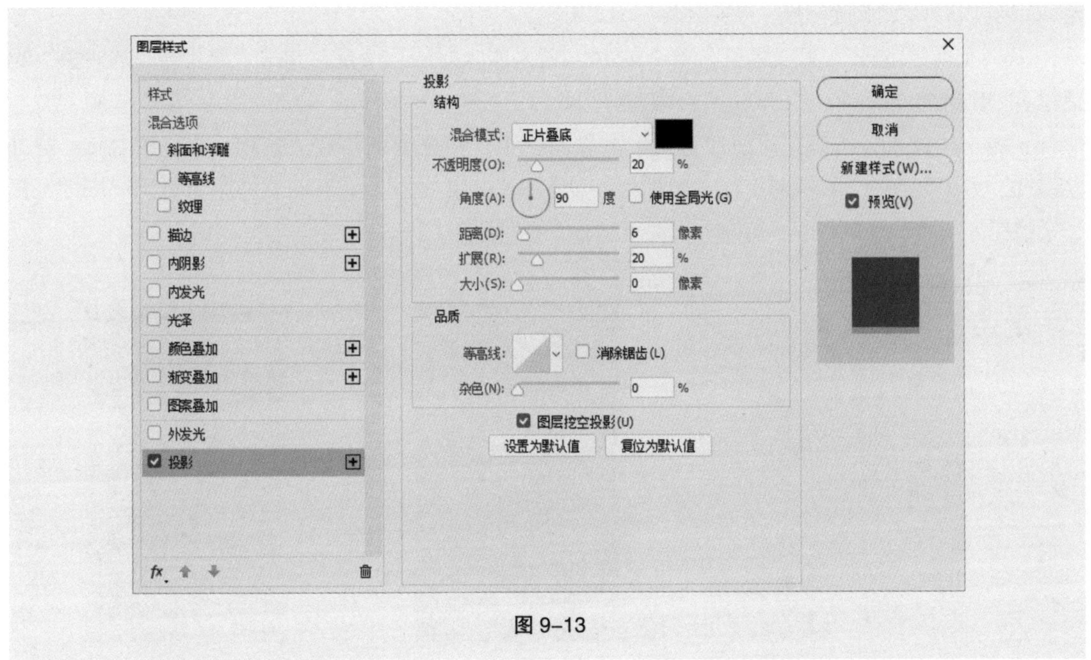

图 9-13

（10）选择“文件 > 置入嵌入对象”命令，弹出“置入嵌入的对象”对话框，选择云盘中的“Ch09 > 金融理财行业节日祝福 H5 制作 > 视觉设计 > 素材 > 05”文件，单击“置入”按钮，将图片置入到图像窗口中，拖曳到适当的位置并调整大小，按 Enter 键确定操作，效果如图 9-15 所示，在“图层”控制面板生成新图层并将其命名为“祥云”。

（11）在“图层”控制面板中，按住 Shift 键的同时，将“边框”图层组和“祥云”图层之间的所有图层同时选取，按 Ctrl+G 组合键，编组图层并将其命名为“首页”，如图 9-16 所示。

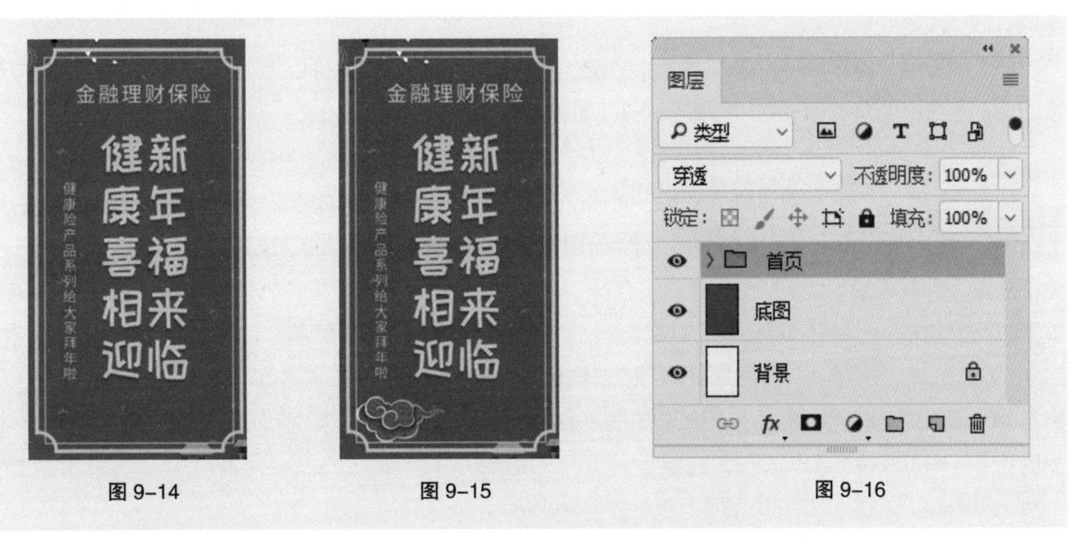

图 9-14　图 9-15　图 9-16

**2. 尊享一生**

（1）在“图层”控制面板中，按 Ctrl+J 组合键，复制“首页”图层组，生成新图层组并将其命名为“尊享一生”。单击“首页”图层组左侧的眼睛图标，将其隐藏，如图 9–17 所示。单击展开“尊享一生”图层组，按住 Shift 键的同时，将“祥云”图层和“梅花”图层之间的所有图层同时选取，按 Delete 键删除图层，效果如图 9–18 所示。

（2）选中“边框”图层组。选择“文件 > 置入嵌入对象”命令，弹出“置入嵌入的对象”对话框，分别选择云盘中的“Ch09 > 金融理财行业节日祝福 H5 制作 > 视觉设计 > 素材 > 06、07”文件，单击“置入”按钮，将图片置入到图像窗口中，并分别调整其位置和大小，按 Enter 键确定操作，效果如图 9–19 所示，在“图层”控制面板分别生成新图层并将其分别命名为“屋顶”和“边框”。

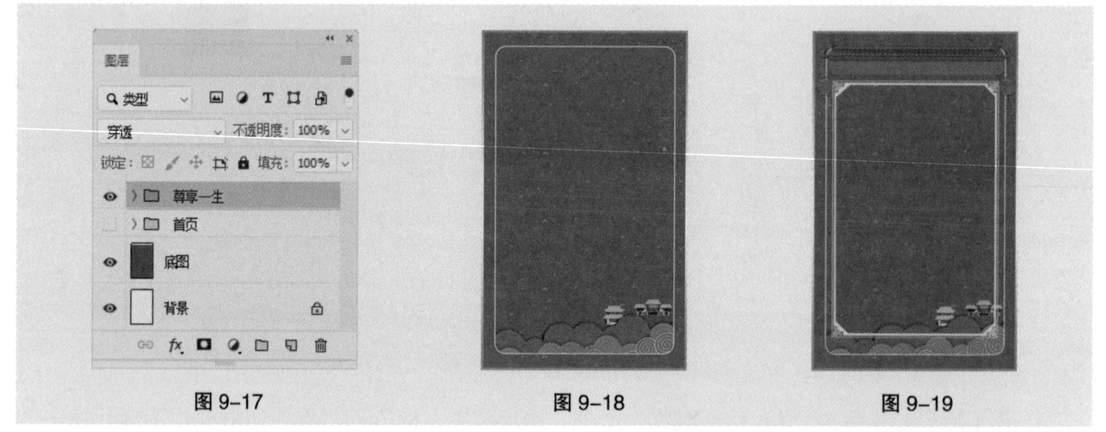

图 9–17　　图 9–18　　图 9–19





（3）选择“横排文字”工具，在图像窗口中分别输入需要的文字并选取文字，在属性栏中分别选择合适的字体并设置大小，将“文本颜色”选项设为金黄色（255、207、126），效果如图 9–20 所示，在“图层”控制面板中分别生成新的文字图层。

图 9–20

（4）选中“尊享一生……”文字图层。单击“图层”控制面板下方的“添加图层样式”按钮，在弹出的菜单中选择“投影”命令，在弹出的对话框中进行设置，如图 9–21 所示，单击“确定”按钮，效果如图 9–22 所示。

（5）选择“文件 > 置入嵌入对象”命令，弹出“置入嵌入的对象”对话框，分别选择云盘中的“Ch09 > 金融理财行业节日祝福 H5 制作 > 视觉设计 > 素材 > 08、09”文件，单击“置入”按钮，将图片置入到图像窗口中，分别调整其位置和大小，按 Enter 键确定操作，效果如图 9–23 所示，在“图层”控制面板分别生成新图层并将其分别命名为“装饰 1”和“费用”。

（6）选择“横排文字”工具，在图像窗口中输入需要的文字并选取文字，在属性栏中分别选择合适的字体并设置大小，效果如图 9–24 所示，在“图层”控制面板中分别生成新的文字图层。

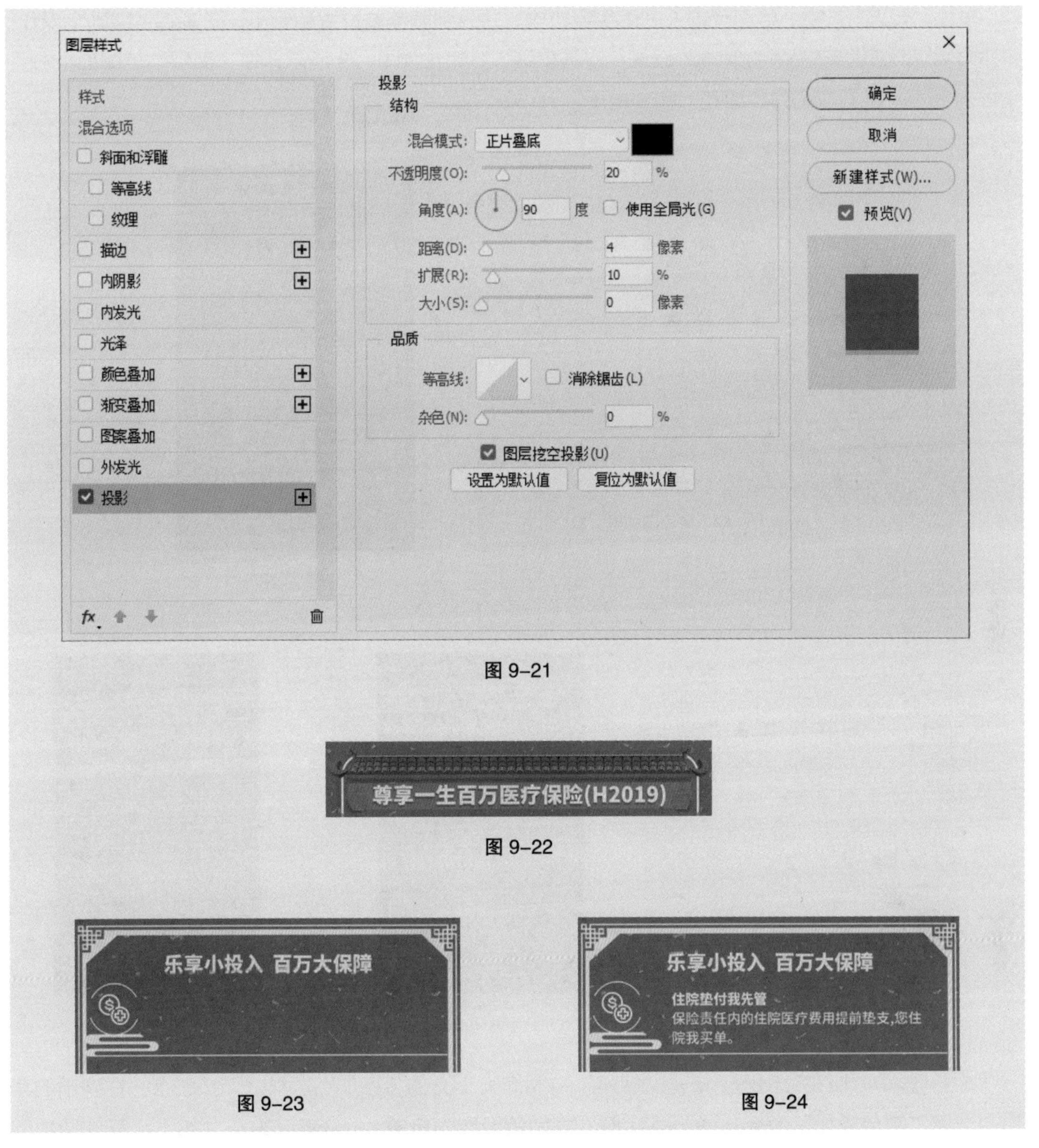

图 9-21

图 9-22

图 9-23　　图 9-24

（7）在“图层”控制面板中，按住 Shift 键的同时，将“装饰 1”图层和“住院垫付……”文字图层之间的所有图层同时选取，按 Ctrl+G 组合键，编组图层并将其命名为“住院”，如图 9-25 所示。用相同的方法置入图片并输入文字，效果如图 9-26 所示。

**3. 步步高升**

（1）在“图层”控制面板中，按 Ctrl+J 组合键，复制“尊享一生”图层组，生成新图层组并将其命名为“步步高升”。单击“尊享一生”图层组左侧的眼睛图标，将其隐藏，如图 9-27 所示。单击展开“步步高升”图层组，按住 Shift 键的同时，将“保障范围”图层组和“屋顶”图层之间的所有图层同时选取。按 Delete 键删除图层，效果如图 9-28 所示。

（2）选中“边框”图层组。选择“文件 > 置入嵌入对象”命令，弹出“置入嵌入的对象”对话框，分别选择云盘中的“Ch09 > 金融理财行业节日祝福 H5 制作 > 视觉设计 > 素材 > 15、16”文件，单击“置入”按钮，将图片置入到图像窗口中，并分别调整其位置和大小，按 Enter 键确定操作。单击“底图”图层组左侧的眼睛图标，将其隐藏，效果如图 9-29 所示，在“图层”控制面板分别生成新图层并将其命名为“梅花”和“帽子”。

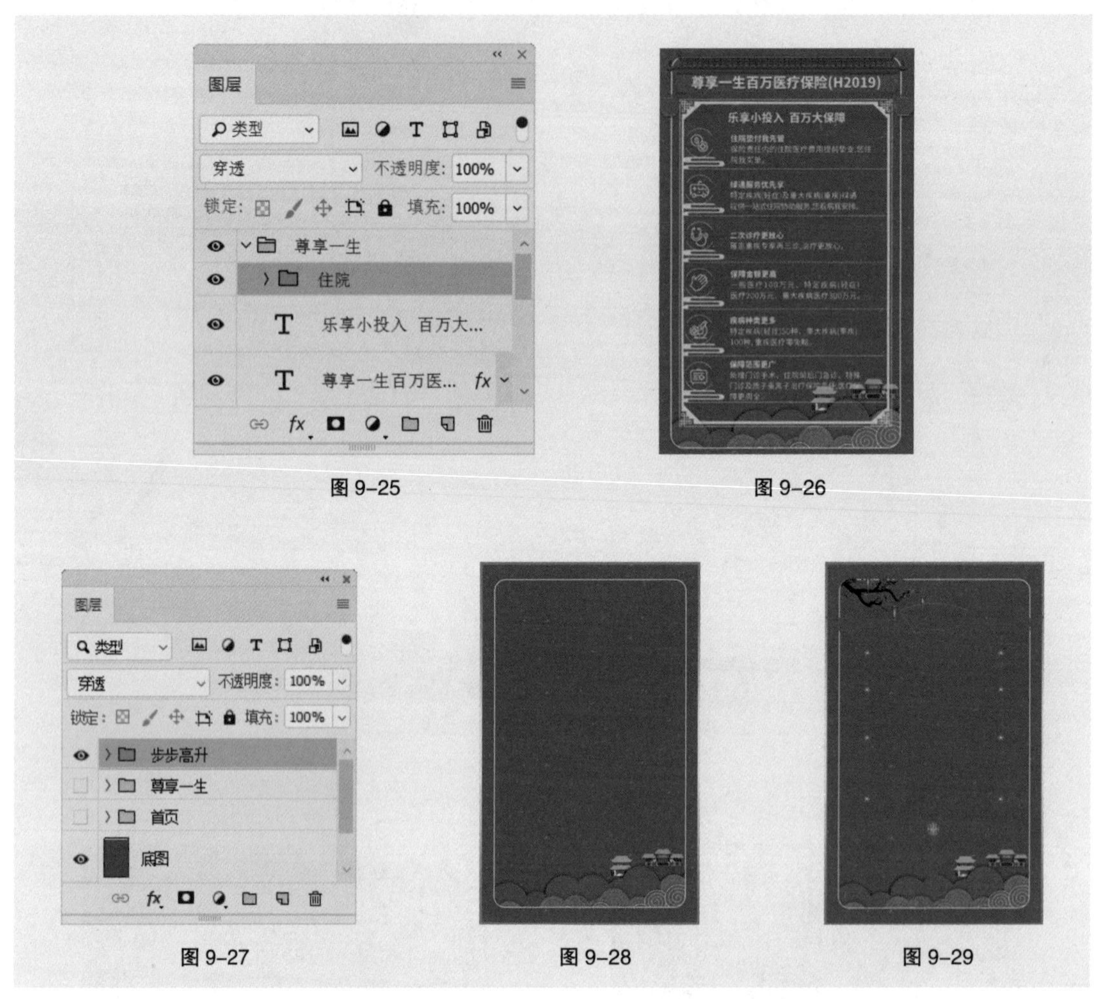


图 9-25　图 9-26

图 9-27　图 9-28　图 9-29

（3）选中“梅花”图层。单击“图层”控制面板下方的“添加图层样式”按钮，在弹出的菜单中选择“颜色叠加”命令，弹出对话框，将颜色设置为金黄色（255、207、126），其他选项的设置如图 9-30 所示，单击“确定”按钮，效果如图 9-31 所示。

（4）在“梅花”图层上单击鼠标右键，在弹出的菜单中选择“拷贝图层样式”命令，拷贝图层样式。在“帽子”图层上单击鼠标右键，在弹出的菜单中选择“粘贴图层样式”命令，粘贴图层样式，效果如图 9-32 所示。

（5）选择“直排文字”工具，在图像窗口中输入需要的文字并选取文字，在属性栏中选择合适的字体并设置大小，效果如图 9-33 所示，在“图层”控制面板中生成新的文字图层。

（6）选择“文件 > 置入嵌入对象”命令，弹出“置入嵌入的对象”对话框，选择云盘中的“Ch09 > 金融理财行业节日祝福 H5 制作 > 视觉设计 > 素材 > 05”文件，单击“置入”按钮，将图片置入到图像窗口中，拖曳到适当的位置并调整大小，按 Enter 键确定操作，效果如图 9-34 所示，在“图层”控制面板生成新图层并将其命名为“祥云”。

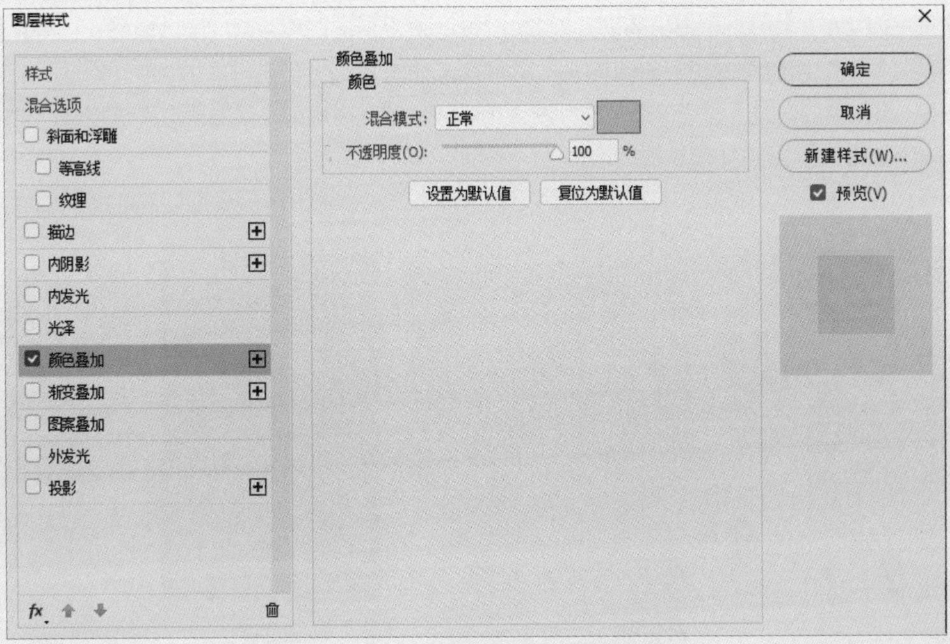

图 9-30

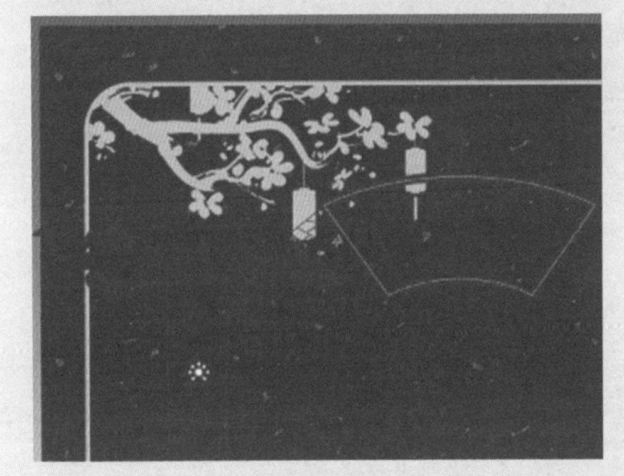

图 9-31

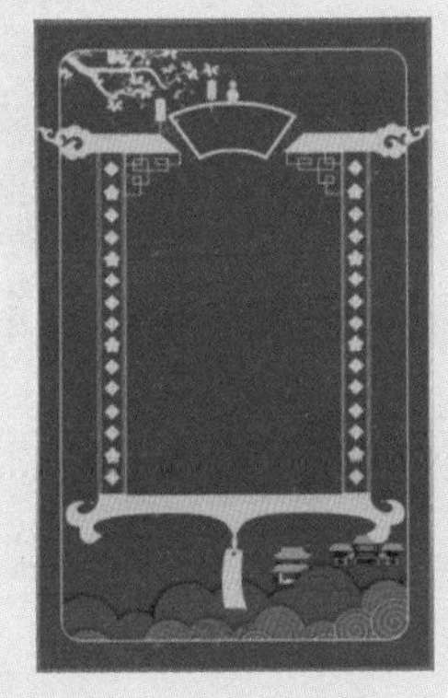

图 9-32

图 9-33

（7）将“祥云”图层拖曳到控制面板下方的“创建新图层”按钮上进行复制，生成新的图层“祥云 拷贝”。按 Ctrl+T 组合键，在图像周围出现变换框，单击鼠标右键，在弹出的菜单中选择“水平翻转”命令，水平翻转图像，按 Enter 键确定操作，效果如图 9-35 所示。

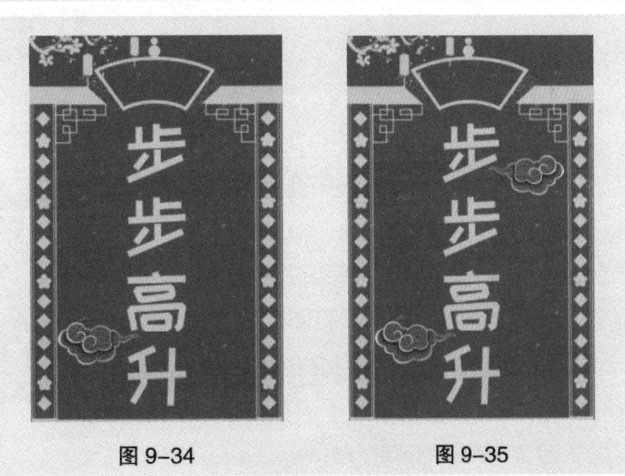


图 9-34　　图 9-35

**4. 关爱一生**

（1）在“图层”控制面板中，按

Ctrl+J 组合键，复制“尊享一生”图层组，生成新图层组并将其命名为“关爱一生”。将“关爱一生”图层组拖曳到“步步高升”图层组的上方，单击“步步高升”图层组左侧的眼睛图标，将其隐藏。单击“关爱一生”图层左侧的眼睛图标，将其显示如图 9-36 所示。单击展开“关爱一生”图层组，按住 Shift 键的同时，将“保障范围”图层组和“住院”图层组之间的所有图层组同时选取，按 Delete 键删除图层，效果如图 9-37 所示。

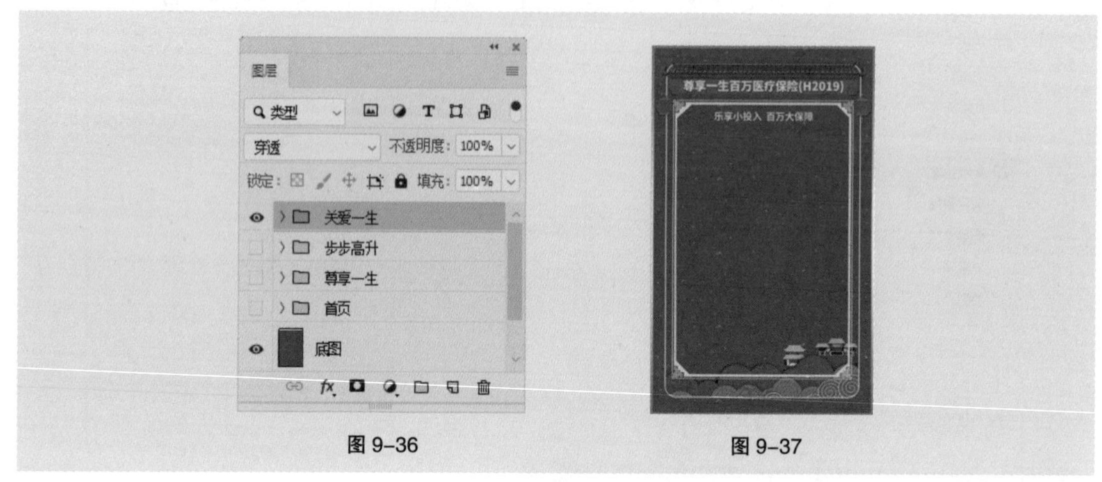


图 9-36　　图 9-37

（2）选择“横排文字”工具 T，分别选取文字“尊享一生……”和“乐享小投……”，输入需要的文字，效果如图 9-38 所示。

（3）选择“文件 > 置入嵌入对象”命令，弹出“置入嵌入的对象”对话框，选择云盘中的“Ch09 > 金融理财行业节日祝福 H5 制作 > 视觉设计 > 素材 > 08”文件，单击“置入”按钮，将图片置入到图像窗口中，拖曳到适当的位置并调整大小，按 Enter 键确定操作，效果如图 9-39 所示，在“图层”控制面板生成新图层并将其命名为“装饰 1”。

（4）选择“横排文字”工具 T，在图像窗口中分别输入需要的文字并选取文字，在属性栏中分别选择合适的字体并设置大小，效果如图 9-40 所示，在“图层”控制面板中分别生成新的文字图层。

（5）在“图层”控制面板中，按住 Shift 键的同时，将“装饰 1”图层和“专属宝”图层之间的所有图层同时选取，按

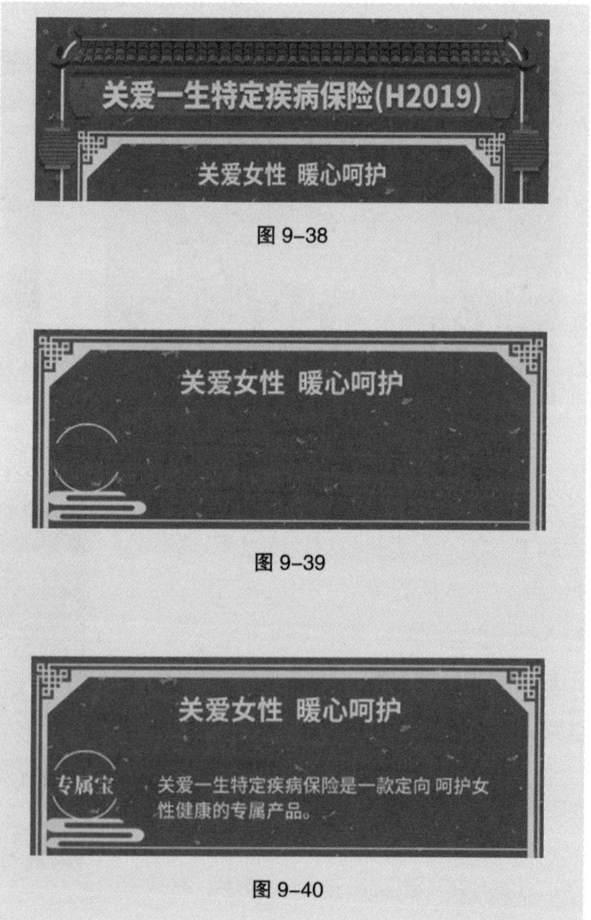


图 9-38

图 9-39

图 9-40

Ctrl+G 组合键，编组图层并将其命名为“专属宝”，如图 9-41 所示。用相同的方法置入图片并输入文字，效果如图 9-42 所示。

图 9-41　　图 9-42

**5．岁岁平安**

（1）在“图层”控制面板中，按 Ctrl+J 组合键，复制“步步高升”图层组，生成新图层组并将其命名为“岁岁平安”。将“岁岁平安”图层组拖曳到“关爱一生”图层组的上方，单击“关爱一生”图层组左侧的眼睛图标，将其隐藏。单击“岁岁平安”图层组左侧的眼睛图标，将其显示，如图 9-43 所示。

（2）单击展开“岁岁平安”图层组。选择“横排文字”工具 T，选取文字“步步高升”，输入需要的文字，效果如图 9-44 所示。

**6．悦享一生**

（1）在“图层”控制面板中，按 Ctrl+J 组合键，复制“关爱一生”图层组，生成新图层组并将其命名为“悦享一生”。将“悦享一生”图层拖曳到“岁岁平安”图层组的上方，单击“岁岁平安”图层组左侧的眼睛图标，将其隐藏。单击“悦享一生”图层组左侧的眼睛图标，将其显示如图 9-45 所示。单击展开“悦享一生”图层组，按住 Shift 键的同时，将“贴心宝”图层组和“专属宝”图层组之间的所有图层组同时选取，按 Delete 键删除图层，效果如图 9-46 所示。

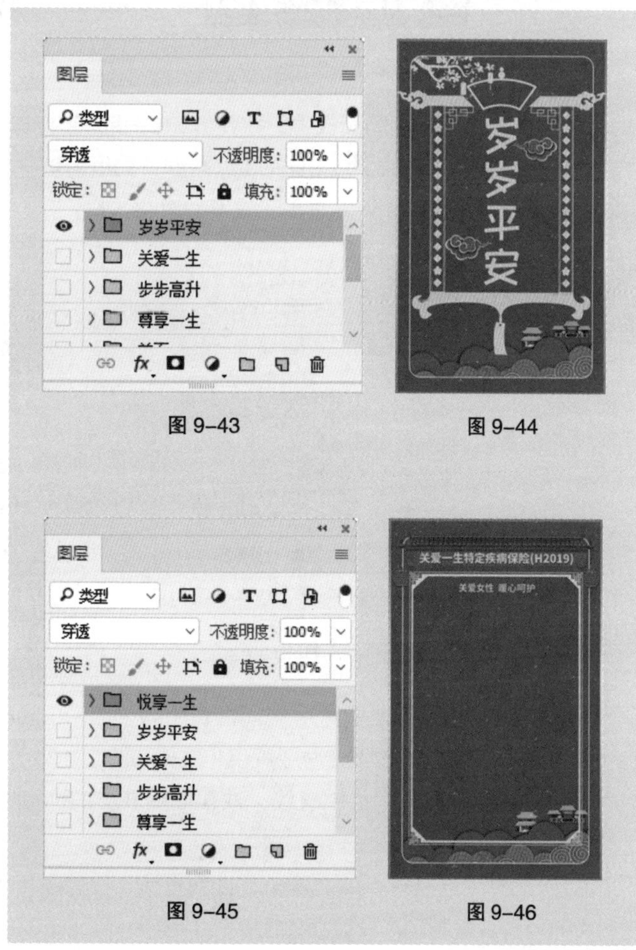

图 9-43　　图 9-44

图 9-45　　图 9-46

（2）选择“横排文字”工具 T，分别选取文字“关爱一生……”和“关爱女性……”，输入需要的文字，效果如图 9-47 所示。

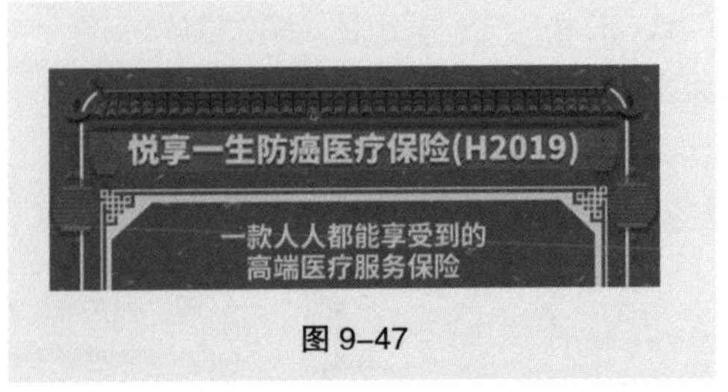

图 9-47

（3）选择“文件 > 置入嵌入对象”命令，弹出“置入嵌入的对象”对话框，分别选择云盘中的“Ch09 > 金融理财行业节日祝福 H5 制作 > 视觉设计 > 素材 > 17、18”文件，单击“置入”按钮，将图片置入到图像窗口中，并分别调整其位置和大小，按 Enter 键确定操作，效果如图 9-48 所示，在“图层”控制面板生成新图层并分别将其命名为“装饰”和“质量”。

（4）选择“横排文字”工具 T，在图像窗口中输入需要的文字并选取文字，在属性栏中选择合适的字体并设置大小，效果如图 9-49 所示，在“图层”控制面板中生成新的文字图层。

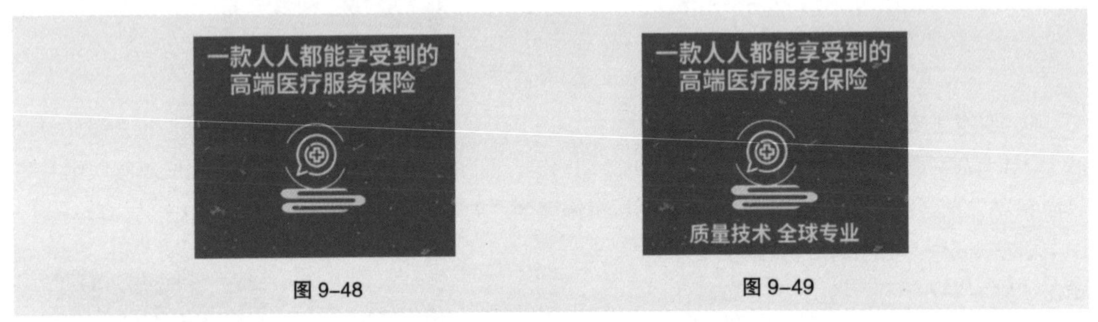

图 9-48　　图 9-49

（5）在“图层”控制面板中，按住 Shift 键的同时，将“质量技术”文字图层和“装饰”图层之间的所有图层同时选取，按 Ctrl+G 组合键，编组图层并将其命名为“质量”，如图 9-50 所示。用相同的方法置入图片并输入文字，效果如图 9-51 所示。

图 9-50　　图 9-51

（6）选择“直线”工具，在属性栏中的“选择工具模式”选项中选择“形状”，将“填充”选项设为无，“描边”选项设为金黄色（255、207、126），“粗细”选项设为 2 像素，按住 Shift 键的同时，在图像窗口中绘制直线，效果如图 9-52 所示，在“图层”控制面板生成新的形状图层“形状 1”。

（7）选择“路径选择”工具，选取直线，按住 Alt+Shift 组合键的同时，垂直向下拖曳图形到适当的位置，复制图形，效果如图 9-53 所示。

图 9-52

图 9-53

**7. 恭喜发财**

（1）在“图层”控制面板中，按 Ctrl+J 组合键，复制“悦享一生”图层组，生成新图层组并将其命名为“恭喜发财”。单击“悦享一生”图层组左侧的眼睛图标，将其隐藏，如图 9-54 所示。单击展开“恭喜发财”图层组，按住 Shift 键的同时，将“形状 1”形状图层和“屋顶”图层之间的所有图层同时选取，按 Delete 键删除图层，效果如图 9-55 所示。

（2）选中“边框”图层组。选择“文件 > 置入嵌入对象”命令，弹出“置入嵌入的对象”对话框，分别选择云盘中的“Ch09 > 金融理财行业节日祝福 H5 制作 > 视觉设计 > 素材 > 23、24、25”文件，单击“置入”按钮，将图片置入到图像窗口中，并分别调整其位置和大小，按 Enter 键确定操作，效果如图 9-56 所示，在“图层”控制面板分别生成新图层并将其命名为“花 1”“花 2”和“窗花”。

（3）选择“直排文字”工具，在图像窗口中输入需要的文字并选取文字，在属性栏中选择合适的字体并设置大小，效果如图 9-57 所示，在“图层”控制面板中生成新的文字图层。金融理财行业节日祝福 H5 页面效果制作完成。



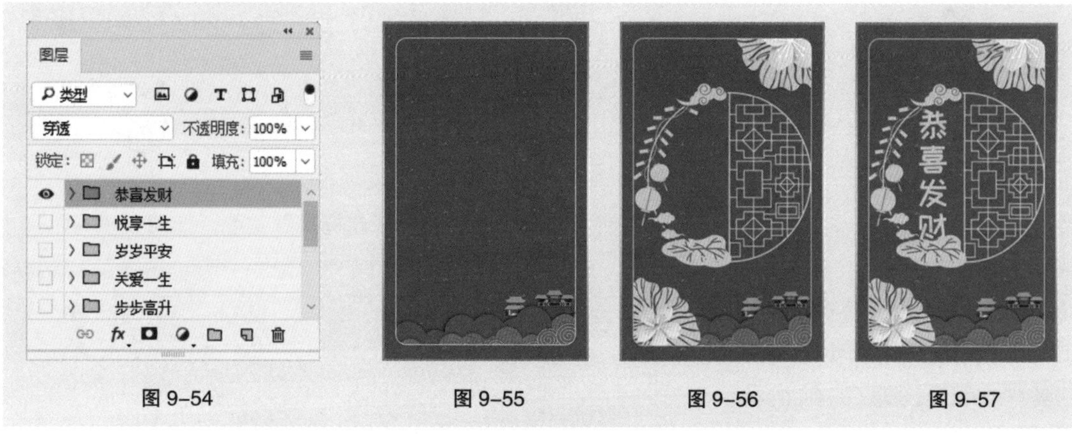


图 9-54　图 9-55　图 9-56　图 9-57

（4）选择“切片”工具，在图像窗口中拖曳鼠标绘制选区，如图 9-58 所示。选择“文件 > 导出 > 存储为 Web 所用格式……”命令，弹出“存储为 Web 所用格式”对话框，存储为 PNG-8 格式。选择“视图 > 清除切片”命令，清除切片。

（5）选择“移动”工具，单击“恭喜发财”图层组左侧的眼睛图标，将其隐藏，效果如图 9-59 所示。选择“文件 > 导出 > 存储为 Web 所用格式……”命令，弹出“存储为 Web 所用格式”对话框，存储为 JPEG 格式，并为其重命名。

（6）按住 Alt 键的同时，单击“首页”图层组左侧的眼睛图标 ，隐藏“首页”图层组以外的所有图层，效果如图 9-60 所示。选择“文件 > 导出 > 存储为 Web 所用格式……”命令，弹出“存储为 Web 所用格式”对话框，存储为 PNG-8 格式。用相同的方法导出其他图层组。

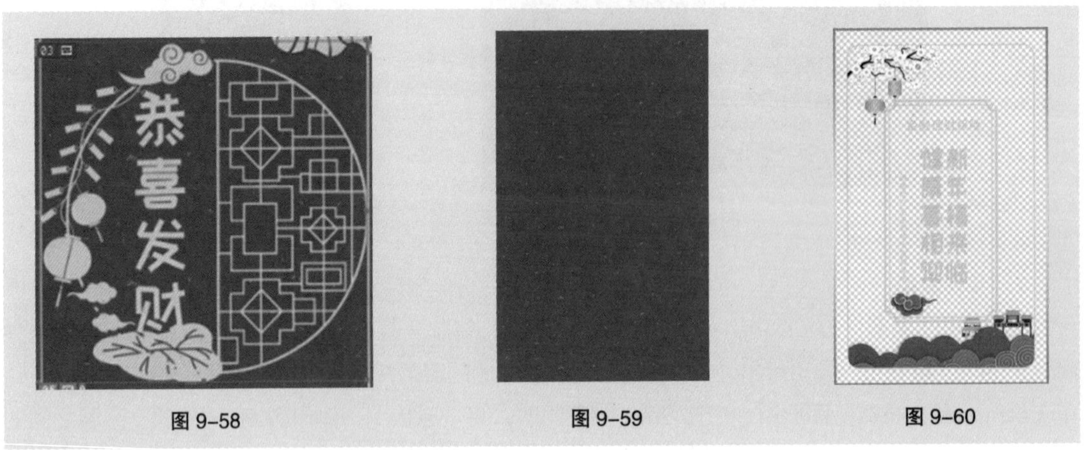

图 9-58　　图 9-59　　图 9-60

## 9.1.4 制作发布

（1）使用谷歌浏览器登录凡科官网。单击“进入管理”按钮，在常用产品中选择“微传单”，如图 9-61 所示，进入“创建活动”页面，选择“从空白创建”，如图 9-62 所示。

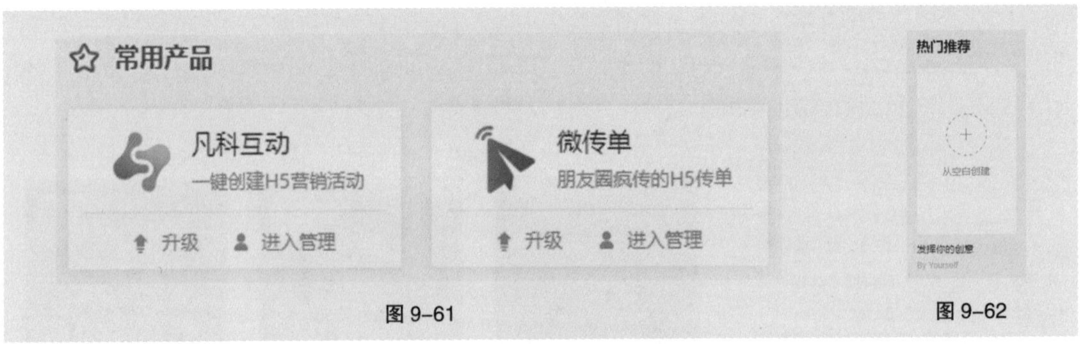

图 9-61　　图 9-62

（2）单击页面上方的“趣味”选项，在弹出的菜单中选择“走马灯”功能，如图 9-63 所示。在弹出的窗口中单击“添加”按钮，页面创建完成。

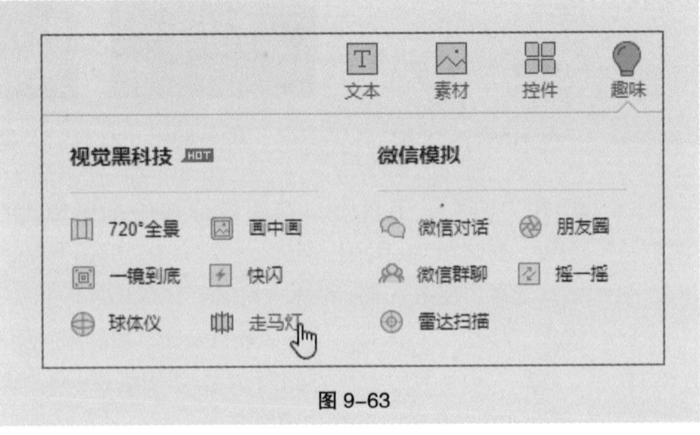

图 9-63

（3）单击“页面 1”右侧的“删除”按钮，如图 9-64 所示。弹出“信息提示”对话框，单击“确定”按钮，删除空白页面，效果如图 9-65 所示。

（4）单击页面右侧“走马灯”面板中的“设置背景”按钮，如图 9-66 所示，在弹出的“背景”面板中单击空白区域，如图 9-67 所示。在弹出的对话框中单击“本地上传”按钮，选择云盘中的“Ch09 > 金融理财行业节日祝福 H5 制作 > 制作发布 > 01 ～ 09”文件，单击“打开”按钮，上传图片，如图 9-68 所示。点击使用“01”素材，页面效果如图 9-69 所示。

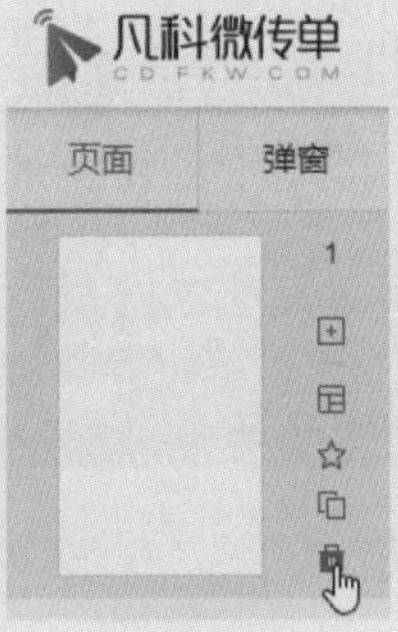

图 9-64 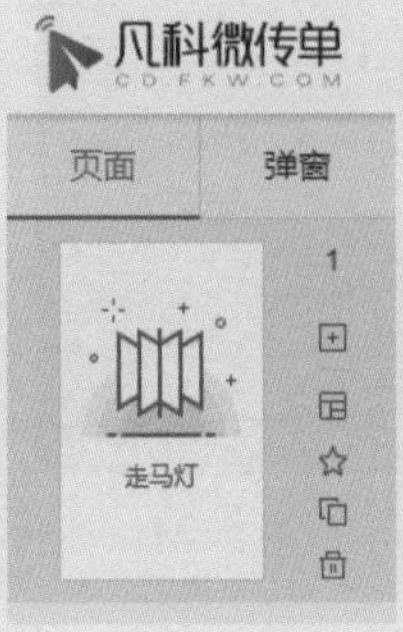　　图 9-65 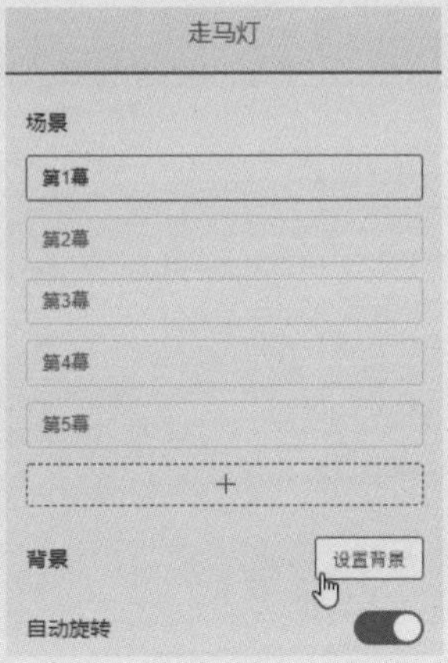　　图 9-66 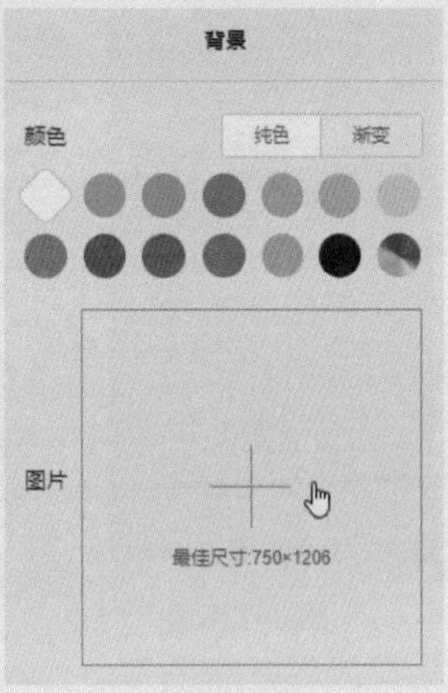　　图 9-67

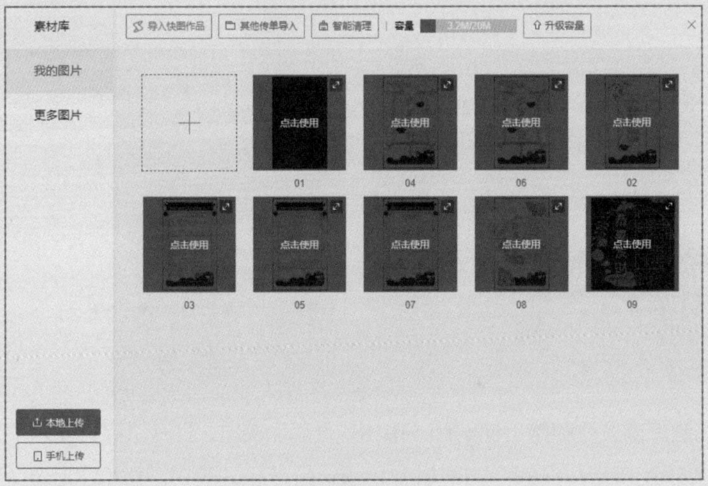

图 9-68　　图 9-69

（5）单击底图右侧的“生成”按钮，如图 9-70 所示，生成走马灯元素，单击页面右上方的“保存”按钮，保存页面效果，如图 9-71 所示。

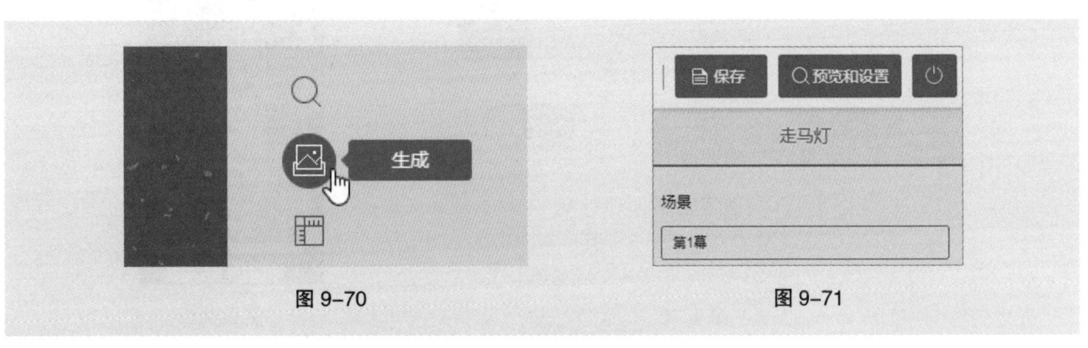


图 9-70　　图 9-71

（6）单击“素材”选项，在弹出的对话框中点击使用“02”素材，在页面空白处单击鼠标左键，取消选取，页面效果如图 9-72 所示。在页面右侧的“走马灯”面板中单击选取“第 2 幕”，如图 9-73 所示，页面效果如图 9-74 所示，单击“素材”选项，点击使用“03”素材，页面效果如图 9-75 所示。

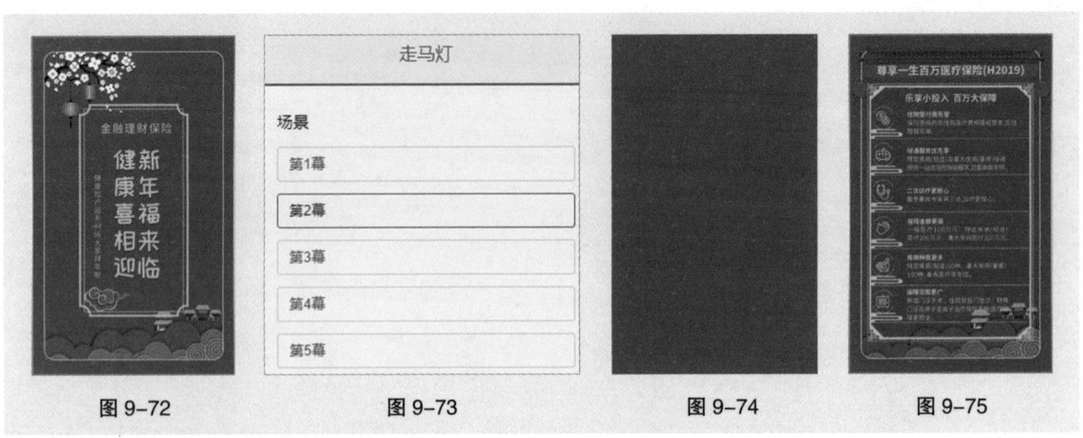


图 9-72　　图 9-73　　图 9-74　　图 9-75

（7）单击图像右侧的“间距”按钮，如图 9-76 所示，在弹出的“间距”面板中进项设置，如图 9-77 所示。在页面空白处单击鼠标左键，页面间距调整完成。

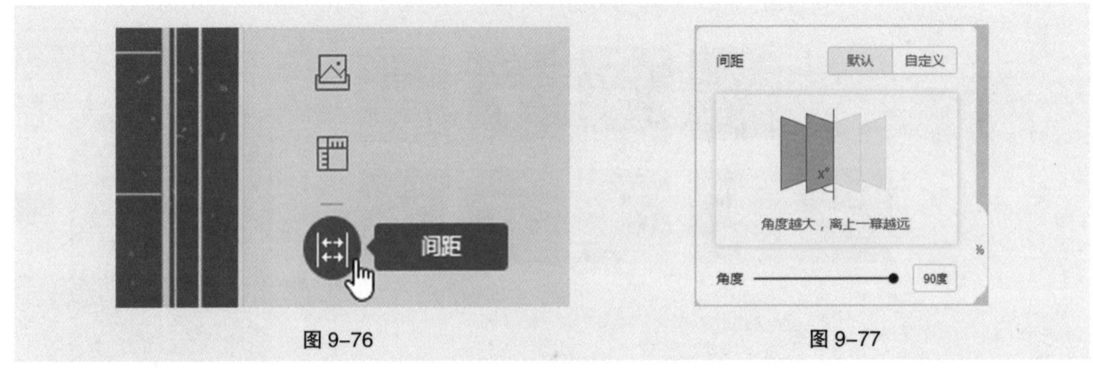


图 9-76　　图 9-77

（8）用相同的方法制作其他页面，并调整页面间距。单击“音乐”按钮，打开“背景音乐”选项，如图 9-78 所示，单击“选择音乐”按钮，在弹出的面板中选取背景音乐。单击“生成”按钮，生成走马灯效果，单击“预览和设置”按钮，保存并预览效果，如图 9-79 所示。

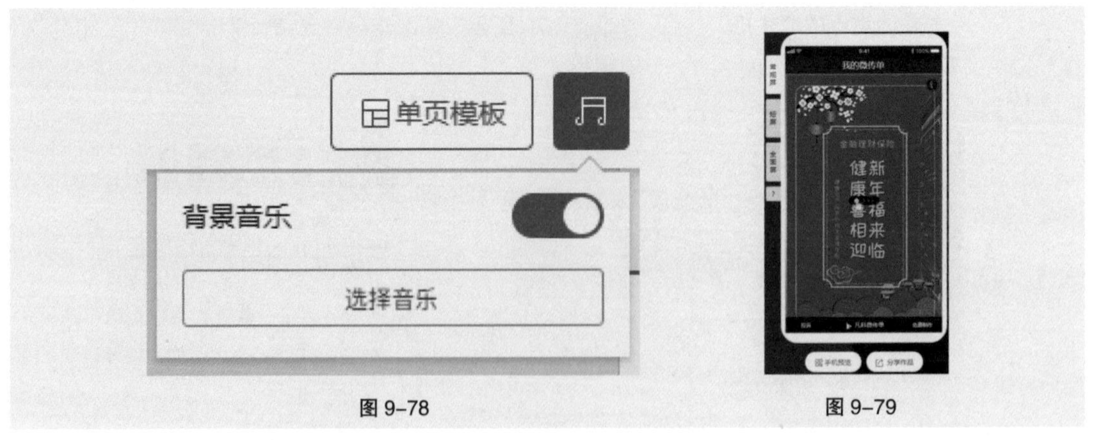


图 9-78　　图 9-79

（9）单击“基础设置”面板中的“编辑分享样式”按钮，如图 9-80 所示，在弹出的面板中编辑分享样式，如图 9-81 所示。单击效果下方的“手机预览”或“分享作品”按钮，扫描二维码即可分享作品。金融理财行业节日祝福 H5 制作发布完成。

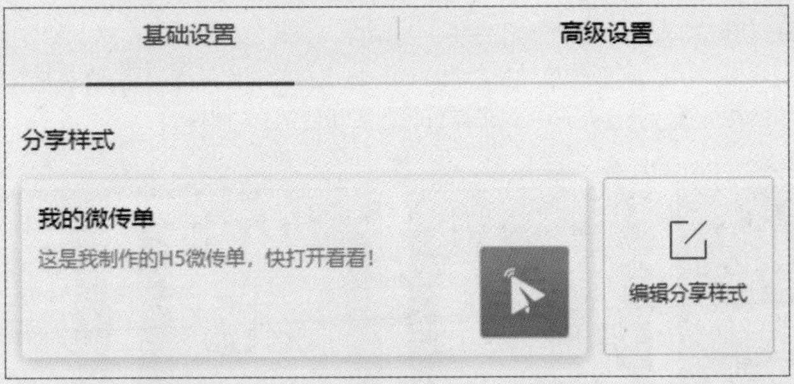

图 9-80

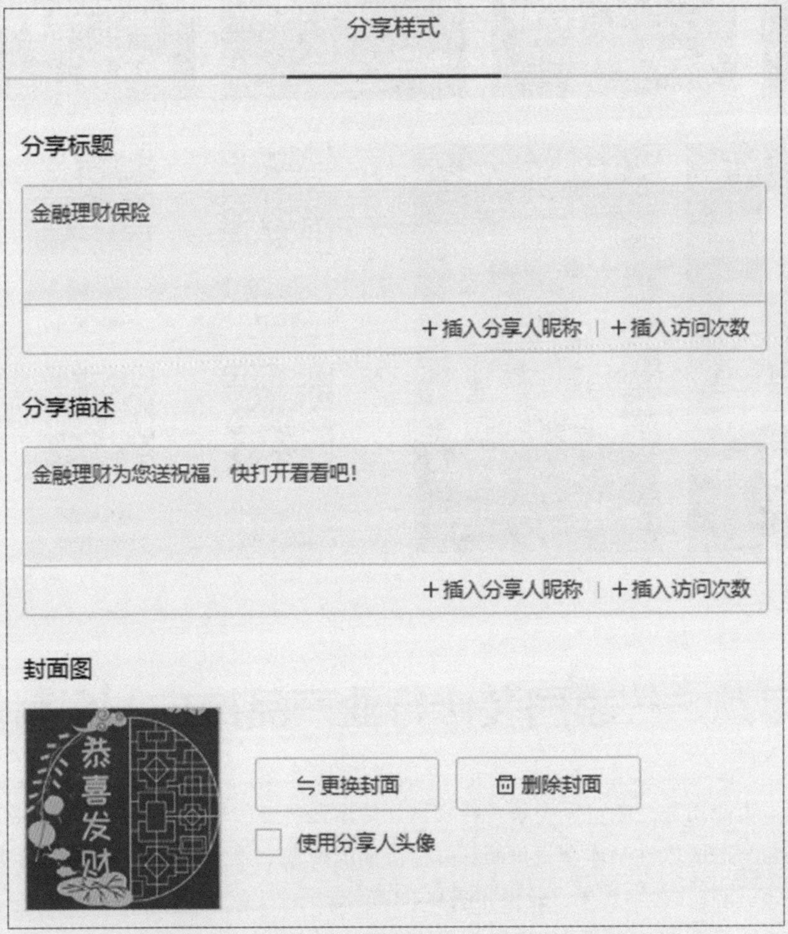

图 9-81

扫码观看
本案例 H5

# 9.2 课堂练习——电子商务行业活动促销 H5 制作

【练习知识要点】使用谷歌浏览器登录凡科官网，使用凡科微传单制作电子商务行业活动促销 H5，使用 Photoshop 软件制作首屏、先领券、大礼包、送亲友、送长辈、关注我们等页面的视觉效果，使用凡科微传单趣味功能中的球体仪功能制作最终效果，效果如图 9–82 所示。

【效果所在位置】云盘 /Ch09/ 电子商务行业活动促销 H5 制作。

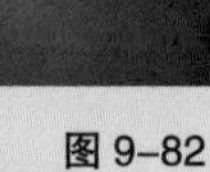

扫码观看
本案例

扫码观看
本案例视频

扫码观看
本案例 H5

扫码观看
本案例视频

图 9–82

# 9.3 课后习题——家居装修行业产品推广 H5 制作

【习题知识要点】使用谷歌浏览器登录凡科官网，使用凡科微传单制作家居装修行业产品推广 H5，使用 Photoshop 软件制作全景页面和弹窗页面的视觉效果，使用凡科微传单趣味功能中的 720° 全景功能制作最终效果，效果如图 9–83 所示。

【效果所在位置】云盘 /Ch09/ 家居装修行业产品推广 H5 制作。

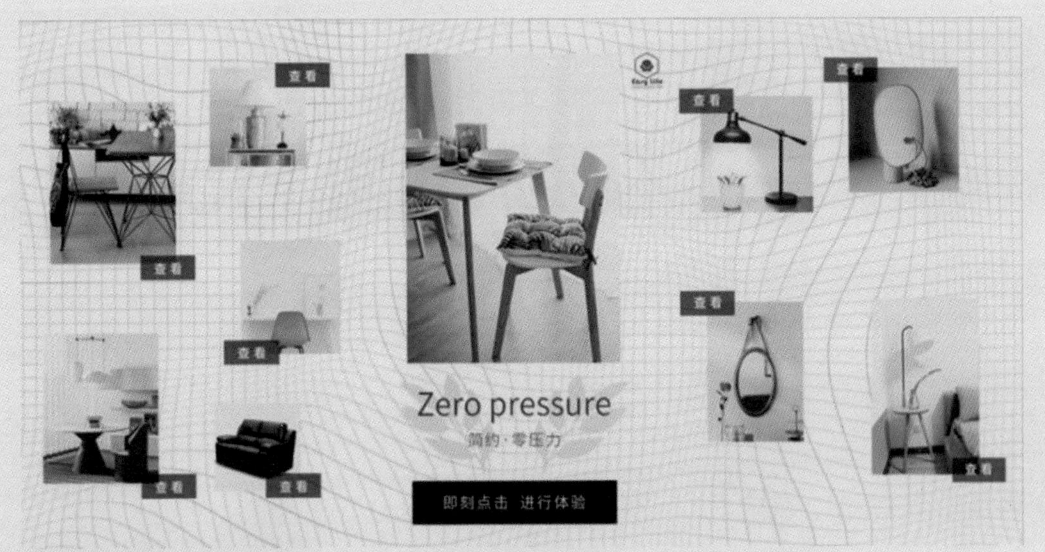


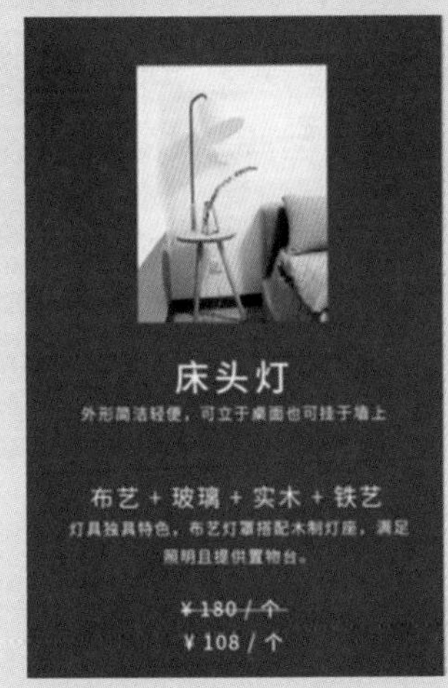

扫码观看
本案例

扫码观看
本案例 H5

扫码观看
本案例视频

扫码观看
本案例视频

图 9–83

10

# 第 10 章 视频动画 H5 制作

## 本章介绍

视频动画 H5 拥有强烈的故事情节，加之与情节环环相扣的音效，往往令用户在体验时目不转睛并产生强烈的真实感。本章从实战角度对视频动画 H5 的项目策划、交互设计、视觉设计以及制作发布进行系统讲解与演练。通过对本章的学习，读者可以对视频动画 H5 有一个基本的认识，并快速掌握设计制作常用视频动画 H5 的方法。

### 学习目标

- 了解旅游出行行业活动推广 H5 的项目策划
- 掌握旅游出行行业活动推广 H5 的交互设计

### 技能目标

- 掌握旅游出行行业活动推广 H5 的视觉设计
- 掌握旅游出行行业活动推广 H5 的制作发布

视频动画 H5 制作

# 10.1 课堂案例——旅游出行行业活动推广 H5 制作

【案例学习目标】了解旅游出行行业活动推广 H5 项目策划及交互设计，掌握使用 Photoshop 软件制作 H5 页面视觉效果的方法，学习使用 iH5 制作页面效果，使用 iH5 的页面、动效、事件、横幅制作功能制作最终效果并发布的方法。

【案例知识要点】使用谷歌浏览器登录 iH5 官网，使用 iH5 制作旅游出行行业活动推广 H5，使用 Photoshop 软件制作页面的视觉效果，使用 iH5 的动效、事件、横幅制作最终效果，效果如图 10–1 所示。

【效果所在位置】云盘 /Ch10/ 旅游出行行业活动推广 H5 制作。

图 10–1

## 10.1.1 项目策划

旅行社在春节推出了新加坡七日游旅行套餐，现在想策划一款 H5 来推广该旅行套餐。在内容上，首先模拟锁屏界面，界面上提示收到微信消息，点击消息解锁进入模拟的微信聊天界面，亲戚分享旅行心情并让我浏览其朋友圈；接着场景转换到模拟的朋友圈界面，开始浏览别人分享的各处景观；最后的页面，点击按钮可以跳转到新加坡七日游的链接了解活动。在视觉上，模拟锁屏、微信聊天和朋友圈界面，加强了代入感。在制作上，将微信聊天以及朋友圈观看以视频的形式展现，同时浏览朋友圈的视频中也嵌入了很多小视频，使整个 H5 显得非常生动。

## 10.1.2 交互设计

通过前期基本的项目策划，对这支 H5 的原型进行了梳理，并运用 Axure 进行了绘制，如图 10-2 所示。

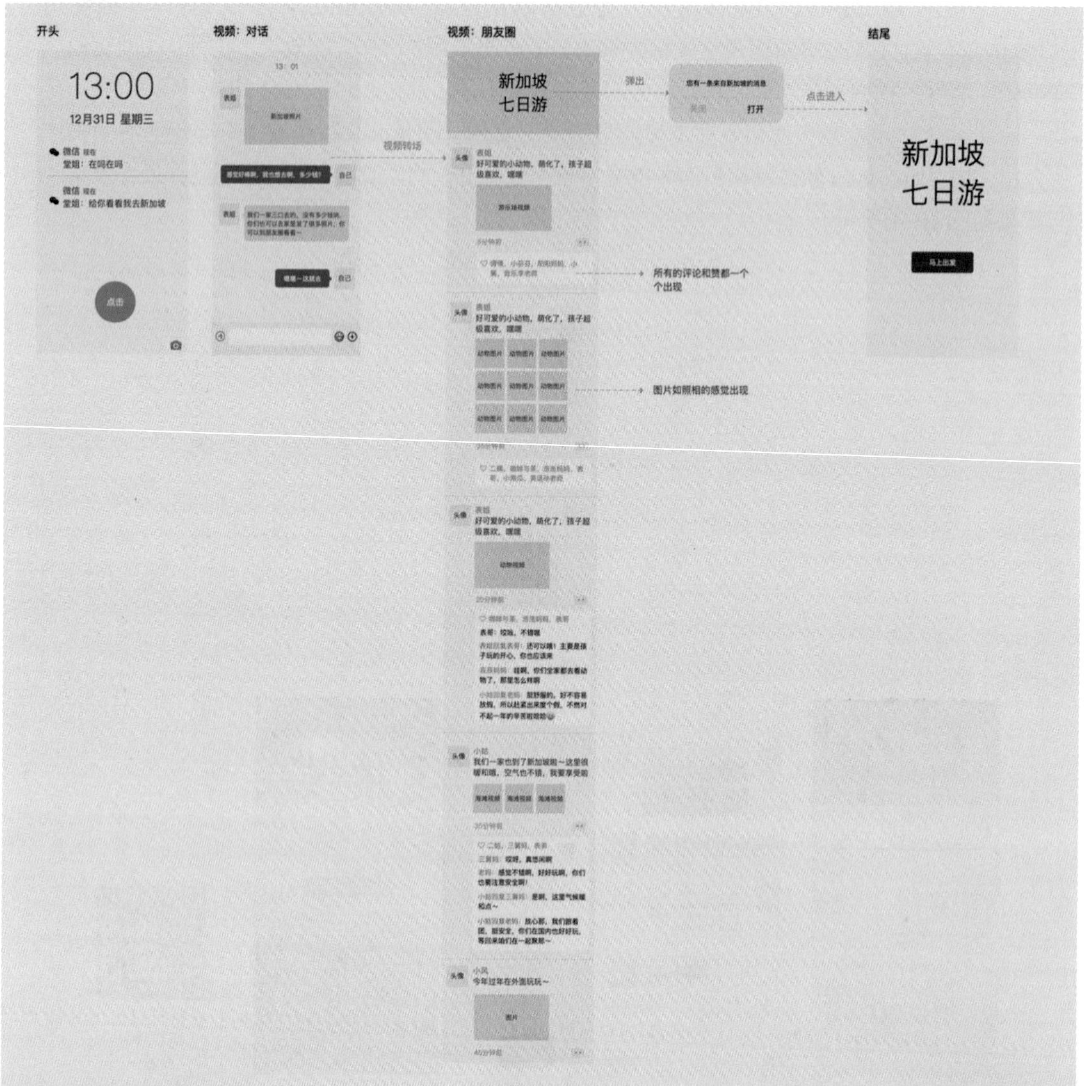

图 10-2

## 10.1.3 视觉设计

扫码观看
本案例视频

**1. 开头**

（1）打开 Photoshop 软件。按 Ctrl+N 组合键，新建一个文件，宽度为 640 像素，高度为 1249 像素，分辨率为 72 像素 / 英寸，背景内容为白色，单击“创建”按钮，完成文档新建。

（2）选择“文件 > 置入嵌入对象”命令，弹出“置入嵌入的对象”对话框。选择云盘中的“Ch10 > 旅游出行行业活动推广 H5 制作 > 视觉设计 > 素材 > 开头 > 01”文件，单击“置入”按钮，按 Enter 键确定操作，效果如图 10-3 所示，在“图层”控制面板中生成新图层并将其命名为“底图”。

（3）选择“横排文字”工具 T.，在适当的位置输入需要的文字并选取文字，在属性栏中选择合适的字体并设置大小，将“文本颜色”选项设为白色。选取文字，按 Alt+ ← 组合键，适当调整文字的字距，效果如图 10-4 所示，在“图层”控制面板中生成新的文字图层。

图 10-3　　图 10-4

（4）用相同的方法输入文字，在属性栏中分别选择合适的字体并设置大小，效果如图 10-5 所示，在“图层”控制面板中生成新的文字图层。

（5）选择“圆角矩形”工具，将属性栏中的“选择工具模式”选项设为“形状”，将“填充”颜色设为浅绿色（200，232，224），“描边”选择设为无，“半径”选项设为 16 像素。在图像窗口中绘制圆角矩形，在“图层”控制面板中生成新的形状图层“圆角矩形 1”。在“图层”控制面板上方，将该图层的“不透明度”选项设为 80%，按 Enter 键确定操作，效果如图 10-6 所示。

图 10-5　　图 10-6

（6）选择“文件 > 置入嵌入对象”命令，弹出“置入嵌入的对象”对话框。选择云盘中的“Ch10 > 旅游出行行业活动推广 H5 制作 > 视觉设计 > 素材 > 开头 > 02”文件，单击“置入”按钮，调整图形大小并将其拖曳到适当的位置，按 Enter 键确认操作，效果如图 10-7 所示，在“图层”控制面板中生成新图层并将其命名为“微信图标”。

（7）选择“横排文字”工具 T.，在适当的位置输入需要的文字并选取文字，在属性栏中分别选择合适的字体并设置大小，将“文本颜色”选项设为翠绿色（0，138，123），效果如图 10-8 所示，在“图层”控制面板中生成新的文字图层。

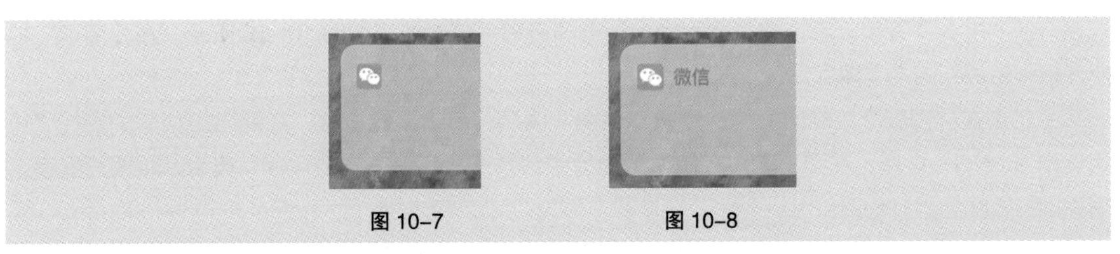


图 10-7　　图 10-8

（8）用相同的方法输入其他文字，效果如图 10-9 所示。在“图层”控制面板中，按住 Shift 键的同时，将“圆角矩形 1”图层和“在吗在吗”文字图层之间的所有图层同时选取，按 Ctrl+G 组合键，编组图层并将其命名为“消息 1”，如图 10-10 所示。

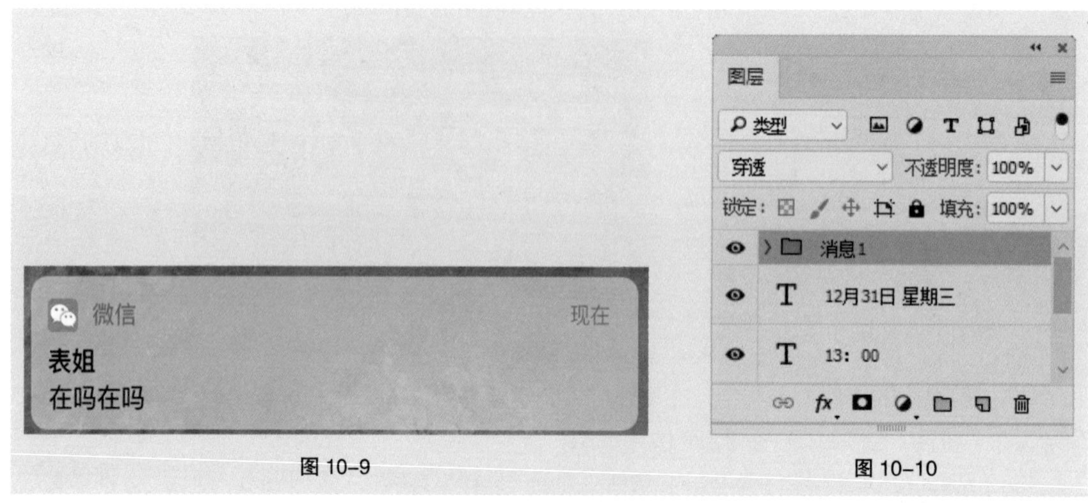


图 10-9　　图 10-10

（9）在“图层”控制面板中，按 Ctrl+J 组合键，复制“消息 1”图层组，生成新图层组并将其命名为“消息 2”。选择“移动”工具，按住 Shift 键的同时，将图形垂直拖曳到适当的位置，效果如图 10-11 所示。

（10）选择“横排文字”工具，选取文字“在吗在吗”并输入需要的文字，效果如图 10-12 所示。

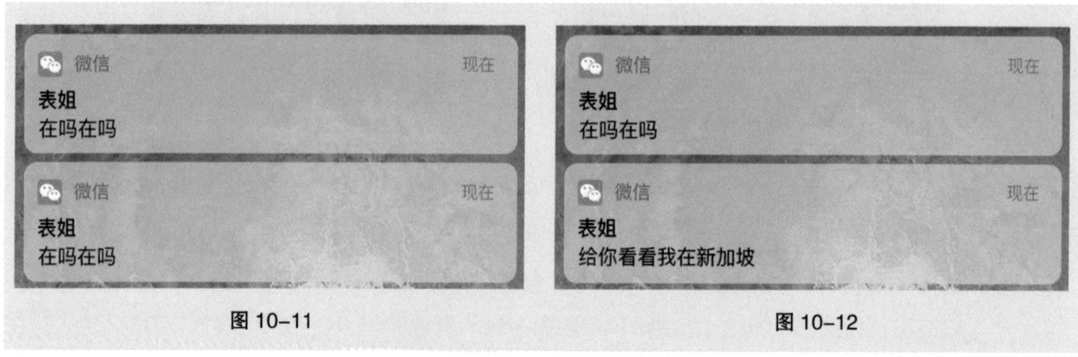


图 10-11　　图 10-12

（11）选择“椭圆”工具，在属性栏中将“填充”选项设为黑色，“描边”颜色设为无。按住 Shift 键的同时，在图像窗口中适当的位置绘制圆形，效果如图 10-13 所示，在“图层”控制面板中生成新的形状图层“椭圆 1”。在“图层”控制面板上方，将该图层的“不透明度”选项设为 10%，按 Enter 键确认操作，效果如图 10-14 所示。

（12）选择“横排文字”工具，在适当的位置输入需要的文字并选取文字，在属性栏中分别选择合适的字体并设置大小，将“文本颜色”选项设为白色，效果如图 10-15 所示，在“图层”控制面板中生成新的文字图层。

（13）在“图层”控制面板中，选取“底图”图层，单击鼠标右键，在弹出的菜单中选择“快速导出为 PNG”命令，在弹出的“存储为”面板中将其重命名。单击“保存”按钮，将图片保存。用相同的方法导出其他图层组。

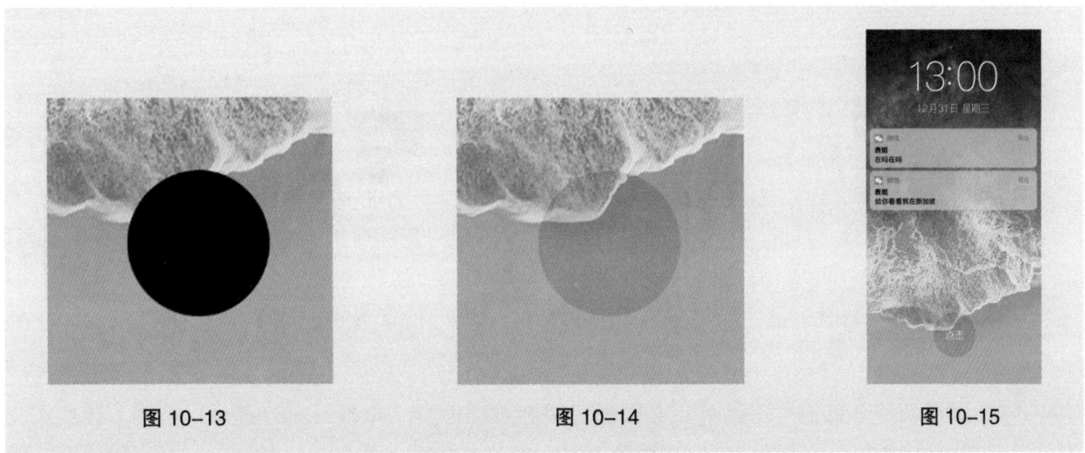

图 10-13　　图 10-14　　图 10-15

（14）按 Ctrl+S 组合键，弹出“存储为”对话框，将其命名为“旅游出行行业活动推广 H5 制作 - 开头”，保存为 psd 格式。单击“保存”按钮，弹出“Photoshop 格式选项”对话框，单击“确定”按钮，将文件保存。

**2. 视频：对话**

扫码观看
本案例视频

（1）按 Ctrl+N 组合键，新建一个文件，宽度为 640 像素，高度为 1249 像素，分辨率为 72 像素 / 英寸，背景内容为浅灰色（228、228、228），单击“创建”按钮，完成文档新建。

（2）选择“横排文字”工具 T，在适当的位置输入需要的文字并选取文字，在属性栏中分别选择合适的字体并设置大小，将“文本颜色”选项设为深灰色（149、149、149），效果如图 10-16 所示，在“图层”控制面板生成新的文字图层。

（3）选择“圆角矩形”工具 ▢，在属性栏中将“填充”颜色设为黑色，“半径”选项设为 4 像素，在图像窗口中绘制圆角矩形，效果如图 10-17 所示，在“图层”控制面板中生成新的形状图层“圆角矩形 1”。

图 10-16　　图 10-17

（4）选择“文件 > 置入嵌入对象”命令，弹出“置入嵌入的对象”对话框，选择云盘中的“Ch10 > 旅游出行行业活动推广 H5 制作 > 视觉设计 > 素材 > 视频：对话 > 01”文件，单击“置入”按钮，将图片置入到图像窗口中，拖曳到适当的位置并调整大小，按 Enter 键确定操作，在“图层”控制面板中生成新图层并将其命名为“头像 1”。按 Alt+Ctrl+G 组合键，为图层创建剪贴蒙版，效果如图 10-18 所示。

（5）选择“圆角矩形”工具 ▢，在图像窗口中绘制圆角矩形，效果如图 10-19 所示，在“图层”控制面板中生成新的形状图层“圆角矩形 2”。

图 10-18　　图 10-19

（6）选择“添加锚点”工具，在图形上单击添加锚点，如图 10-20 所示。选择“转换点”工具，单击转换锚点。选择“直接选择”工具，选取需要的锚点，将其拖曳到适当的位置，效果如图 10-21 所示。

（7）选择“文件 > 置入嵌入对象”命令，弹出“置入嵌入的对象”对话框，选择云盘中的“Ch10 > 旅游出行行业活动推广 H5 制作 > 视觉设计 > 素材 > 视频：对话 > 02”文件，单击“置入”按钮，将图片置入到图像窗口中，拖曳到适当的位置并调整大小，按 Enter 键确定操作，在“图层”控制面板中生成新图层并将其命名为“视频”。按 Alt+Ctrl+G 组合键，为图层创建剪贴蒙版，效果如图 10-22 所示。按住 Shift 键的同时，将“圆角矩形 1”图层和“视频”图层之间的所有图层同时选取，按 Ctrl+G 组合键，编组图层并将其命名为“对话 1”。

图 10-20　　图 10-21　　图 10-22

（8）选择“圆角矩形”工具，在图像窗口中绘制圆角矩形，效果如图 10-23 所示，在“图层”控制面板中生成新的形状图层“圆角矩形 3”。

（9）选择“文件 > 置入嵌入对象”命令，弹出“置入嵌入的对象”对话框，选择云盘中的“Ch10 > 旅游出行行业活动推广 H5 制作 > 视觉设计 > 素材 > 视频：对话 > 03”文件，单击“置入”按钮，将图片置入到图像窗口中，拖曳到适当的位置并调整大小，按 Enter 键确定操作，在“图层”控制面板中生成新图层并将其命名为“头像 2”。按 Alt+Ctrl+G 组合键，为图层创建剪贴蒙版，效果如图 10-24 所示。

（10）选择“圆角矩形”工具，在属性栏中将“填充”颜色设为绿色（160、231、89），“半径”选项设置为 4 像素，在图像窗口中绘制圆角矩形，效果如图 10-25 所示，在“图层”控制面板中生成新的形状图层“圆角矩形 4”。

（11）选择“路径选择”工具，单击选取图形。选择“添加锚点”工具，在图形上单击添加锚点，如图 10-26 所示。选择“转换点”工具，单击转换锚点。选择“直接选择”工具，选取需要的锚点。按 Shift+ → 组合键，移动锚点，效果如图 10-27 所示。

（12）选择“横排文字”工具，在适当的位置输入需要的文字并选取文字，在属性栏中分别选择合适的字体并设置大小，将“文本颜色”选项设为黑色，效果如图 10-28 所示，在“图层”控制面板生成新的文字图层。按住 Shift 键的同时，将“圆角矩形 3”图层和“感觉好棒啊…”文字图层之间的所有图层同时选取。按 Ctrl+G 组合键，编组图层并将其命名为“对话 2”。

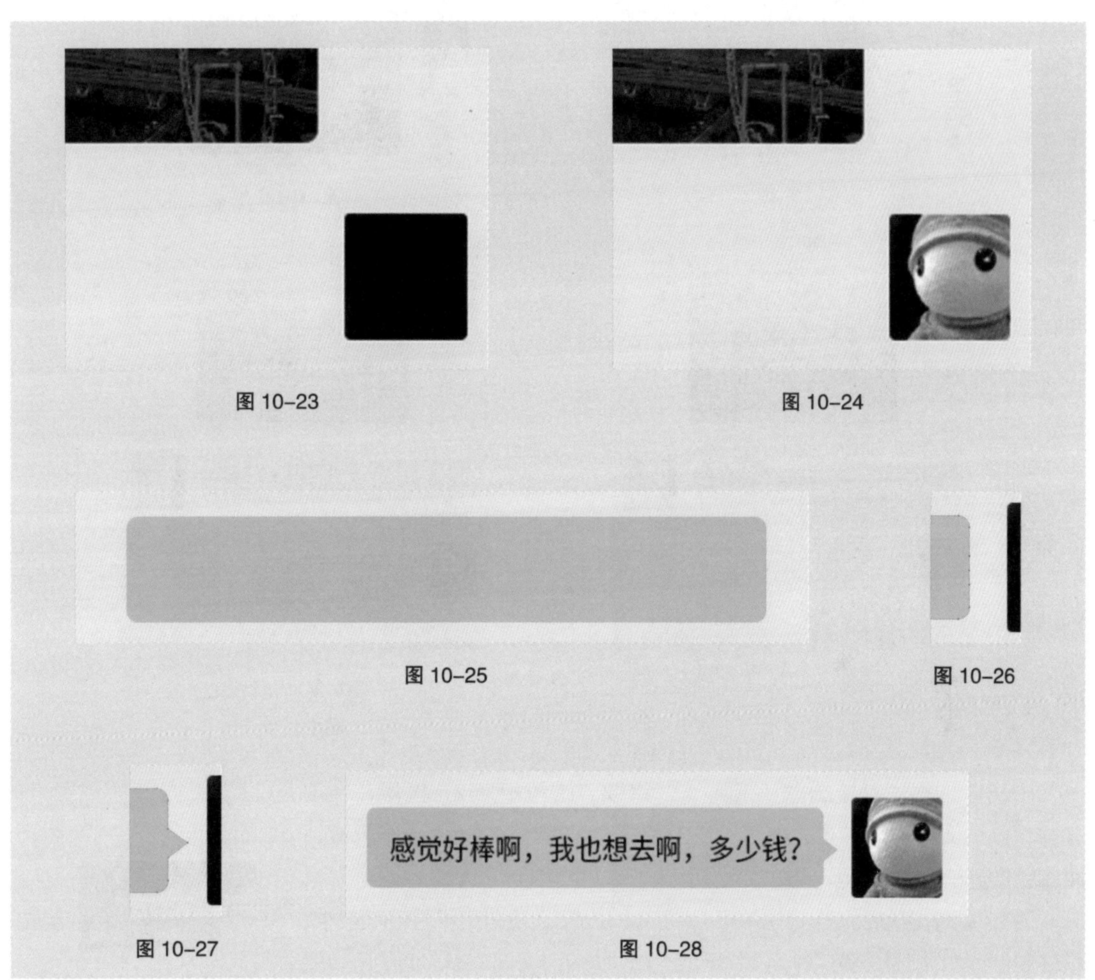

图 10-23 图 10-24 图 10-25 图 10-26 图 10-27 图 10-28

（13）在“图层”控制面板中，按 Ctrl+J 组合键，复制“对话 1”图层组，生成新图层组并将其命名为“对话 3”。将“对话 3”图层组拖曳到“对话 2”图层组的上方，如图 10-29 所示。选择“移动”工具，连续按 Shift+ ↓组合键，将图形移动到适当的位置，效果如图 10-30 所示。

（14）单击展开“对话 3”图层组，选择“视频”图层，按 Delete 键删除图层，选择“圆角矩形”工具，在属性栏中设置填充色为白色，效果如图 10-31 所示。选择“横排文字”工具，在适当的位置输入需要的文字并选取文字，在属性栏中选择合适的字体并设置文字大小，按 Alt+ ↑组合键，调整文字行距，效果如图 10-32 所示，在“图层”控制面板生成新的文字图层。

图 10-29

图 10-30

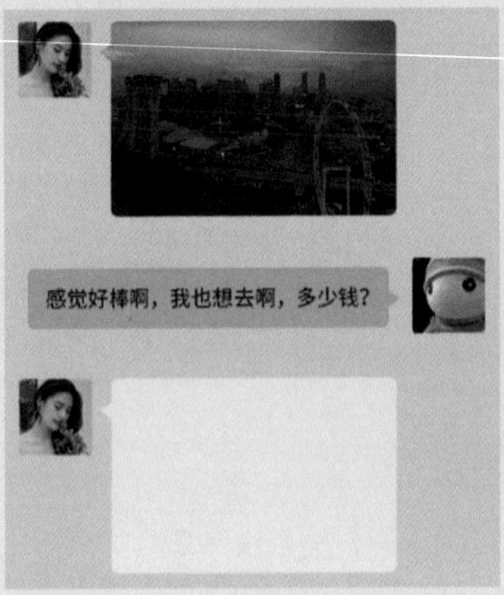

图 10-31

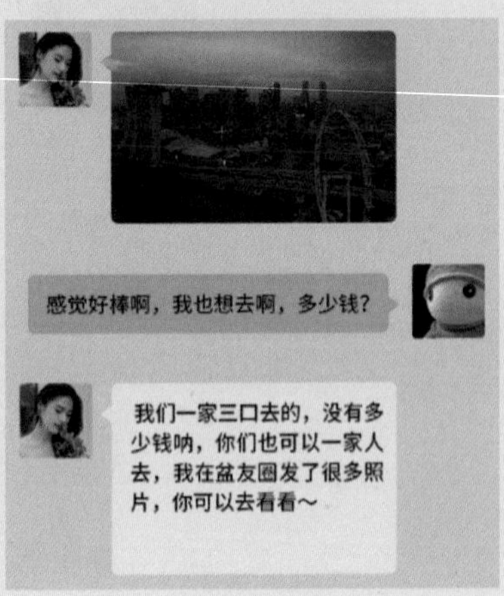

图 10-32

（15）选择“直接选择”工具，选取“圆角矩形 2”图层，在图像窗口中选取需要的锚点，如图 10-33 所示。连续按 Shift+ ↑ 组合键，将其移动到适当的位置，图像效果如图 10-34 所示。

（16）用上述方法制作其他效果，如图 10-35 所示。在“图层”控制面板中，按住 Shift 键的同时，将“对话 1”图层组和“对话 4”图层组之间的所有图层同时选取，按 Ctrl+G 组合键，编组图层并将其命名为“内容区”。

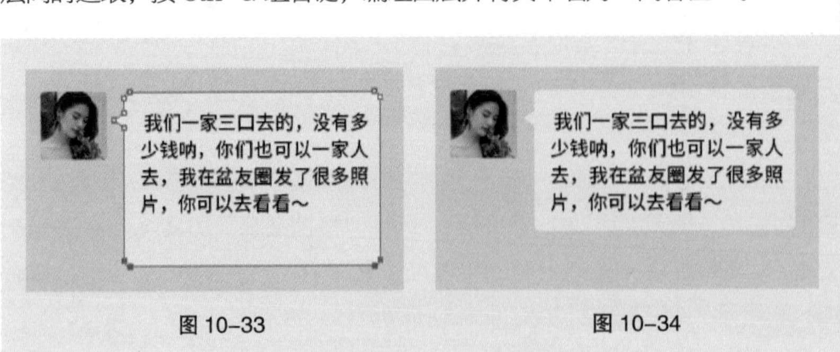


图 10-33

图 10-34

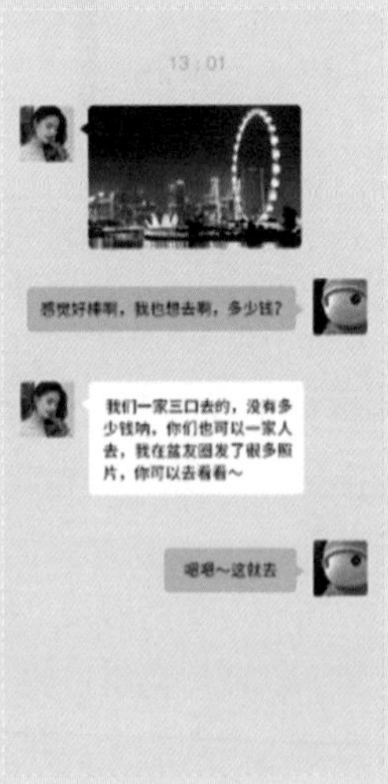

图 10-35

（17）选择“矩形”工具▭，在属性栏中将“填充”选项设为浅灰色（228、228、228），在图像窗口中绘制矩形，在“图层”控制面板中生成新的形状图层“矩形 1”。在“图层”控制面板中，按 Ctrl+J 组合键，复制“矩形 1”图层，生成新的形状图层“矩形 1 拷贝”。在属性栏中将“矩形 1 拷贝”的“填充”选项设为灰色（191、191、191），图像效果如图 10-36 所示。

（18）选择“窗口 > 属性”命令，在弹出的面板中单击“蒙版”按钮，切换到“蒙版”面板，将“羽化”选项设为 10 像素，如图 10-37 所示，图像效果如图 10-38 所示。在“图层”控制面板中，将“矩形 1 拷贝”图层拖曳到“矩形 1”图层的下方。连续按↑键，将其移动到适当的位置，效果如图 10-39 所示。

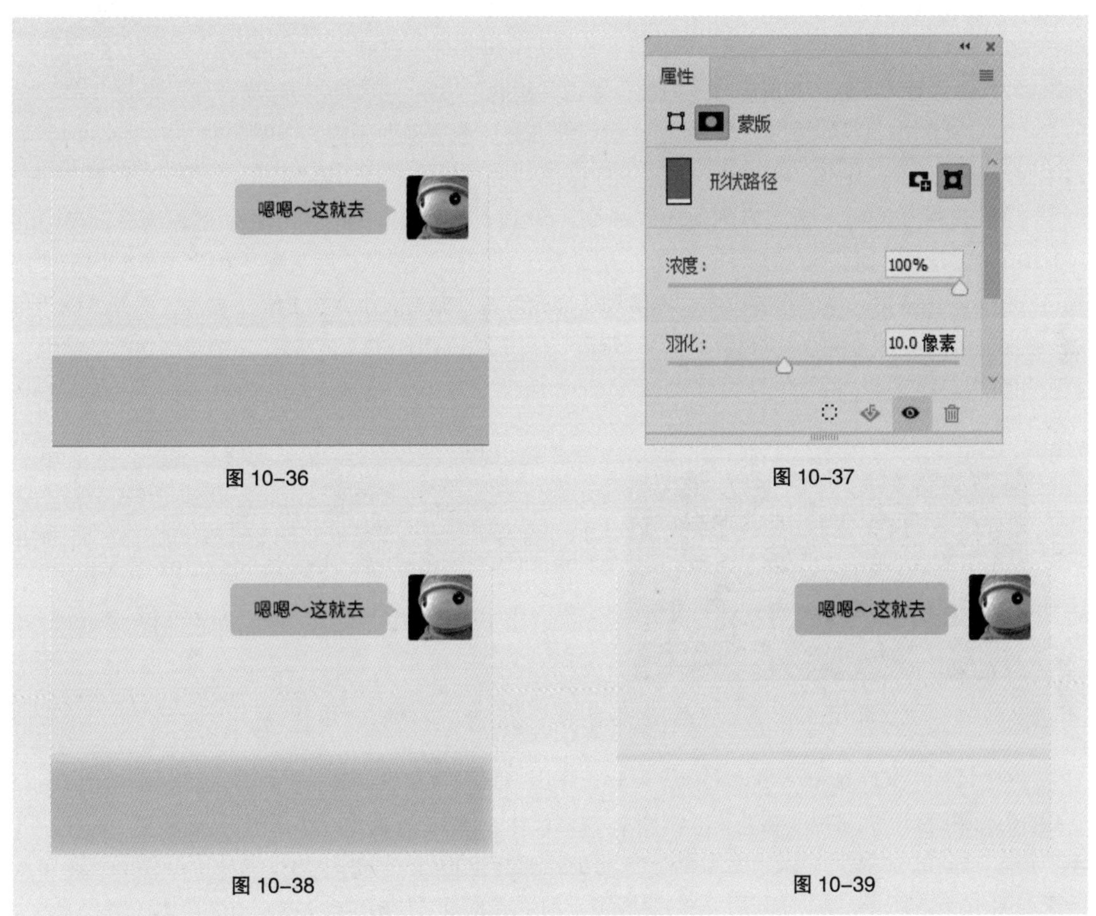


图 10-36　图 10-37

图 10-38　图 10-39

（19）选择“圆角矩形”工具▢，在图像窗口中绘制圆角矩形，在属性栏中将“填充”选项设为白色，“半径”选项设为 10 像素，效果如图 10-40 所示，在“图层”控制面板中生成新的形状图层“圆角矩形 5”。

（20）按 Ctrl + O 组合键，打开云盘中的“Ch10 > 旅游出行行业活动推广 H5 制作 > 视觉设计 > 素材 > 视频：对话 > 04”文件。选择“移动”工具✥，将“语音”图形拖曳到图像窗口中适当的位置，效果如图 10-41 所示，在“图层”控制面板中生成新的形状图层“语音”。用相同的方法添加其他形状图层，效果如图 10-42 所示。在“图层”控制面板中，按住 Shift 键的同时，将“添加”形状图层和“矩形 1 拷贝”形状图层之间的所有图层同时选取，按 Ctrl+G 组合键，编组图层并将其命名为“语音输入框”。

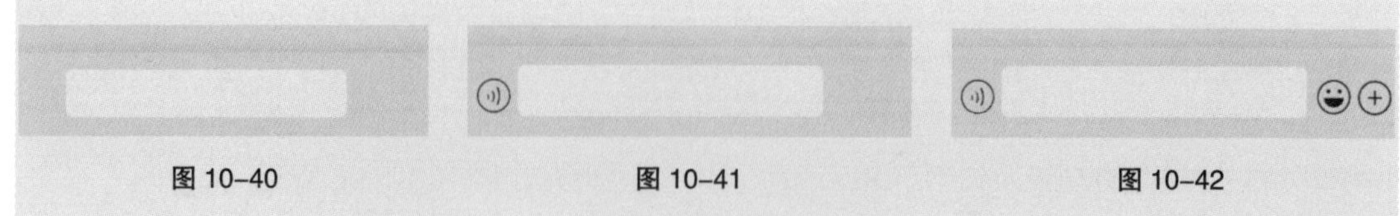
图 10-40　图 10-41　图 10-42

（21）按 Ctrl+S 组合键，弹出“存储为”对话框，将其命名为“旅游出行行业活动推广 H5 制作 – 视频：对话”，保存为 .psd 格式。单击“保存”按钮，弹出“Photoshop 格式选项”对话框，单击“确定”按钮，将文件保存。

**3．视频：朋友圈**

扫码观看
本案例视频

（1）按 Ctrl+N 组合键，新建一个文件，宽度为 640 像素，高度为 4100 像素，分辨率为 72 像素 / 英寸，背景内容为白色，单击“创建”按钮，完成文档新建。

（2）选择“矩形”工具，在属性栏中将“填充”选项设为黑色，在图像窗口中绘制矩形，如图 10-43 所示，在“图层”控制面板中生成新的形状图层“矩形 1”。

（3）选择“文件 > 置入嵌入对象”命令，弹出“置入嵌入的对象”对话框，选择云盘中的“Ch10 > 旅游出行行业活动推广 H5 制作 > 视觉设计 > 素材 > 视频：朋友圈 > 01”文件，单击“置入”按钮，将图片置入到图像窗口中，拖曳到适当的位置并调整大小，按 Enter 键确定操作，在“图层”控制面板中生成新图层并将其命名为“背景”。按 Alt+Ctrl+G 组合键，为图层创建剪贴蒙版，效果如图 10-44 所示。

图 10-43　图 10-44

（4）选择“文件 > 置入嵌入对象”命令，弹出“置入嵌入的对象”对话框，分别选择云盘中的“Ch10 > 旅游出行行业活动推广 H5 制作 > 视觉设计 > 素材 > 视频：朋友圈 > 02、03”文件，单击“置入”按钮，将图片置入到图像窗口中，拖曳到适当的位置并调整大小，按 Enter 键确定操作，效果如图 10-45 所示，在“图层”控制面板中分别生成新图层并将其命名为“主题”和“热气球”。在“图层”控制面板中，按住 Shift 键的同时，将“矩形 1”图层和“热气球”图层之间的所有图层同时选取，按 Ctrl+G 组合键，编组图层并将其命名为“相册封面”。

（5）选择“圆角矩形”工具，在属性栏中将“半径”选项设为 10 像素，在图像窗口中绘制圆角矩形，效果如图 10-46 所示，在“图层”控制面板中生成新的形状图层“圆角矩形 1”。

（6）选择“文件 > 置入嵌入对象”命令，弹出“置入嵌入的对象”对话框，选择云盘中的“Ch10 > 旅游出行行业活动推广 H5 制作 > 视觉设计 > 素材 > 视频：朋友圈 > 04”文件，单击“置入”按钮，将图片置入到图像窗口中，拖曳到适当的位置并调整大小，按 Enter 键确定操作，在“图层”控制面板中生成新图层并将其命名为“头像 1”。按 Alt+Ctrl+G 组合键，为图层创建剪贴蒙版，效果如图 10-47 所示。

图 10-45

图 10-46

图 10-47

（7）选择“横排文字”工具 T，在适当的位置输入需要的文字并选取文字，在属性栏中分别选择合适的字体并设置大小，将“文本颜色”选项设为灰蓝色（45、75、94），效果如图 10-48 所示，在“图层”控制面板生成新的文字图层。

（8）选择“横排文字”工具 T，在适当的位置输入需要的文字并选取文字，在属性栏中分别选择合适的字体并设置大小，将“文本颜色”选项设为灰色（86、86、86），效果如图 10-49 所示，在“图层”控制面板生成新的文字图层。

图 10-48

图 10-49

（9）选择“矩形”工具 □，在图像窗口中绘制矩形，效果如图 10-50 所示，在“图层”控制面板中生成新的形状图层“矩形 2”。

（10）选择“文件 > 置入嵌入对象”命令，弹出“置入嵌入的对象”对话框，选择云盘中的“Ch10 > 旅游出行行业活动推广 H5 制作 > 视觉设计 > 素材 > 视频：朋友圈 > 05”文件，单击“置入”按钮，将图片置入到图像窗口中，拖曳到适当的位置并调整大小，按 Enter 键确定操作，在“图层”控制面板中生成新图层并将其命名为“照片 1”。按 Alt+Ctrl+G 组合键，为图层创建剪贴蒙版，效果如图 10-51 所示。

图 10-50

图 10-51

（11）选择“横排文字”工具T.，在适当的位置输入需要的文字并选取文字，在属性栏中分别选择合适的字体并设置大小，将“文本颜色”选项设为浅灰色（199、199、199），效果如图 10-52 所示，在“图层”控制面板生成新的文字图层。

（12）选择“圆角矩形”工具▢.，在属性栏中将“填充”选项设为浅灰色（245、245、245），“半径”选项设为 6 像素，在图像窗口中绘制圆角矩形，效果如图 10-53 所示，在“图层”控制面板中生成新的形状图层“圆角矩形 2”。

（13）选择“椭圆”工具○.，在属性栏中将“填充”选项设为灰蓝色（45、75、94），按住 Shift 键的同时，在图像窗口中绘制圆形，效果如图 10-54 所示，在“图层”控制面板中生成新的形状图层“椭圆 1”。选择“路径选择”工具▶.，选取图形，按住 Alt+Shift 组合键的同时，水平向右拖曳到适当的位置，复制图形，效果如图 10-55 所示。

图 10-52　　图 10-53　　图 10-54　　图 10-55

（14）选择“矩形”工具□.，在属性栏中将“填充”选项设为浅灰色（245、245、245），在图像窗口中绘制矩形，效果如图 10-56 所示，在“图层”控制面板中生成新的形状图层“矩形 3”。

（15）选择“添加锚点”工具✎.，在图形上单击添加锚点，如图 10-57 所示。选择“转换点”工具▷.，单击转换锚点。

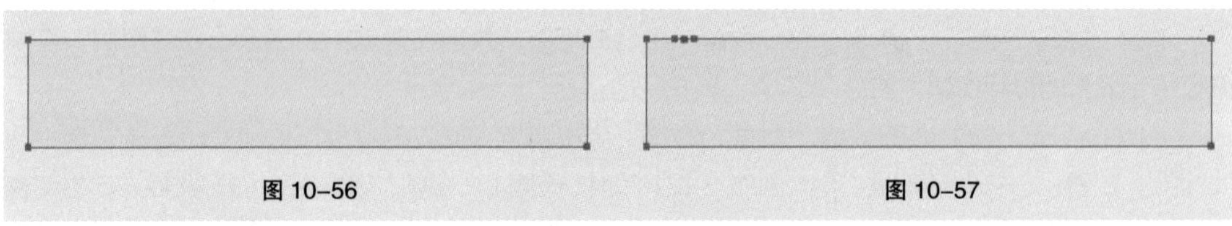
图 10-56　　图 10-57

（16）选择“直接选择”工具▷.，选取需要的锚点，按 Shift+ ↑组合键，将其移动到适当的位置，效果如图 10-58 所示。

（17）按 Ctrl + O 组合键，打开云盘中的“Ch10 > 旅游出行行业活动推广 H5 制作 > 视觉设计 > 素材 > 视频：朋友圈 > 06”文件。选择“移动”工具✥.，将图形拖曳到图像窗口中适当的位置，效果如图 10-59 所示，在“图层”控制面板中生成新的形状图层“点赞”。

（18）选择“横排文字”工具T.，在适当的位置输入需要的文字并选取文字，在属性栏中分别选择合适的字体并设置大小，将“文本颜色”选项设为浅蓝色（45、75、94）。按 Alt+ ↓ 组合键，适当调整文字的行距，效果如图 10-60 所示，在“图层”控制面板生成新的文字图层。

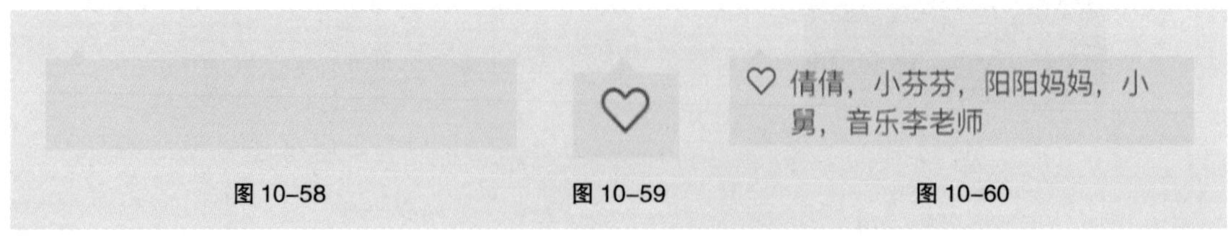

图 10-58　　图 10-59　　图 10-60

（19）选择“直线”工具，在属性栏中将“粗细”选项设为 1 像素，按住 Shift 键的同时，在图像窗口中绘制直线。在属性栏中将“填充”选项设为无，“描边”选项设为灰色（199、199、199），效果如图 10-61 所示，在“图层”控制面板中生成新的形状图层“形状 1”。

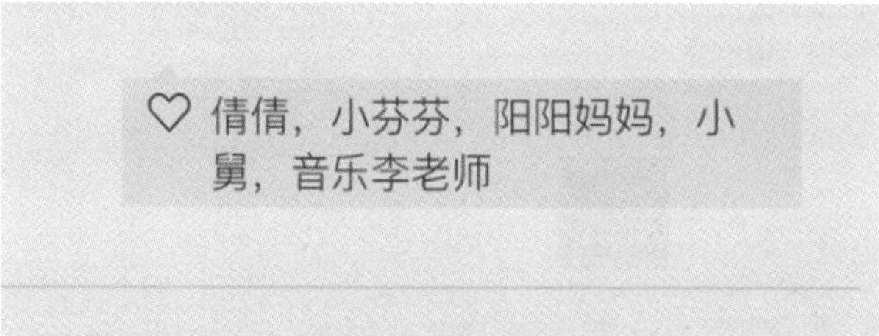

图 10-61

（20）在“图层”控制面板中，按住 Shift 键的同时，将“形状 1”形状图层和“圆角矩形 1”形状图层之间的所有图层同时选取。按 Ctrl+G 组合键，编组图层并将其命名为“表姐 1”。

（21）在“图层”控制面板中，按 Ctrl+J 组合键，复制“表姐 1”图层组，生成新图层组并将其命名为“表姐 2”。选择“移动”工具，将图形移动到适当的位置。单击展开“表姐 2”图层组，选择“照片 1”图层，按 Delete 键将其删除，效果如图 10-62 所示。

（22）选择“横排文字”工具，选取并输入需要的文字，效果如图 10-63 所示。用相同的方法调整其他文字内容。在“图层”控制面板中，按住 Shift 键的同时，将“形状 1”形状图层和“35 分钟前”文字图层之间的所有图层同时选取。选择“移动”工具，将图形和文字拖曳到适当的位置，效果如图 10-64 所示。

图 10-63

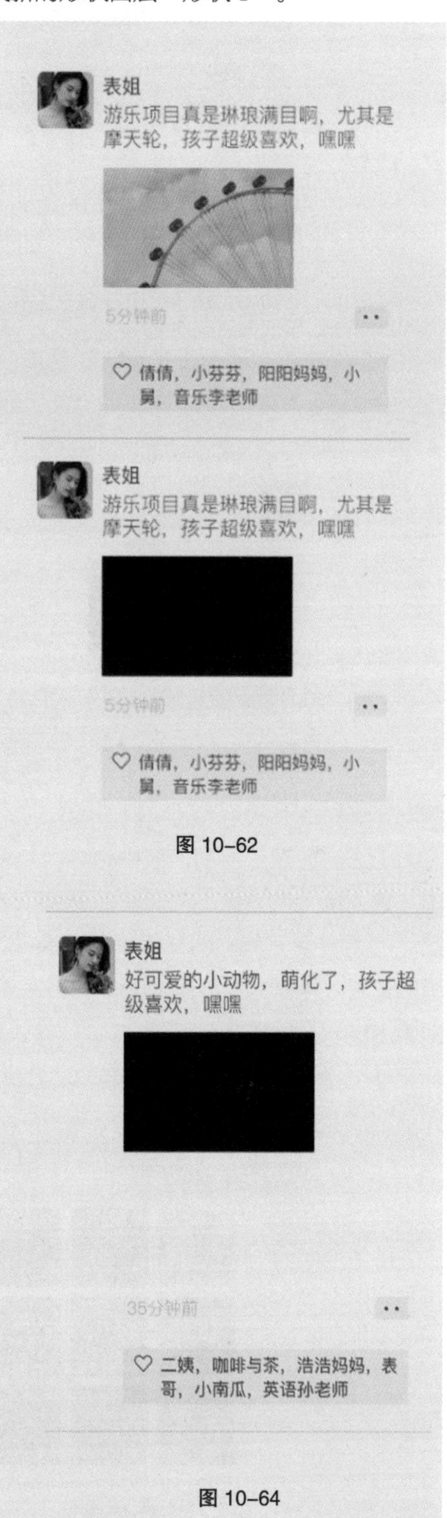


图 10-62



图 10-64

（23）选择“矩形 2”图层。选择“路径选择”工具，选取图形，在“属性”控制面板中修改图形尺寸，如图 10-65 所示，按 Enter 键确定操作，效果如图 10-66 所示。

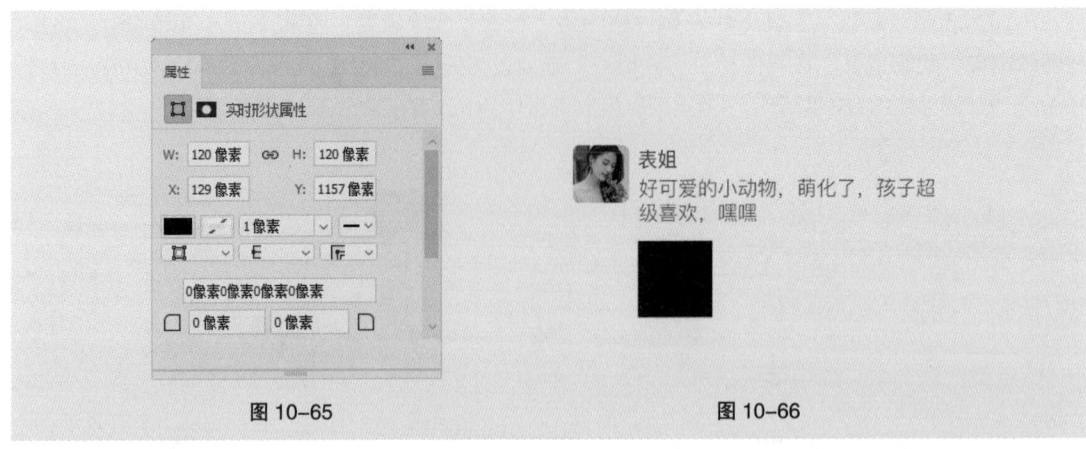


图 10-65　　图 10-66

（24）选择“移动”工具，选取图形，按住 Alt+Shift 组合键的同时，水平向右拖曳图形到适当的位置，复制图形，如图 10-67 所示。用相同的方法复制其他图形，效果如图 10-68 所示。

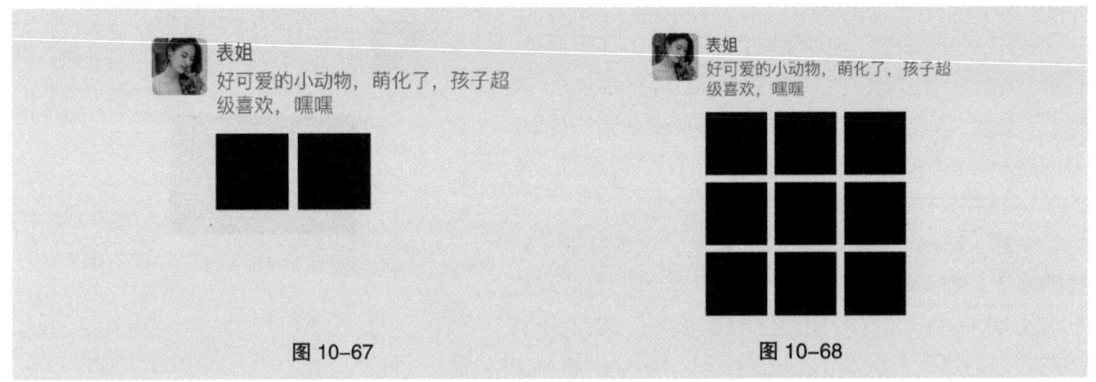


图 10-67　　图 10-68

（25）在图层控制面板中选择“矩形 2”形状图层。选择“文件 > 置入嵌入对象”命令，弹出“置入嵌入的对象”对话框，选择云盘中的“Ch10 > 旅游出行行业活动推广 H5 制作 > 视觉设计 > 素材 > 视频：朋友圈 > 07”文件，单击“置入”按钮，将图片置入到图像窗口中，拖曳到适当的位置并调整大小，按 Enter 键确定操作。按 Alt+Ctrl+G 组合键，为图层创建剪贴蒙版，效果如图 10-69 所示。用相同的方法置入其他照片并制作剪贴蒙版，效果如图 10-70 所示。

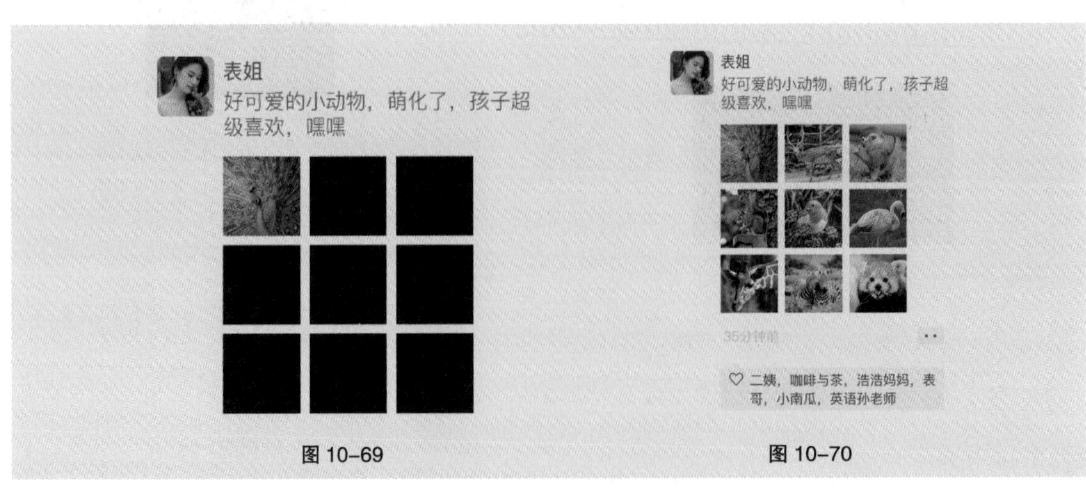


图 10-69　　图 10-70

（26）用上述方法制作其他内容，效果如图 10–71 所示。按 Ctrl+S 组合键，弹出“存储为”对话框，将其命名为“旅游出行行业活动推广 H5 制作 – 视频：盆友圈”，保存为 .psd 格式。单击“保存”按钮，弹出“Photoshop 格式选项”对话框，单击“确定”按钮，将文件保存。

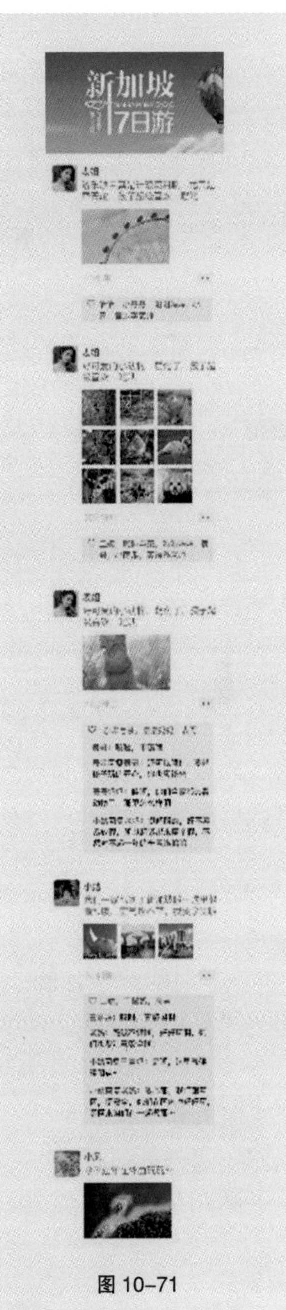

图 10–71

**4. 弹窗**

（1）按 Ctrl+N 组合键，新建一个文件，宽度为 482 像素，高度为 242 像素，分辨率为 72 像素 / 英寸，背景内容为透明，单击“创建”按钮，完成文档新建。

（2）选择“圆角矩形”工具▢，将属性栏中的“选择工具模式”选项设为“形状”，“填充”选项设为白色，“描边”选项设为无，“半径”选项设为 40 像素。在图像窗口中绘制圆角矩形，如图 10–72 所示。在“图层”控制面板中生成新的形状图层“圆角矩形 1”。

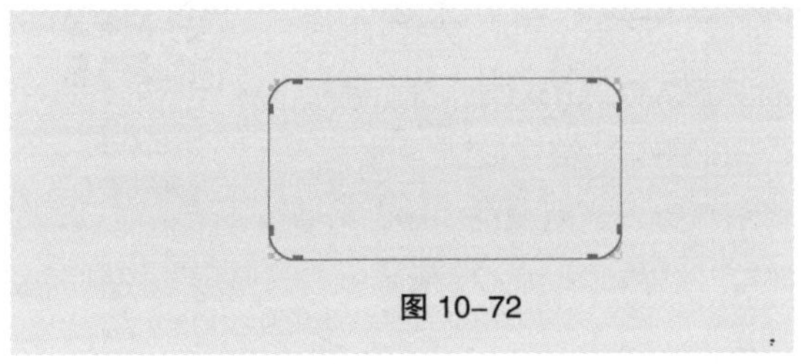
图 10–72

扫码观看
本案例视频

（3）选择“直线”工具⟋，在属性栏中将“填充”选项设为无，“描边”选项设为灰色（238、238、238），“粗细”选项设为 2 像素，按住 Shift 键的同时，在图像窗口中绘制直线，效果如图 10–73 所示，在“图层”控制面板中生成新的形状图层“形状 1”。使用相同的方法再次绘制直线，效果如图 10–74 所示。

（4）选择“横排文字”工具T，在适当的位置输入需要的文字并选取文字，在属性栏中分别选择合适的字体并设置大小，将“文本颜色”选项设为深灰色（54、54、54）。按 Alt+ → 组合键，调整文字适当的字距，效果如图 10–75 所示，在“图层”控制面板生成新的文字图层。用相同的方法输入其他文字并填充为浅灰色（196、196、196）和蓝色（2、167、240），效果如图 10–76 所示。

图 10–73

图 10–74

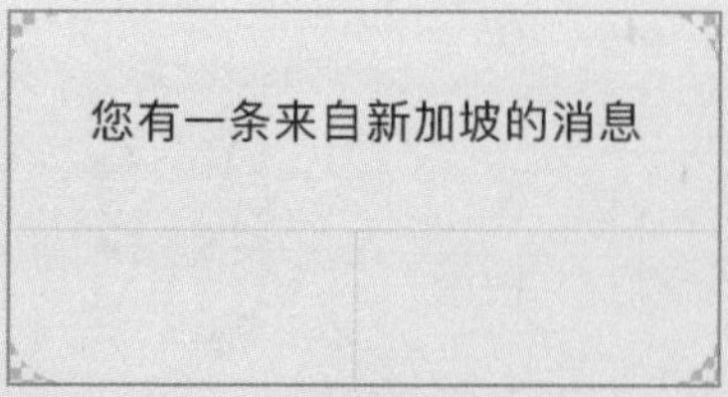

您有一条来自新加坡的消息

图 10-75

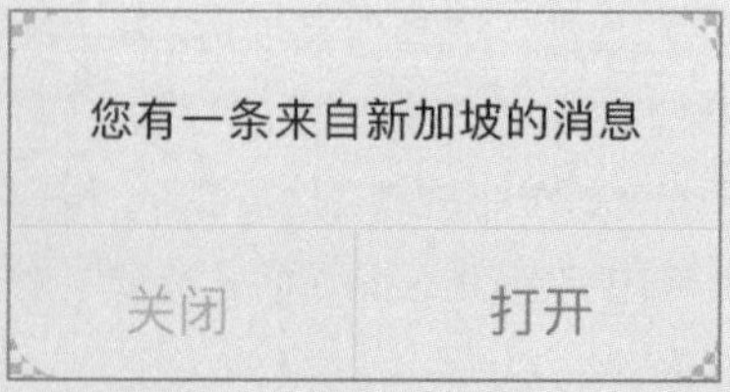

您有一条来自新加坡的消息

关闭　　打开

图 10-76

（5）选择“文件 > 导出 > 存储为 Web 所用格式……”命令，弹出“存储为 Web 所用格式”对话框，存储为 PNG-8 格式。

（6）按 Ctrl+S 组合键，弹出“存储为”对话框，将其命名为“旅游出行行业活动推广 H5 制作 - 弹窗”，保存为 psd 格式。单击“保存”按钮，弹出“Photoshop 格式选项”对话框，单击“确定”按钮，将文件保存。

**5. 结尾**

扫码观看
本案例视频

（1）按 Ctrl+N 组合键，新建一个文件，宽度为 640 像素，高度为 1249 像素，分辨率为 72 像素 / 英寸，背景内容为白色，单击“创建”按钮，完成文档新建。

（2）选择“文件 > 置入嵌入对象”命令，弹出“置入嵌入的对象”对话框，分别选择云盘中的“Ch10 > 旅游出行行业活动推广 H5 制作 > 视觉设计 > 素材 > 结尾 > 01、02、03”文件，单击“置入”按钮，将图片置入到图像窗口中，分别拖曳到适当的位置并调整大小，按 Enter 键确定操作，效果如图 10-77 所示，在“图层”控制面板中生成新图层并将其命名为“底图”“云”和“热气球”。

（3）选择“横排文字”工具，在适当的位置输入需要的文字并选取文字，在属性栏中选择合适的字体并设置大小，将“文本颜色”选项设为白色，效果如图 10-78 所示，在“图层”控制面板生成新的文字图层。

（4）选中“新加坡”文字图层，单击鼠标右键，在弹出的菜单中选择“转换为形状”选项，转换为形状图层，如图 10-79 所示。选择“直接选择”工具，选取需要的锚点，如图 10-80 所示。

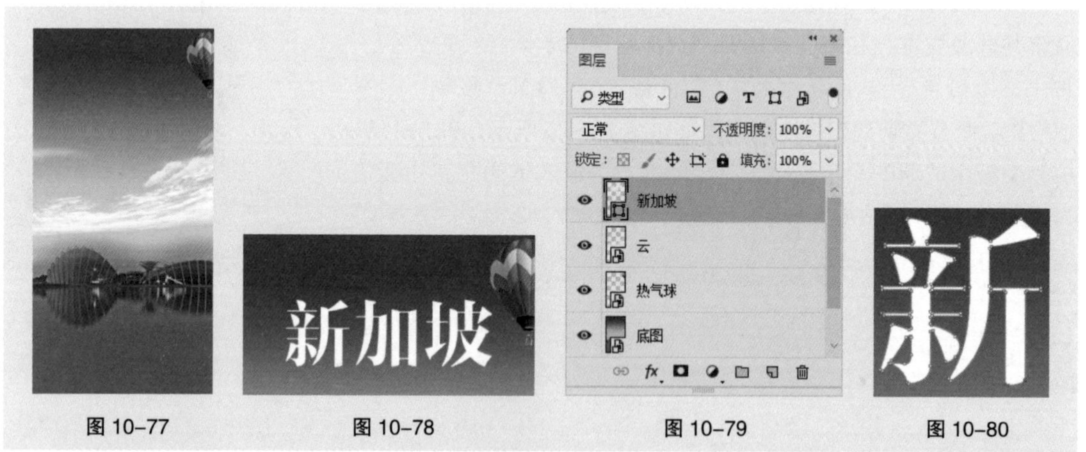

图 10-77　图 10-78　图 10-79　图 10-80

（5）连续按 Shift+ ↓ 组合键，将图形移动到适当的位置，效果如图 10-81 所示。选择“横排文字”工具，分别在适当的位置输入需要的文字并选取文字，在属性栏中分别选择合适的字体并设置大小，效果如图 10-82 所示，在“图层”控制面板分别生成新的文字图层。

图 10-81

图 10-82

（6）选择“直排文字”工具，在适当的位置输入需要的文字并选取文字，在属性栏中分别选择合适的字体并设置大小。按 Alt+ → 组合键，适当调整文字的间距，效果如图 10-83 所示，在“图层”控制面板中生成新的文字图层。

（7）选择“文件 > 置入嵌入对象”命令，弹出“置入嵌入的对象”对话框，选择云盘中的“Ch10 > 旅游出行行业活动推广 H5 制作 > 视觉设计 > 素材 > 结尾 > 04”文件，单击“置入”按钮，将图片置入到图像窗口中，拖曳到适当的位置并调整大小，按 Enter 键确定操作，效果如图 10-84 所示，在“图层”控制面板中生成新图层并将其命名为“祥云”。

图 10-83　　图 10-84

（8）选择“自定形状”工具，在属性栏中单击“形状”选项，弹出“形状”面板，单击面板右上方的按钮，在弹出的菜单中选择“自然”命令，弹出提示对话框，单击“确定”按钮。在“形状”面板中选中图形“波浪”，如图 10-85 所示。在属性栏中将“填充”选项设为白色，在图像窗口中绘制图形，效果如图 10-86 所示。

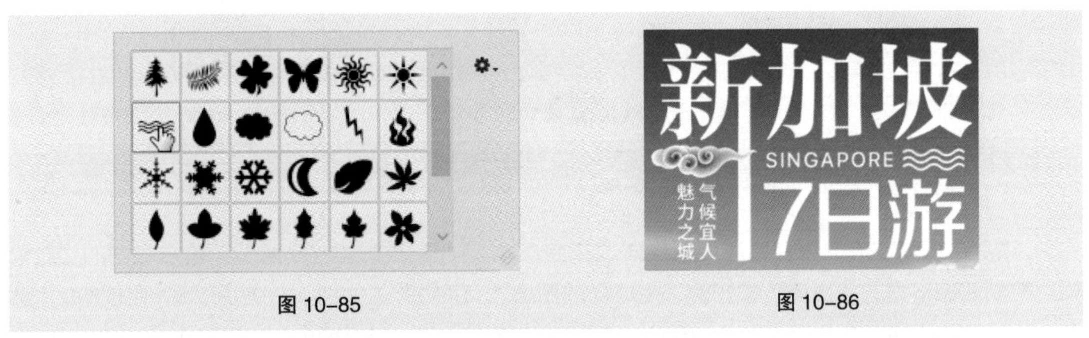


图 10-85　　图 10-86

（9）选择“矩形”工具，在图像窗口中绘制矩形，在属性栏中将“填充”选项设为蓝色（35、119、236），效果如图 10-87 所示，在“图层”控制面板中生成新的形状图层“矩形 1”。

（10）选择“横排文字”工具T.，在适当的位置输入需要的文字并选取文字，在属性栏中选择合适的字体并设置大小。按 Alt+ → 组合键，适当调整文字的字距，效果如图 10–88 所示，在“图层”控制面板生成新的文字图层。

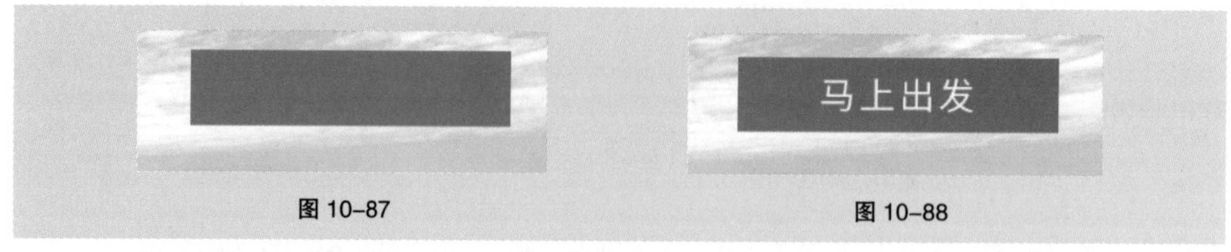

图 10–87　　图 10–88

（11）在“图层”控制面板中，选取“底图”图层，单击鼠标右键，在弹出的菜单中选择“快速导出为 PNG”命令，在弹出的“存储为”面板中为其重命名，单击“保存”按钮，将图片保存。用相同的方法导出“热气球”“祥云”和“标题”图层组。

（12）按 Ctrl+S 组合键，弹出“存储为”对话框，将其命名为“旅游出行行业活动推广 H5 制作 – 结尾”，保存为 .psd 格式。单击“保存”按钮，弹出“Photoshop 格式选项”对话框，单击“确定”按钮，将文件保存。

## 10.1.4　制作发布

（1）使用谷歌浏览器登录 iH5 官网单击“创建作品”按钮，在弹出的“新建作品”对话框中选择“新版工具”选项，如图 10–89 所示，单击“创建作品”按钮，在弹出的对话框中单击“关闭”按钮，进入工作页面。

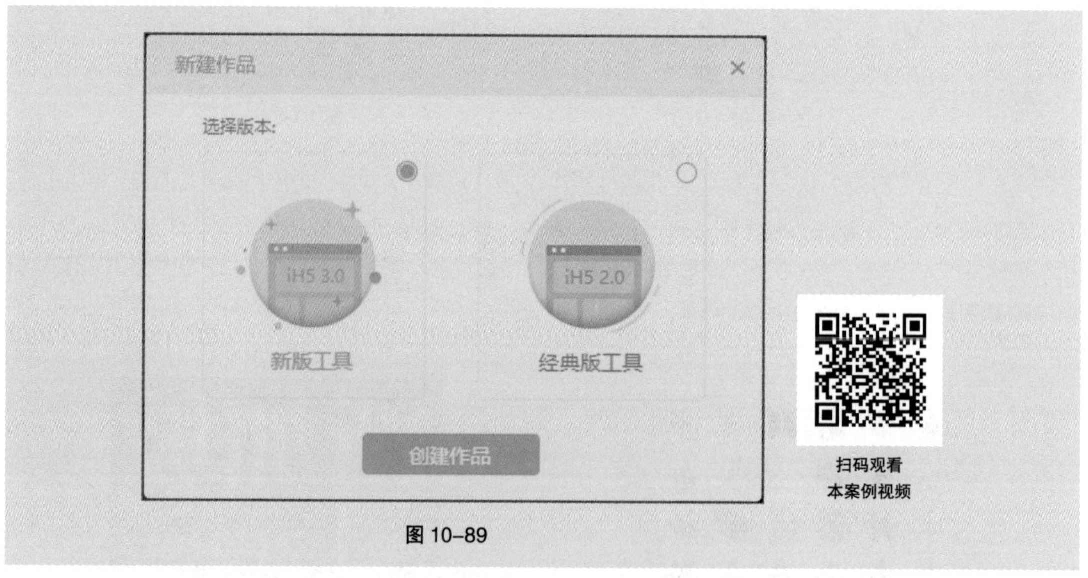

图 10–89

（2）在页面左侧的舞台属性面板中修改舞台尺寸，设置如图 10–90 所示。单击右侧的“对象树”控制面板下方的“页面”按钮，生成新的图层“页面 1”，如图 10–91 所示。单击选取“页面 1”图层，打开云盘中的“Ch10 > 旅游出行行业活动推广 H5 制作 > 制作发布 > 01”文件，将其拖曳到图像窗口中适当的位置，在“对象树”控制面板中生成新的图层“01”，如图 10–92 所示。

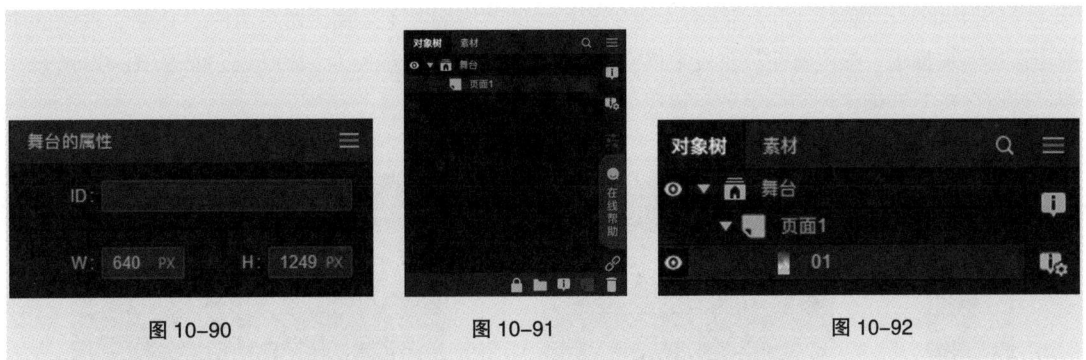


图 10-90　　图 10-91　　图 10-92

（3）选取“01”图层，在“属性”面板中将“01”图层的对称点设为“中心”，坐标值为（320、625），如图 10-93 所示，效果如图 10-94 所示。用相同的方法添加其他素材并设置对称点与坐标值，效果如图 10-95 所示。

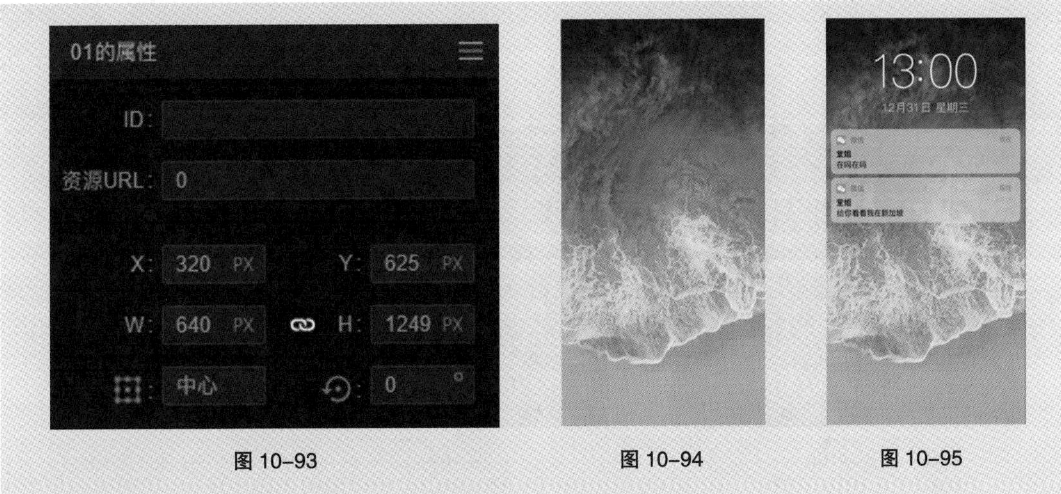


图 10-93　　图 10-94　　图 10-95

（4）选取“03”图层，在属性面板中设置“初始可见”选项为“关”，在页面上方的菜单栏中选择“动效”命令，在弹出的下拉菜单中单击选取“淡入”选项，如图 10-96 所示。用相同的方法为“04”图层添加动效。

图 10-96

（5）选取“页面 1”图层，选择左侧工具栏中的“横幅”工具，如图 10-97 所示，在页面中单击鼠标添加横幅。在“属性”面板中将横幅 1 的“偏移 Y”选项设为 -200px，如图 10-98 所示，将“整体分布”选项设为“中下”，如图 10-99 所示。

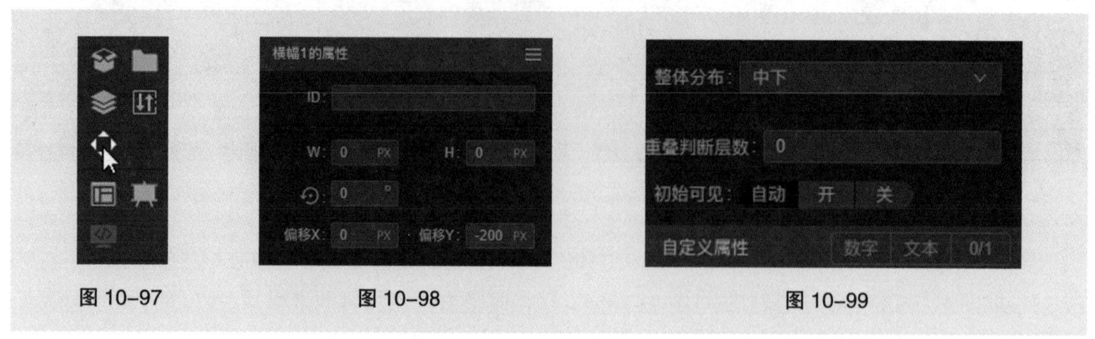


图 10-97　　图 10-98　　图 10-99

（6）打开云盘中的“Ch10 > 旅游出行行业活动推广 H5 制作 > 制作发布 > 05”文件，将其拖曳到图像窗口中适当的位置，在“对象树”控制面板中生成新的图层“05”，如图 10-100 所示。在“属性”面板中将“05”图层的对称点设为“中心”，其他选项的设置如图 10-101 所示，效果如图 10-102 所示。

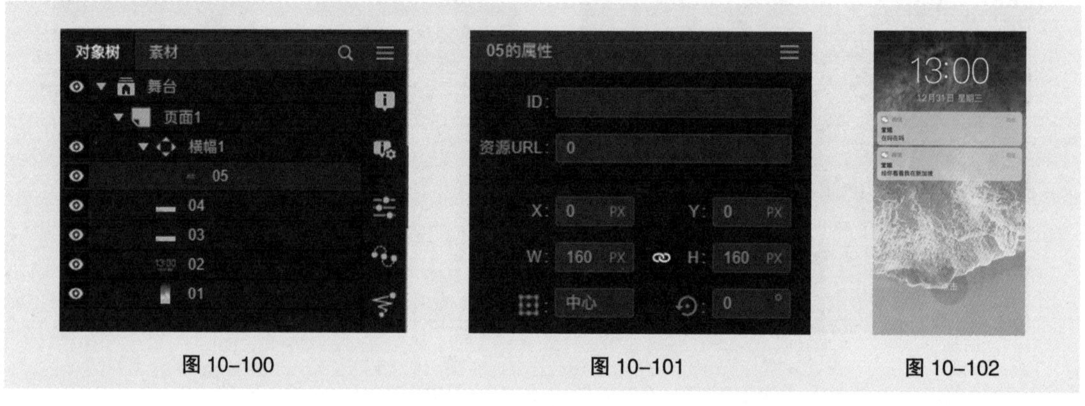


图 10-100　　图 10-101　　图 10-102

（7）在“对象树”控制面板中单击选取“页面 1”图层，单击左侧工具栏中的“音频”按钮，在弹出的对话框中选择云盘中的“Ch10 > 旅游出行行业活动推广 H5 制作 > 制作发布 > 06”文件，在“对象树”控制面板中生成新音乐图层“06.mp3”，如图 10-103 所示。选取“06”图层，在属性面板中设置“自动播放”选项为开，如图 10-104 所示。

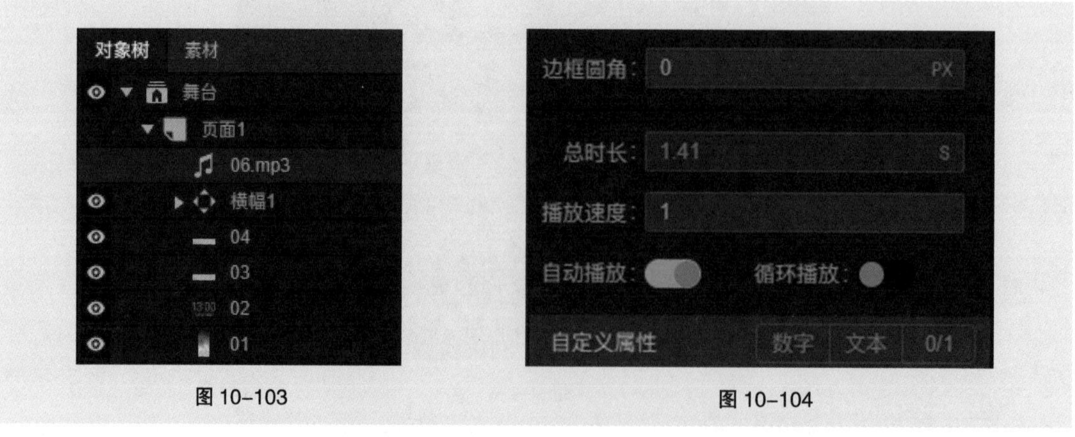


图 10-103　　图 10-104

（8）选取“舞台”图层，单击“对象树”控制面板下方的“页面”按钮，生成新的图层“页面 2”，如图 10-105 所示。选取“页面 2”图层，单击左侧工具栏中的“视频”按钮，在弹出的对话框中单击“确定”按钮，在页面中单击鼠标，选择云盘中的“Ch10 > 旅游出行行业活动推广 H5 制作 > 制作发布 > 07”文件，在“对象树”控制面板中生成新的视频图层并将其命名为“视频.mp4”，如图 10-106 所示。

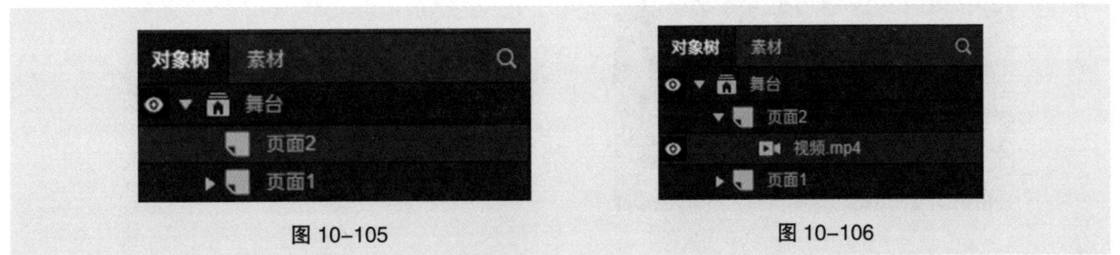


图 10-105　　图 10-106

（9）选取“视频”图层，在“属性”面板中将“W”选项设为 640px，“H”选项设为 1249px，按 Enter 键确定操作，其他选项的设置如图 10-107 所示，页面效果如图 10-108 所示。

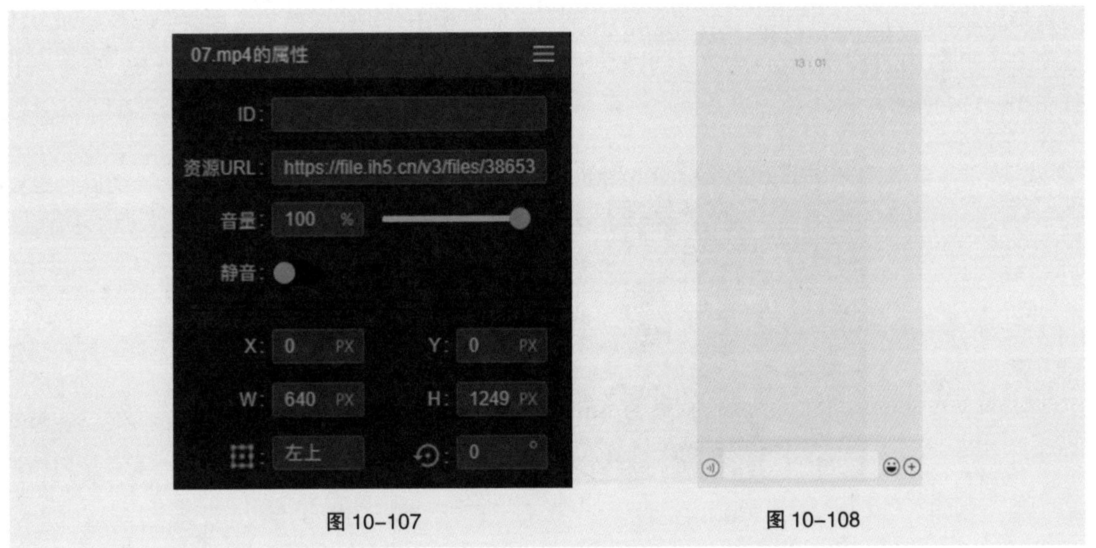


图 10-107　　图 10-108

（10）选取控制面板下方的“页面 2”图层，选择左侧工具栏中的“横幅”工具，在页面中单击鼠标添加横幅。在“属性”面板中将横幅的“偏移 Y”选项设为 500px，如图 10-109 所示，将“整体分布”选项设为“中上”，如图 10-110 所示。

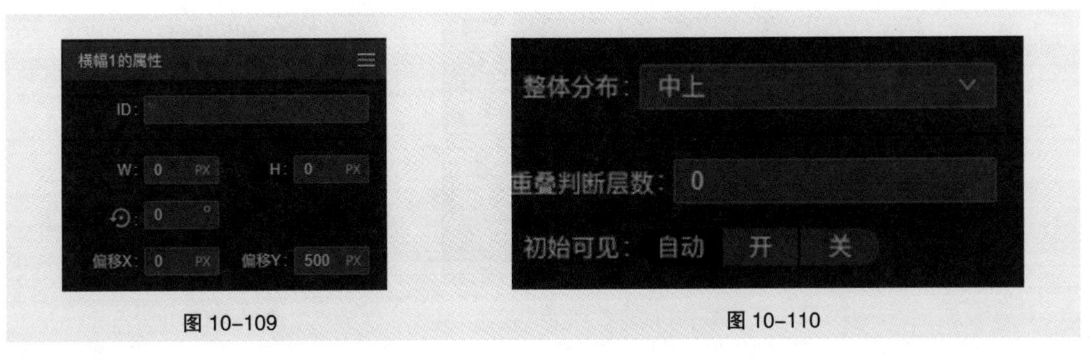


图 10-109　　图 10-110

（11）打开云盘中的“Ch10 > 旅游出行行业活动推广 H5 制作 > 制作发布 > 08”文件，将其拖曳到图像窗口中适当的位置，并将其命名为“弹窗”。在“属性”面板中将“弹窗”图层的“对称点”设为中心，“坐标”设为（0、0），“初始可见”选项设为“关”，阴影颜色为浅灰色（#CCCCCC），其选项的设置如图 10–111 所示，按 Enter 键确定操作，页面效果如图 10–112 所示。

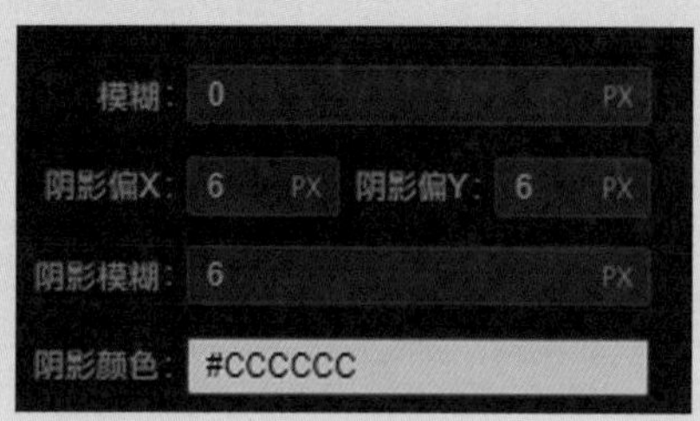

模糊：0 PX
阴影偏X：6 PX 阴影偏Y：6 PX
阴影模糊：6 PX
阴影颜色：#CCCCCC

图 10–111

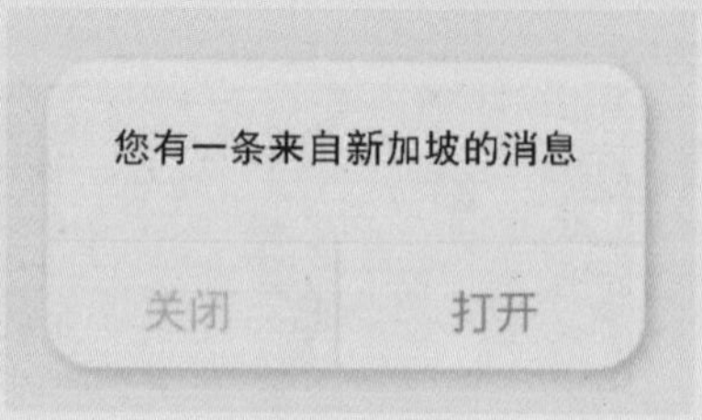

您有一条来自新加坡的消息
关闭 打开

图 10–112

（12）选取“舞台”图层，单击“对象树”控制面板下方的“页面”按钮，生成新的图层“页面 3”。打开云盘中的“Ch10 > 旅游出行行业活动推广 H5 制作 > 制作发布 > 09~12”文件，分别将其拖曳到图像窗口中适当的位置，在“对象树”控制面板中分别生成新的图片图层，并分别为其重命名，如图 10–113 所示，分别为其设置对称点为“中心”并将其拖曳到适当的位置，页面效果如图 10–114 所示。

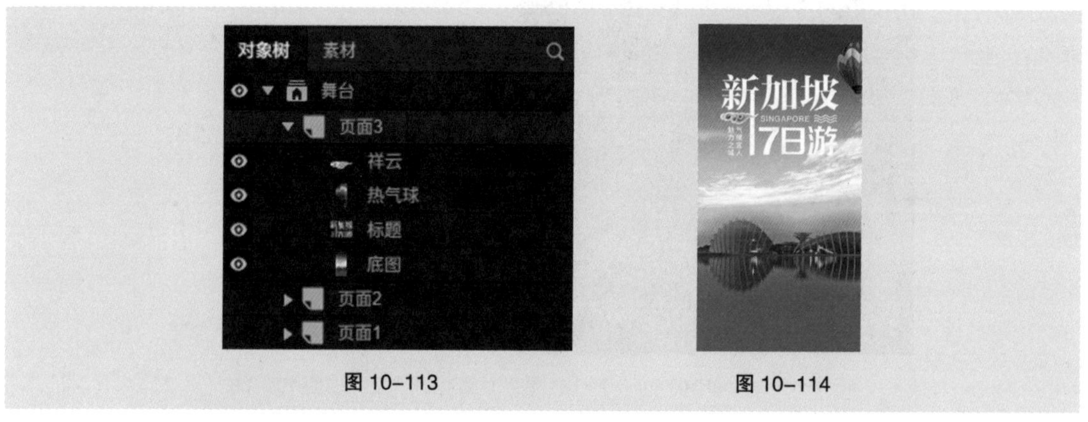

图 10–113　　图 10–114

（13）选取“标题”图层，在“属性”面板中将“初始可见”选项设为“关”，如图 10–115 所示。在页面上方的菜单栏中选择“动效”命令，在弹出的下拉菜单中单击选取“缩小进入”选项，如图 10–116 所示。用相同的方法为其他图层添加动效。

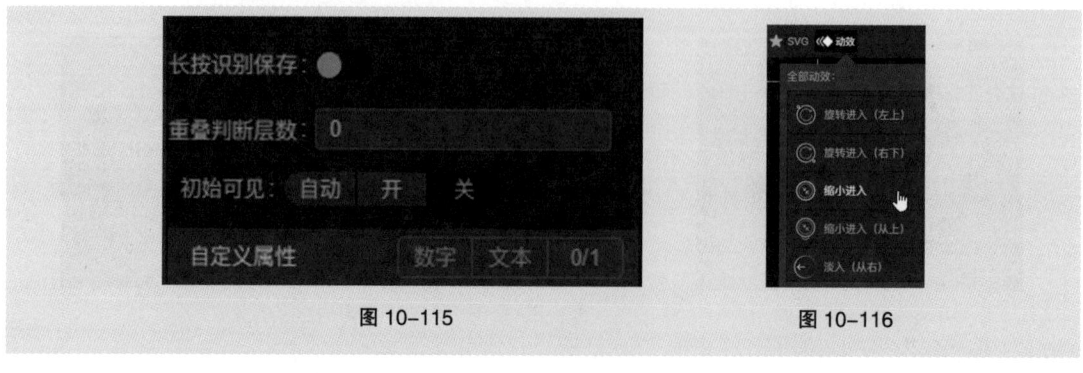

图 10–115　　图 10–116

（14）在“对象树”控制面板中单击选取“页面 3”，在页面上方的菜单栏中选择“小模块”命令，在弹出的下拉菜单中单击选取“普通按钮 > 点击按钮 2”选项，如图 10–117 所示。在属性栏中将“W”设为 280，“H”设为 80，如图 10–118 所示，设置“按钮颜色”为深蓝色（#2E57FD），“字体大小”为 30px，“效果颜色”为浅蓝色（#66BDFF），在“文字”输入框中输入需要的文字，选项的设置如图 10–119 所示。并将其拖曳到适当的位置。

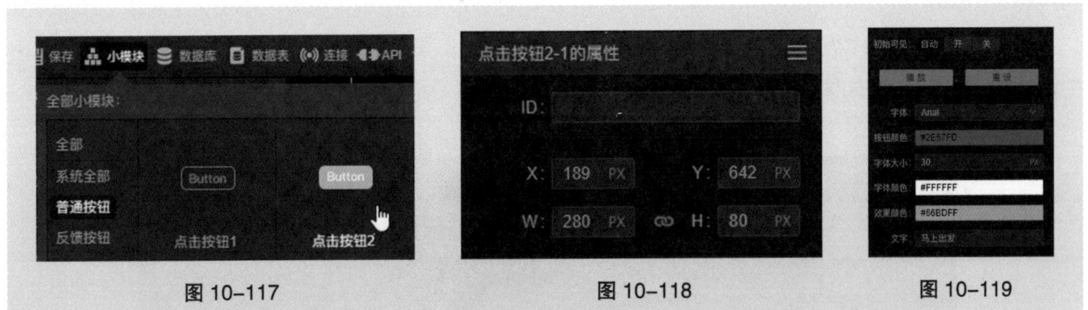


图 10–117　　图 10–118　　图 10–119

（15）在“对象树”控制面板中选取“舞台”图层，单击左侧工具栏中的“音频”按钮，在弹出的对话框中选择云盘中的“Ch10 > 旅游出行行业活动推广 H5 制作 > 制作发布 > 13”文件，在“对象树”控制面板中生成新的音乐图层并将其命名为“背景音乐”，如图 10–120 所示。在“属性”面板中将“背景音乐”图层的音量设为 20%，如图 10–121 所示。

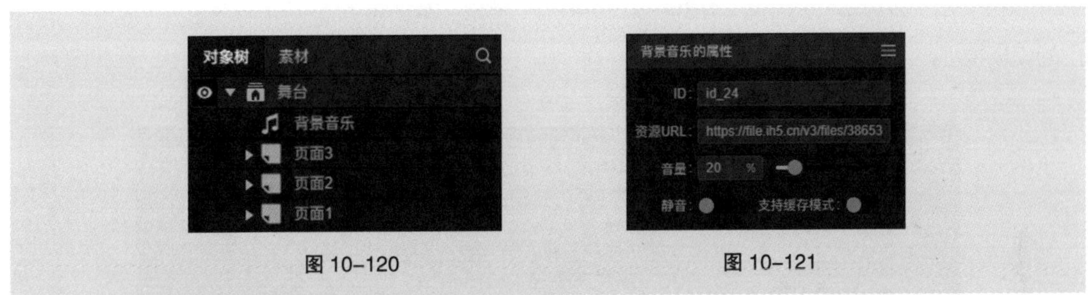


图 10–120　　图 10–121

（16）在“对象树”控制面板中选取“05”图层，单击页面右上方的“事件”按钮，在弹出的面板中进行设置，如图 10–122 所示。

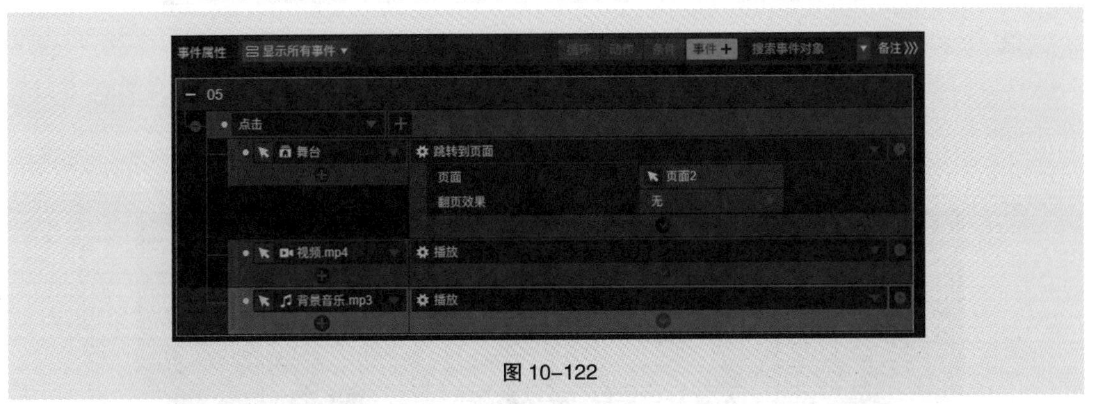


图 10–122

（17）在“对象树”控制面板中选取“视频”图层，单击页面右上方的“事件”按钮，在弹出的面板中进行设置，如图 10–123 所示。

图 10-123

（18）在“对象树”控制面板中选取“弹窗”图层，单击页面右上方的“事件”按钮，在弹出的面板中进行设置，如图 10-124 所示。

图 10-124

（19）在“对象树”控制面板中选取“页面 3”图层，单击页面右上方的“事件”按钮，在弹出的面板中进行设置，如图 10-125 所示。

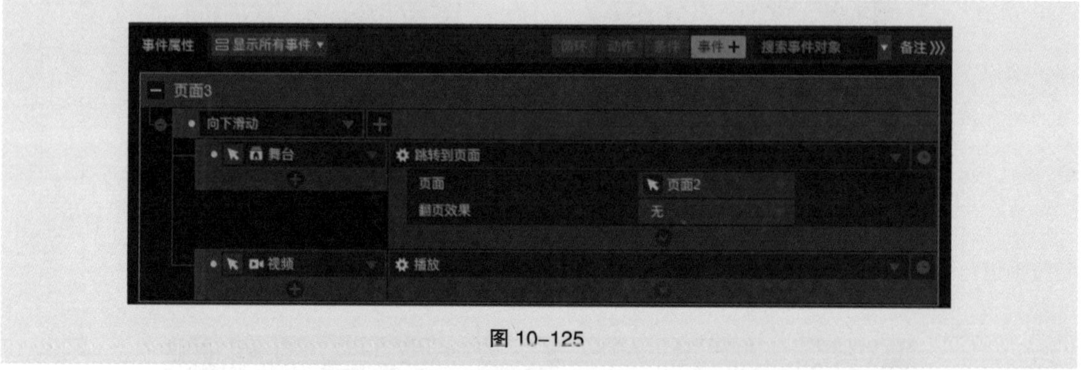


图 10-125

（20）在“对象树”控制面板中选取“页面 1”图层，单击页面右上方的“事件”按钮，在弹出的面板中进行设置，如图 10-126 所示。

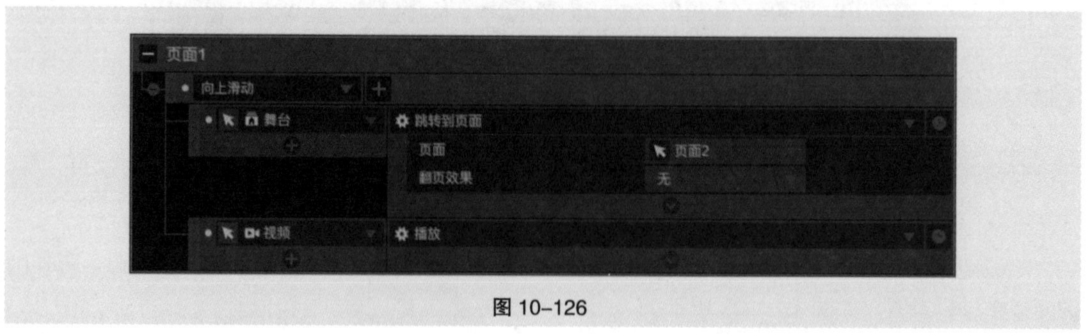


图 10-126

（21）在“对象树”控制面板中选取“舞台”图层，单击左侧工具栏中的“微信”按钮，单击选取“微信 1”图层，在属性面板中分别输入标题和描述内容，单击分享截图选项，在弹出的对话框中选择云盘中的“Ch10 > 旅游出行行业活动推广 H5 制作 > 制作发布 > 14”文件，“属性”面板如图 10–127 所示。

（22）单击菜单栏中的“发布”按钮，即可成功发布作品，弹出“发布作品”对话框，按照提示操作，再次单击“发布”按钮，并生成二维码和小程序链接，如图 10–128 所示。旅游出行行业活动推广 H5 制作发布完成。

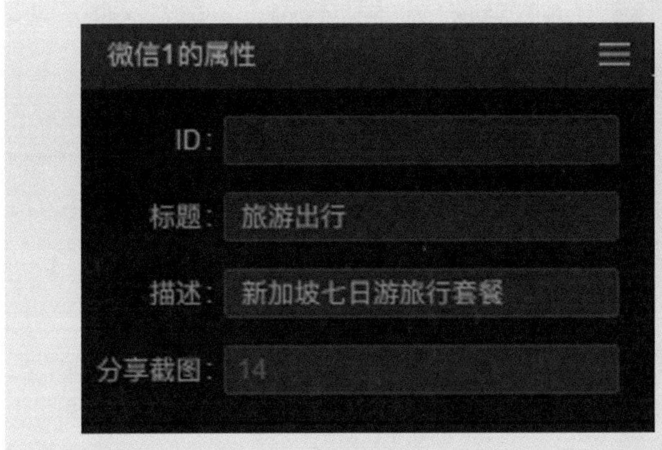


图 10–127

图 10–128





## 10.2 课堂练习——文化传媒行业活动推广 H5 制作

【练习知识要点】使用谷歌浏览器登录 iH5 官网，使用 iH5 制作文化传媒行业活动推广 H5，使用 Photoshop 软件制作页面的视觉效果，使用 iH5 的动效、事件、横幅功能制作最终效果，效果如图 10–129 所示。

【效果所在位置】云盘 /Ch10/ 文化传媒行业活动推广 H5 制作。

图 10–129

扫码观看
本案例

扫码观看
本案例视频

扫码观看
本案例视频

图 10-129（续）

# 10.3 课后习题——电子数码行业品牌推广 H5 制作

【习题知识要点】使用谷歌浏览器登录 iH5 官网，使用 iH5 制作电子数码行业品牌推广 H5，使用 Photoshop 软件制作页面的视觉效果，使用 iH5 的动效、事件、横幅功能制作最终效果，效果如图 10–130 所示。

【效果所在位置】云盘 /Ch10/ 电子数码行业品牌推广 H5 制作。

扫码观看
本案例

扫码观看
本案例视频

扫码观看
本案例视频

图 10–130